宁夏优秀人才支持计划资助出版项目

新能源电力系统源网荷关键设备建模、仿真与控制技术

国网宁夏电力有限公司电力科学研究院　组编

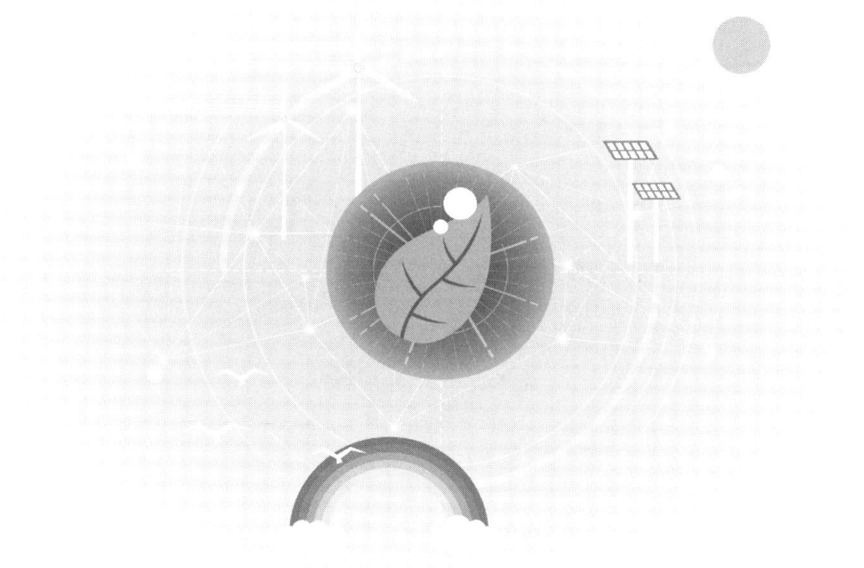

中国电力出版社
CHINA ELECTRIC POWER PRESS

内 容 提 要

本书是编者根据多年来的工程实践和研究经验，基于 MATLAB/Simulink 平台，对涉及新能源电力系统的源、网、荷等环节的关键部件以及新能源整体系统的建模、仿真、分析方法整理而成。

本书首先介绍了新能源电力系统源、网、荷的模块化建模方法，随后介绍了基于 MATLAB/Simulink 辅助的新能源运行控制分析基本理论方法，最后以实际控制案例展示了新能源电力系统的控制设计的基本流程。在内容安排上，以"图文并茂"和"案例支撑"的方式，方便读者对本书内容的理解。

本书从初学者的角度，对新能源电力系统的模块化建模进行了详细的介绍，同时也方便大专院校科研人员以及专业工程技术人员进一步开展深入研究。

图书在版编目（CIP）数据

新能源电力系统源网荷关键设备建模、仿真与控制技术/国网宁夏电力有限公司电力科学研究院组编．—北京：中国电力出版社，2023.6（2025.6重印）

ISBN 978-7-5198-7680-7

Ⅰ.①新…　Ⅱ.①国…　Ⅲ.①新能源－电力系统－电气设备－系统建模②新能源－电力系统－电气设备－系统仿真③新能源－电力系统－电气设备－控制系统　Ⅳ.①TM7

中国国家版本馆 CIP 数据核字（2023）第 051489 号

出版发行：中国电力出版社
地　　址：北京市东城区北京站西街 19 号（邮政编码 100005）
网　　址：http://www.cepp.sgcc.com.cn
责任编辑：陈　丽
责任校对：黄　蓓　朱丽芳
装帧设计：郝晓燕
责任印制：石　雷

印　　刷：三河市万龙印装有限公司
版　　次：2023 年 6 月第一版
印　　次：2025 年 6 月北京第二次印刷
开　　本：710 毫米×1000 毫米　16 开本
印　　张：15.5
字　　数：250 千字
印　　数：1001—2000 册
定　　价：78.00 元

编 委 会

前言

随着新能源发电技术、人工智能技术、信息通信技术的飞速发展，电力系统逐步向着以新能源发电为主体、人工智能技术与信息通信技术耦合的复杂大系统不断深化演进。

新能源电力系统具有两大运行特征。一方面，以电力电子变换器作为接口的分布式新能源逐步成为电力系统的主要能量来源，低惯量、高波动的运行特性为电力系统稳定性带来了挑战。另一方面，信息通信技术在电力系统中的深度融合在提升状态感知能力的同时也带来潜在的网络安全隐患。

在此背景下，国内已有不少科研单位和相关企业做了大量的研究工作。其中，应用MATLAB/Simulink对新能源电力系统进行建模、仿真与设计，是研究新能源大规模并网下电力系统运行特性的一种主流手段，对发现新能源电力系统运行规律、指导新能源电力系统工程建设等具有重要意义。然而，目前国内尚未有系统、全面的相关专业书籍对基于MATLAB/Simulink的新能源电力系统建模、分析与设计工作进行详细地指导和帮助，导致众多初学者在对新能源电力系统进行建模和仿真时常常遇到无从下手的窘境。为了帮助初学者能够快速地使用MATLAB/Simulink进行新能源电力系统建模、仿真、分析和设计工作，编者结合多年来基于MATLAB/Simulink的新能源电力系统建模与仿真经验的基础上，编写了本书。

本书基于模块化建模的思想编排内容，在介绍新能源电力系统发展沿革和MATLAB/Simulink运行特点后，按照输电线路、发电设备（同步发电机、风力发电机、光伏发电）、电力负荷的顺序详细地给出了新能源电力系统各个运行关键部件的MATLAB/Simulink建模步骤，介绍了新能源电力系统分析与控制设计的基础知识，并通过实际案例给出应用MATLAB/Simulink进行新能源电力系统控制设计的具体过程。本书内容翔实、条理清晰，通过图文并茂的方式，将读者循序渐进地引入到基于MATLAB/Simulink的新能源电力系统建模与仿真的核心内容中。

本书分为 6 章。第 1 章对电力系统的发展沿革进行了系统化的梳理，并简要介绍了 MATLAB/Simulink 的运行特点。第 2 章为新能源电力系统的线路建模，包含输电线路的 π 型等效电路以及基于 MATLAB 的潮流计算方法，确定后续电力系统控制分析的初始运行点。第 3 章为新能源电力系统发电设备建模，介绍传统的同步发电机、两种类型风力发电机、光伏发电系统的 MATLAB/Simulink 详细建模流程。第 4 章为新能源电力系统负荷建模，介绍负荷的建模方法以及避免仿真时可能出现的代数环问题的方法。第 5 章为 MATLAB/Simulink 辅助新能源电力系统设计基础，简要介绍设计新能源电力系统控制策略设计时需要的相关控制理论基础。最后，在第 6 章，针对近年来对电力系统发起的网络攻击问题，以电力系统的负荷频率控制为例，介绍了新能源电力系统网络化控制的一般性流程。

本书可供电力系统及其相关领域的广大工程技术人员和科研工作者参考，也可供理工科高等院校高年级本科生、研究生以及相关专业的教师阅读。

由于编者水平有限，书中不妥之处在所难免，敬请读者批评指正。

作　者

2023 年 3 月

目录

1 新能源电力系统的发展沿革

1.1 传统电力系统

电力系统的起源可以追溯到1831年，原始的电力线路使用的是100～400V低压直流电。由于输电电压低，输送的距离不可能远，输送的功率也不可能大。

第一次高压输电出现于1882年。法国人M·德波列茨将位于弥斯巴赫煤矿的蒸汽机发出的电能输送到57km外的慕尼黑，并用以驱动水泵。当时他采用的电压为直流1500～2000V，输送的功率约1.5kW。这个输电系统虽规模很小，却可认为是世界上第一个电力系统，因为它包含了电力系统的各个重要组成部分，即发电、输电、用电设备。1885年在制成变压器的基础上，实现了单相交流输电；1891年在制成三相变压器和三相异步电动机的基础上，实现了三相交流输电。

1891年，法兰克福举行的国际电工技术展览会上，德国人奥斯卡·冯·密勒展出的输电系统奠定了近代输电技术的基础。这一系统起自劳芬镇，止于法兰克福，全长178km。设在劳芬镇的水轮发电机组的功率为230kVA，电压为95V，转速为150r/min。升压变压器将电压升高至25000V，电功率经直径为4mm的铜线输送至法兰克福。在法兰克福，用两台降压变压器将电压降至112V，其中一台变压器供电给白炽灯，另一台给异步电动机，电动机又驱动一台功率为75kW的水泵。显然，这已是近代电力系统的雏形，它的建成标志了电力系统的发展取得了重大突破。

与19世纪电力系统的雏形相比，现代电力系统在输电电压、输电距离、输电功率等方面有了千百倍的增长。当前世界上输电线路的输电电压已超过

1000kV，输送距离已超过 1000km，输送功率已超过 5000MW。个别跨国电力系统中发电设备的总容量已超过 400GW。典型的交流电力系统示意图如图 1-1 所示。我国虽在特高压输电技术的研究上起步较晚，但历经 20 余年的持续深入研究，已经建成多个特高压输电项目，多项技术世界领先。

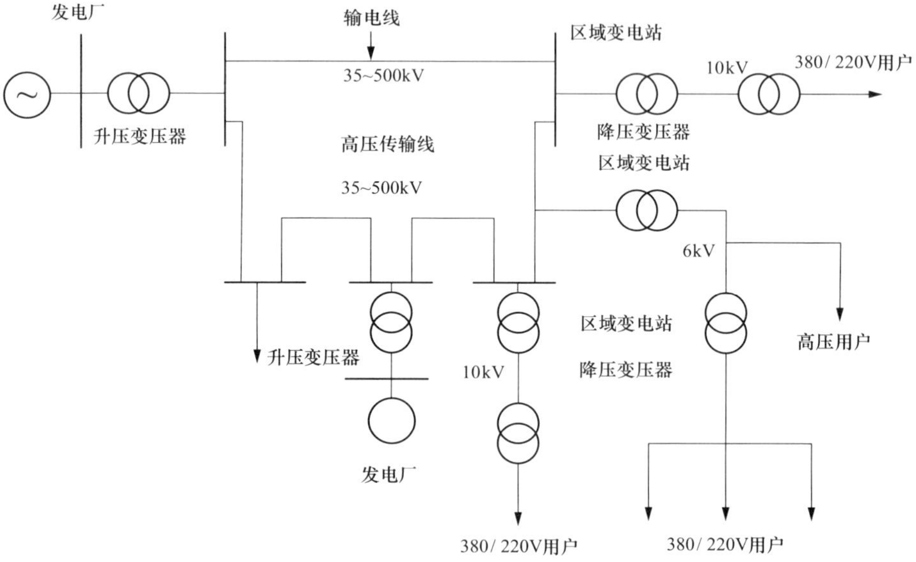

图 1-1　交流电力系统示意图

（1）1000kV 晋东南—南阳—荆门特高压交流输电试验示范工程。工程始于山西长治变电站（晋东南站），经河南南阳开关站，止于湖北荆门变电站，线路全长约 640km，额定输送功率 5000MW。工程于 2006 年 8 月动工投建，2008 年底建成投运，2009 年 1 月 6 日 22 时完成 88h 试运行后正式投入商业运行。工程规模为晋东南站装设一组 3000MVA 变压器，一组 960Mvar 高压电抗器；南阳站为开关站，装设两组 720Mvar 高压电抗器；荆门站装设一组 3000MVA 变压器，一组 600Mvar 感抗；三站均采用 312 断路器接线、建设初期为不完整串，装设两台断路器，2011 年国家电网公司对该工程进行了扩建，在晋东南站、荆门站各搭建一组 3000MVA 特高压变压器，南阳站扩建了两组 3000MVA 特高压变压器，配套扩建开关等其他一次、二次电气设备。晋东南至南阳段线路装设补偿度为 40%的特高压串补（两侧各 20%），南阳至荆门段线路装设补偿度为 40%的特高压串补（集中布置于南阳侧）。该工程成功运用了串补、大容量特高压开关、双柱特高压变压器等特高压交流新设备，综合国产化率超过90%。2011年12月8日1000kV晋东南—南阳—荆门特高压交流输电试验示范工程扩建工程正式投产。扩建后，晋东南、南阳、荆门三站均装设两组容量300万kW的特高压主变压器，最大输电能力达到500万kW。

（2）1000kV淮南—上海特高压交流输电工程（皖电东送工程）。工程于2011年10月开工，2013年8月竣工。皖电东送工程始于安徽1000kV淮南变电站，经过安徽1000kV皖南变电站、浙江1000kV浙北变电站，止于上海1000kV沪西变电站，变电容量2100万kVA，线路全长2×648.7km。系统标称电压1000kV，最高运行电压1100kV、采用额定容量为300万kVA的大容量特高压变压器、额定开断电流为63kA的SF_6气体绝缘金属封闭式组合电器，全线同塔双回路架设，完全由我国自主设计、制造和建设。

皖电东送工程连接安徽“两淮”煤电基地和华东电网负荷中心，承担着安徽省“两淮”煤炭基地电力外送的任务。该工程建成后，将扩大皖电东送规模和保证“两淮”煤电基地电力的安全可靠外送，进一步满足浙北和上海的用电需求，具有重要的经济意义和社会意义。

（3）1000kV浙北—福州特高压输电工程。工程于2013年4月11日动工兴建，2017年3月建成。1000kV浙北—福州特高压交流输电工程始于浙江1000kV浙北变电站，经1000kV湖中变电站、浙南变电站，止于福建1000kV福州变电站，线路全长2×603km。浙北—福州特高压交流输电工程是华东特高压主网架重要组成部分，对于提高浙江与福建联网输电能力，满足福建电网丰期盈余电力送出需要，并获得福建与华东主网间错峰调峰、跨流域补偿、余缺调节等联网效益，具有重要意义。

随着我国经济快速发展，交流输电方式输电走廊占用大的缺点逐渐显现。此外，交流输电还面临着大电网同步发电机并列运行的稳定性难题。因此，为进一步提高远距离电能输送能力，直流输电技术重新回归人们的视野。近年来，直流输电技术得到了新的发展。当前直流输电电压已超过±750kV，输送距离已超过1000km，输送功率已超过6000MW。图1-2所示为直流输配电网架构。通过电力电子变流器，交流电在送端电网整流为高压直流电进行远距离传输，并在受端电网重新逆变为正弦交流电。中国在直流输电方面处于国际领先水平，有许多成熟的工程。

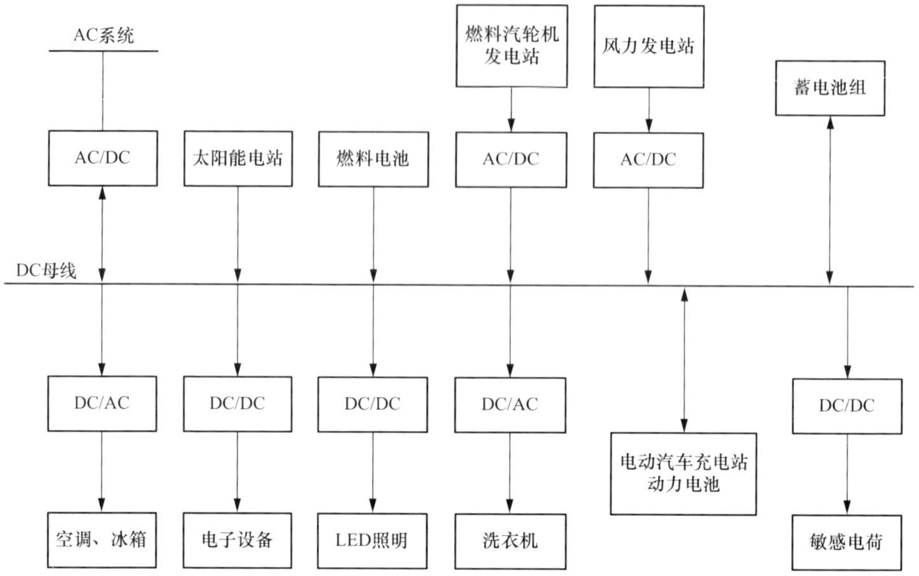

图 1-2　直流输配电网架构

（1）舟山直流输电工程。该工程位于浙江省内，于1989年9月1日投入运行。它是我国第一个高压直流输电工程，整个工程从科研、设计、制造、施工、调试、直到运行，全部依靠中国自己的力量，该工程的输电距离为54.1km，其中架空线分三段，总长为42.1km；海底电缆分两段，总长12km。第一期工程的规模为：单极直流－100kV、500A、50MW，采用6脉动换流器。留有扩建二期工程的位置，而最终规模为：双极直流±100kV、500A、100MW。该工程为之后的500kV葛洲坝—上海直流输电工程、±500kV三峡—常州直流输电工程等提供了坚实的技术储备。

（2）±800kV云南—广东特高压直流输电工程。±800kV云南—广东特高压直流输电工程是我国直流特高压输电自主化示范工程，也是世界上第一个投入商业化运营的特高压直流输电工程。工程西起云南省楚雄州禄丰县楚雄换流站，东至广东省广州增城市穗东换流站，途经云南、广西、广东三省区，输电距离为1373km，输送功率为5000MW，工程于2009年12月12日单极投产，2010年6月9日双极投产。

（3）±800kV向家坝—上海特高压直流输电示范工程。2010年7月±800kV向家坝—上海特高压直流示范工程正式投运。工程始于四川复龙换流站，途经四川、重庆、湖南、湖北、安徽、浙江、江苏、上海八省市，至上海奉贤换流站，线路全长约1907km。工程额定电流为4000A，额定输送功率为6400MW，最大连续输送功率为7200MW。工程每极采用双12脉动换流器串联（400kV+400kV）的主接线方式。换流变压器容量为321.1MVA；换流变压器型式为单相双绕组有载调压；±800kV直流开关场采用双极接线，并按每12脉冲阀组装设旁路断路器及隔离开关回路。

（4）±800kV锦屏—苏南特高压直流输电工程。工程西起四川西昌市裕隆换流站，途经四川、云南、重庆、湖南、湖北、安徽、浙江、江苏八省市，东落江苏省苏州市同里换流站，线路全长2059km。2012年12月12日，±800kV锦屏—苏南特高压直流输电工程全面完成系统调试和试运行，正式投入商业运行。本工程将特高压直流输送容量从6400MW提升到7200MW，输电距离首次突破2000km，创造了特高压直流输电的新纪录。工程全面投运后，每年可向华东地区输送电量约360亿kWh。

（5）±800kV云南普洱—广东江门特高压直流输电工程。工程始于云南普洱换流站，止于广东江门换流站，线路全长1413km，额定输送容量为500万kW。2013年9月3日开始向广东送电，该工程的建成投产，对于优化东西部资源配置，输送西部清洁电力，满足广东等省份电力需求快速增长需要具有重要意义。

（6）±800kV哈密南—郑州特高压直流输电工程。工程线路全长2210km，途经新疆、甘肃、宁夏、陕西、山西、河南六省区，止于郑州中牟县的中州换流站。本工程于2014年1月实现正式投运，该工程每年将向河南提供400亿kWh以上的电量，相当于每年将2000多万吨煤炭产生的能量清洁、高效地输送到河南，能够有效缓解河南省负荷快速增长和资源总量不足、煤炭供应紧张的矛盾。

1.2 新能源电力系统

传统电力系统以煤炭、石油、天然气、水能等传统能源作为一次能源，一次能源具有的易于存储特性，以及基于同步发电机的电能稳定可靠输出的特点，使得电力系统供应侧可控可调。随着可再生能源发电的大规模接入，作为一次能源的风能、太阳能等可再生能源具有不可储存及波动特性，这使得风电等可再生能源发电出力具有较大的不确定性，电力系统供应侧可调控性降低，电力系统呈现出较强的供需双侧随机性。新能源电力系统就是通过电力系统结构、运行方式的根本性变革，使电力系统能够承受供需双侧不确定性对系统的冲击，保证可再生能源的安全高效利用。

新能源电力系统的主要特征有：

（1）高可再生能源利用比例。高渗透率的可再生能源电力是新能源电力系统的重要特征。由于风能、太阳能等可再生能源较低的能量密度以及我国可再生能源资源主要集中在“三北”地区的分布格局，未来我国的新能源电力系统应该是集中式与分布式可再生电源、远距离大电网输送与区域微网就地消纳相结合的形式，从而保证系统能够最大限度地利用可再生能源电力。

（2）供应侧的横向多能源互补，系统纵向源—网—荷—储协调互动。安全高效利用可再生能源是新能源电力系统的重要目标。

1）在供应侧，一方面，利用可再生能源发电精确预测技术、新型可再生能源发电设备及控制技术，最大程度上做到对风电等可再生能源发电出力的可调可控；另一方面，通过可再生能源与传统水火电、抽水蓄能电站之间、不同可再生能源之间、集中式与分布式可再生能源之间的协调控制，实现多类型能源电力互补，使得供应侧整体呈现出稳定的出力特性，减小可再生能源发电出力波动对系统造成的冲击。

2）在输配环节，新型的电网结构、先进的输配电方式、控制和安全防御系统及储能设施的建设和应用，使得电网对可再生能源拥有足够的接纳能力，最大限度地避免物理通道对电力资源优化配置的影响。

3）在需求侧，一方面，通过高级计量体系（advanced metering infrastructure，AMI）及先进的通信系统，使用户能够实时掌握自身用电情况与不同层级的系统运行情况，根据价格响应信号，调整自身的用电行为；另一方面，通过先进的控制技术，能够对用户的终端用电器做到精确计量与控制，最大程度地利用需求侧“暗储能”潜力。

综上所述，新能源电力系统核心特征就是要借助相关的技术手段，实现电力系统中真正意义上的“横向多源互补，纵向源网荷储协调”，从而最大限度地利用可再生能源，逐步提高可再生能源在电力一次能源消费中的比例，最终使得可再生能源在我国电力能源结构中占据主导地位。

1.3 电力系统稳定性指标

现代电力系统是一个巨大而复杂的动态系统，安全稳定是电力系统运行的基本要求。模型的高维特性、运行方式的不确定性、原件的强非线性、扰动的随机性，都使得电力系统稳定现象和机理十分复杂。随着大规模电网互联，高压直流输电（high voltage direct current，HVDC）、灵活交流输电系统（flexible AC transmission system，FACTS）等柔性输电技术的广泛应用，以及新能源接入的比例逐渐提高，对电力系统动态机理的分析和稳定性分析与控制越来越困难。

电力系统稳定可以概括为系统在给定初始条件下维持平衡状态或者受到扰动后恢复到可容许平衡状态的一种能力。

通过对稳定性分类及定义，可以对电力系统稳定性有一个概括性的理解，掌握各种形式的稳定性特征、产生的原因及它们之间的关系。1981 年，IEEE 电力工程分会提出电力系统稳定性的分类和定义为：

（1）静态稳定/小扰动稳定。对于某个稳态运行状态，如果说系统静态稳定，则当受到小的扰动后，系统会达到与受扰动前相同或接近的运行状态。

（2）暂态稳定/大扰动稳定。对于某个稳态运行状态及某种扰动，如果说系统暂态稳定，则当遭受到这个扰动后，系统可达到一个可接受的稳态运行状态。

由于区域性系统的互联，电力系统的规模不断扩大，而且新的控制、保护技术的应用改变了系统的特性。此外，经济效益的提高使得送电稳定裕度减小，这些因素使新的形势下稳定性问题更加突出了，最明显的就是区域间因低频振荡出现的不稳定，电压不稳定及频率不稳定的现象日渐增多，这已由实际电力系统发生的多次大停电事故所证实。在上述事实的推动下，2004 年 8 月，IEEE 发表了 CIGRE 第 38 委员会与 IEEE 动态行为委员会联合小组制定的最新电力系统稳定性的定义与分类。在 1981 年的分类法中，低频振荡的不稳定已明确包含在小扰动稳定性中，电压稳定性及频率稳定性可以说是隐含在小扰动及大扰动稳定性定义中。因此，新的分类法根据系统失去稳定的特征在三个运行变量上的表现，分为功角、电压、频率三种不同形式的稳定性，而每一种稳定性又分为小扰动稳定及大扰动稳定，并且建立了短期稳定性及长期稳定性与上述各种形式稳定性之间的联系。IEEE/CIGRE 的电力系统稳定性分类如图 1-3 所示。

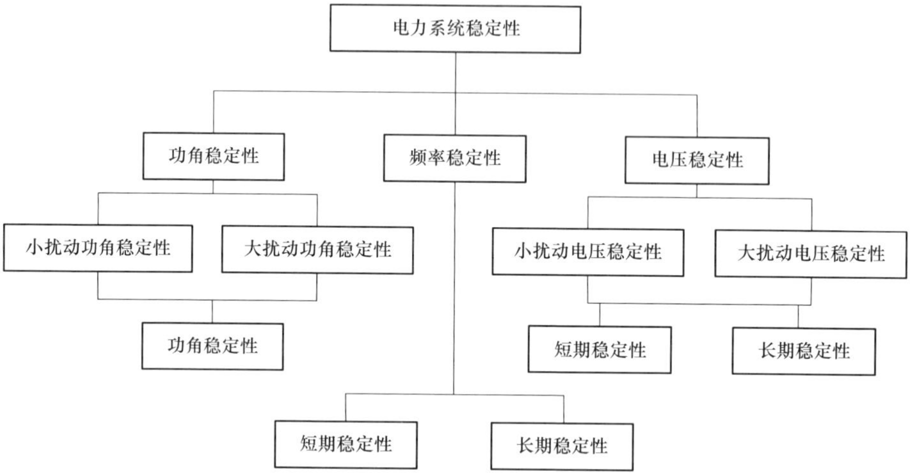

图 1-3 IEEE/CIGRE 的电力系统稳定性分类

根据扰动大小、导致不稳定模式的物理性质、流程及时间跨度等因素，IEEE/CIGRE 将电力系统稳定性分为功角稳定性、频率稳定性及电压稳定性。

与此同时，随着我国特高压电网工程大力建设和新能源机组大规模持续并网，特高压交直流电网逐步形成，系统容量持续扩大，电网格局与电源结构发生着重大改变，电网运行特性也与以传统“同步发电机组＋交流输电”运行模式相比发生了深刻变化，对电力系统的安全稳定运行带来了全新挑战。在总结 DL 755—2001《电力系统安全稳定导则》的基础上，在最新的国家标准 GB 38755—2019《电力系统安全稳定导则》中，我国电力工作者提出了面向含大规模新能源机组与特高压直流输电的电力系统稳定性相关定义，其分类如图 1-4 所示。

两者的比较如表 1-1 所示，其主要区别在于：在功角稳定方面，后者除了包含 IEEE/CIGRE 所给出的非周期性失稳、周期性失稳和暂态失稳三种短期稳定过程外，还给出了大扰动动态稳定的定义（指在大扰动下，在包括慢速的自动调节和控制装置的作用下，保持较长过程功角稳定的能力）。在电压稳定方面，IEEE/CIGRE 定义认为小扰动电压稳定也包括短期过程和长期过程。但

GB 38755—2019《电力系统安全稳定导则》定义认为小扰动电压稳定主要指静态电压稳定，不包括连锁反应等长期过程。

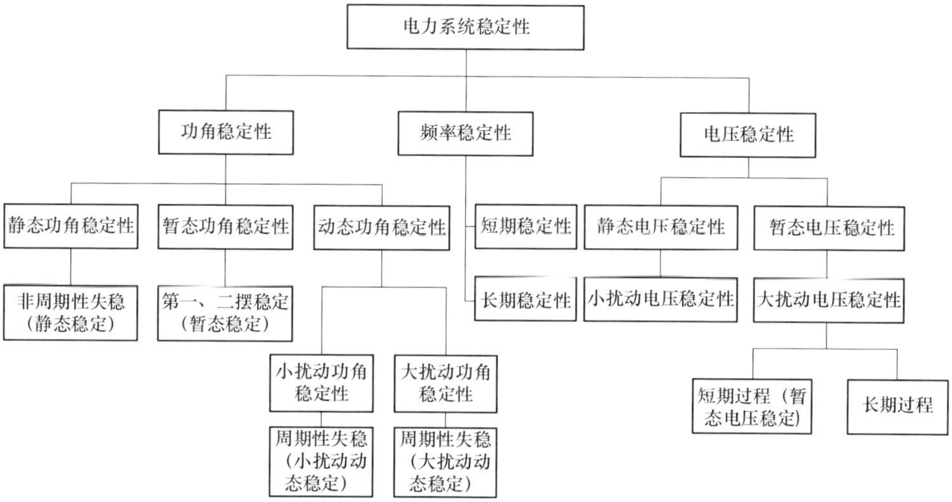

图 1-4　电力系统稳定性分类

表 1-1　　　　两种稳定性分类比较

分类	IEEE/CIGRE		GB 38755—2019	
功角稳定	小扰动功角稳定	短期过程	静态稳定	—
			暂态稳定	第一、二摇摆过程
	大扰动功角稳定	短期过程	小扰动动态稳定	短长期过程
			大扰动动态稳定	短、长期过程
电压稳定	小扰动电压稳定	短、长期过程	静态电压稳定	—
	大扰动电压稳定	短、长期过程	暂态电压稳定	短、长期过程
频率稳定	短、长期过程		短、长期过程	

1.3.1　频率稳定性

频率稳定性指系统在严重扰动（如发电机跳闸、系统解列、失去大负荷等）导致有功功率不平衡后，通过调节系统的热备用出力或自动切除部分负荷，维持全系统或解列后各子系统的频率不超出允许范围的能力，其不稳定形式为频率持续下降或持续摆动引起发电机组或负荷的保护装置跳闸。

互联电网因故障解列后容易造成发电机和负荷功率的严重不平衡，从而导致频率发生大幅度偏移。系统严重故障而形成连锁反应跳闸时，造成不可控的无序解列，可能导致频率大幅度波动。频率的偏移过程和装置的作用特性的时间尺度可能从几分之一秒（如低频切负荷、发电机控制及保护装置的响应时间）至若干分钟（如原动机调速器、负荷电压调节器的响应时间）。因此，频率稳定性可能是短期现象，也可能是长期现象。

1.3.2 电压稳定性

电压稳定性指电力系统在一个给定的初始状态承受扰动后保持系统中所有母线静态电压的能力，其取决于保持/恢复系统负荷需求和负荷供应两者之间平衡的能力。电压不稳定的形式是某些母线电压持续下降或上升，后果可能是损失一个地区的负荷，或者由于保护跳闸导致连锁反应而停运。

电压稳定性也可以分为大扰动电压稳定性和小扰动电压稳定性，分别描述了系统在大扰动（如系统故障、损失发电机或线路）或小扰动（如负荷的少量变化）保持静态电压的能力。稳定形式受系统和负荷特性、离散及连续控制和保护的相互作用影响。分析大扰动电压稳定性时需考虑系统的非线性特性，分析小扰动电压稳定性时可在某些时刻将系统参数线性化，但不能计及如分接头的非线性效应。电压稳定性分析的时间尺度可能从几秒到几十分钟，故而可能是短期或长期现象。

1.3.3 功角稳定性

功角稳定性指互联系统中的同步发电机在遭到扰动后，保持同步运行的能力，其取决于每个同步发电机的电磁转矩和机械力矩保持/恢复平衡的能力。同步发电机的电磁力矩可以分解为两个分量：与转子角度差同相位的同步力矩分量和与速度差同相位的阻尼力矩分量。功角失稳包含爬行失稳和振荡失稳两种情况，分别对应同步能力不足和阻尼能力不足两种原因。

小扰动功角稳定性指电力系统在小扰动下保持同步的能力，由系统初始运行状态决定。小扰动问题通常与振荡阻尼不足有关。局部问题通常只涉及个别机组与系统其他部分的转子角振荡，这种振荡稳定性取决于输电系统的强度、励磁控制系统和电厂输出。全局问题由大型发电机集群间相互作用而产生，涉及一个地区机群与另一个地区机群间的振荡，存在于局部振动有明显区别的复杂特性。小扰动功角稳定性的时间尺度为扰动后的 10～20s，因此可认为是短期现象。

大扰动功角稳定性或暂态稳定性通常指电力系统遭到严重扰动（如输电线路短路）后保持同步的能力，其取决于系统的初始状态和扰动的严重性。失稳通常是由于同步力矩不足而形成的非周期性角度分离形式，表现为第一摆失稳。然而，在大系统中，暂态不稳定不经常表现为第一摆失稳形式，还可能与振荡模式相重叠，通常为几个振荡周期后失稳。研究暂态稳定性的时间尺度为扰动后 3～5s，存在区间振荡的大互联系统可能为 10～20s，因此可以认为是短期现象。

1.4 电力系统稳定性分析方法

在电力系统稳定性分析方法方面，国内外已经形成了一整套基于微分方程和李雅普诺夫（Lyapunov）稳定性分析方法的成熟理论，包括时域仿真法、用于小扰动稳定分析的特征根分析法及用于暂态稳定分析的暂态能量函数法等。

1.4.1 时域仿真法

时域仿真法通过建立描述电力系统原件动态特性的微分方程和网络状况的稳态方程，并联立进行数值积分求解，得到各个变量随时间变化的轨迹，以此分析系统在受扰动时的动态响应情况，即

$$\begin{cases} \dot{x} = f(x, y) \\ 0 = g(x, y) \end{cases} \tag{1-1}$$

求解微分方程的数值积分法可分为显式积分法和隐式积分法两大类，下面分别列举两类中的代表性算法。

（1）显式积分的龙格-库塔法。设时间步长 $\Delta t = h$，由于在时刻 t_0 至时刻 $t_k = t_0 + kh$ 内，状态变量 x 与微分函数 f 均已知，x_{k+1} 可由显式数值积分求得，即

$$x_{k+1} = F(x_0, \cdots, x_k, f_0, \cdots, f_k) \tag{1-2}$$

龙格-库塔法是一种广泛应用于求解显式数值积分的方法，其迭代计算式为

$$x_{k+1} = x_k + \frac{1}{6}(c_1 + 2c_2 + 2c_3 + c_4) \tag{1-3}$$

$$c_1 = hf(x_k, t_k)$$

$$c_2 = hf\left(x_k + \frac{c_1}{2}, t_k + \frac{h}{2}\right)$$

$$c_3 = hf\left(x_k + \frac{c_2}{2}, t_k + \frac{h}{2}\right)$$

$$c_4 = hf(x_k + c_3, t_k + h)$$

（2）隐式积分的梯形法。设时间步长 $\Delta t = h$，由于在时刻 t_0 到时刻 $t_k = t_0 + kh$ 内，状态变量 x 与微分函数 f 均已知，x_{k+1} 可由隐式数值积分求得，即

$$x_{k+1} = F(x_0, \cdots, x_k, f_0, \cdots, f_k, f_{k+1}) \tag{1-4}$$

梯形法是一种用于求解隐式数值积分的方法，其每一步计算式为

$$x_{k+1} = x_k + \frac{h}{2}[f(x_k) + f(x_{k+1})] \tag{1-5}$$

不考虑饱和时，$f(x)$ 在 x_k 处是线性函数，可表示为 $f(x) = \mathbf{A}x$，代入式（1-5）可得

$$x_{k+1} = \left(1 - \frac{h}{2}\mathbf{A}\right)^{-1}\left(1 + \frac{h}{2}\mathbf{A}\right)x_k \tag{1-6}$$

式中：$\mathbf{A}$ 为具有适当维度的定常系数矩阵。

时域仿真法的优点是能够处理各种详细模型，不受系统规模、控制作用方式等因素影响，且在适当选择各种计算模型的条件下，其计算时间跨度不受限制。但时域仿真法处理的是系统在某一特定运行状态下，发生某一具体扰动时的动态行为，故而不利于确定系统稳定范围及条件。此外，对于某些特定的故障形式、地点及系统运行条件，时域仿真法很可能丢失某些振荡模式，而这些模式又恰好对系统安全稳定运行有较大影响，这时的分析结果往往存在较大的隐患。

1.4.2 特征根分析法

特征根分析法通过建立系统的动态模型，并在稳定运行点处对其进行线性化，得到描述系统动态的线性方程，进而得到系统的状态矩阵，以此分析系统的振荡特性。分析小扰动稳定性时，通常将系统微分方程在稳态运行点 $x_{(0)}$ 进行线性化，即

$$\Delta\dot{x} = A\Delta x \tag{1-7}$$

$$\boldsymbol{A}=\begin{bmatrix}\dfrac{\partial f_1}{\partial x_1} & \cdots & \dfrac{\partial f_1}{\partial x_n}\\ \vdots & \ddots & \vdots\\ \dfrac{\partial f_n}{\partial x_1} & \cdots & \dfrac{\partial f_n}{\partial x_n}\end{bmatrix} \tag{1-8}$$

矩阵 $\boldsymbol{A}$ 称为系统的状态矩阵或系数矩阵，其特征值反映了系统的小扰动稳定性情况。记矩阵 $\boldsymbol{A}$ 的特征根为 λ，若特征根为实数，则该特征根对应的模态为非振荡模态。其中，负实数特征根对应的模态是衰减的，并且特征根的绝对值越大，衰减越快；正实数特征根对应的模态是非周期性不稳定的。若特征值为复数，则该特征根总是以共轭复根的形式出现，即

$$\lambda=\sigma\pm \mathrm{j}\omega \tag{1-9}$$

每一对共轭复数根均对应着一个振荡模式。特征值的实部反映系统振荡模式阻尼的大小，而虚部 ω 则反映了振荡频率的大小。其中，实部为负时表示衰减振荡，为正时表示增幅振荡。振荡频率 f 为

$$f=\frac{\omega}{2\pi} \tag{1-10}$$

定义阻尼比 ξ 为

$$\xi=\frac{-\sigma}{\sqrt{\sigma^2+\omega^2}} \tag{1-11}$$

阻尼比决定了振荡模态的衰减率及衰减特性。

为了度量系统各模态与状态变量之间的相关程度，把状态矩阵 $\boldsymbol{A}$ 的左特征向量 $\boldsymbol{u}_i^{\mathrm{T}}$ 和右特征向量 $\boldsymbol{v}_i$ 结合起来，构成状态矩阵 $\boldsymbol{A}$ 的参与矩阵 $\boldsymbol{P}$，即

$$\boldsymbol{P}=\begin{bmatrix}u_{11}v_{11} & \cdots & u_{1i}v_{1i} & \cdots & u_{1n}v_{1n}\\ \vdots & & & & \vdots\\ u_{k1}v_{k1} & \cdots & u_{ki}v_{ki} & \cdots & u_{kn}v_{kn}\\ \vdots & \cdots & & \cdots & \vdots\\ u_{n1}v_{n1} & \cdots & u_{ni}v_{ni} & \cdots & u_{nn}v_{nn}\end{bmatrix} \tag{1-12}$$

$$p_{ki}=u_{ki}v_{ki}$$

通常，称 $\boldsymbol{P}$ 中的元素 p_{ki} 为参与因子，它描述了第 i 个模态与第 k 个状态变量间的相互参与程度。参与矩阵 P 的第 i 列的列向量是模态 i 的参与向量。元素 v_{ki} 度量的是第 k 个状态变量在第 i 个模态中的活动状况，而元素 u_{ki} 加权了这

个活动对于模态的贡献，因此，它们的乘积 p_{ki} 可以用来度量第 k 个状态变量的净参与程度。左、右特征向量相应元素的乘积导致 p_{ki} 无量纲。实际上，参与因子 p_{ki} 等于特征值 λ_i 对状态矩阵 A 对角元素 a_{kk} 的灵敏度，即

$$p_{ki}=\frac{\partial\lambda_i}{\partial a_{kk}} \tag{1-13}$$

特征根分析法从计算角度可分为全部特征根法和部分特征根法。前者以正交三角（quadrature right-triangle，QR）算法为代表，该算法具有收敛速度快、鲁棒性强的优点，并且可计算出系统的所有振荡模式，不存在漏解的问题。然而当系统较大、模型阶数较高时，用该算法分析将出现维数灾的问题。部分特征根法主要针对所关心的特征值进行分析，通过模型的降阶等方法得到原系统的特征值，主要包括自激法（analysis of essentially spontaneous oscillations in power systems，AESOPS）、选择模态分析（selective mode analysis，SMA）法、S 矩阵法等，与传统方法相比，部分特征根法在一定程度上解决了维数灾的问题，从而大幅度提高了计算效率，然而在迭代过程中可能造成失根或收敛于非机电振荡模式等问题。

总体而言，特征根分析法具有如下优点：

（1）根据状态矩阵可得到系统的全部特征解，由此可掌握系统的全部振荡模式以及所需要关注的弱阻尼模式。

（2）通过特征向量，可分析各振荡模式下机组之间的相位关系及机组参与振荡的程度。

（3）通过分析特征根的灵敏度可定量分析系统的参数对特征根的影响程度，为控制器落点的选择和控制参数的设置提供依据。

但是，由于平衡点特征根分析法只考虑了系统在工作点附近的微小扰动，忽略了系统由于大扰动而引起的时变、非线性因素，因而可能带来较大误差。

1.4.3 暂态能量函数法

暂态能量函数法也称为李雅普诺夫直接法，这种方法根据构造的广义能量函数 $V(x)$ 及其对时间的导数 $\mathrm{d}V(x)/\mathrm{d}t$ 的性质判定系统的稳定性。本方法是根据李雅普诺夫稳定性定义提出的。李雅普诺夫对系统渐近稳定的定义为：对于 n 维自治系统 $\dot{x}=f(x)$，当其未受到外界扰动作用时，平衡点为原点，即 $f(0)=0$。

若系统稳定，且运动从靠近原点处开始，当 $t\to\infty$ 时，运动收敛到原点，即 $\lim\limits_{t\to\infty}\|x(t)\|=0$，则称系统渐近稳定。

根据上述定义，暂态能量函数法指出，对于一个一维状态量的动态系统，若存在一个标量函数 $\varphi(x)$，满足 $\varphi(x)|_{x=0}=0$，$\varphi(x)|_{x\neq0}>0$；$\dot{\varphi}(x)|_{x=0}=0$，$\dot{\varphi}(x)|_{x\neq0}<0$，则该函数为李雅普诺夫函数，且系统渐近稳定。电力系统中，李雅普诺夫函数通常采用能量函数的形式。

根据渐近稳定的定义，还可通过如下方法寻求系统的稳定域：在原点附近，对所有状态变量确定一个 $\varphi(x)$，满足 $\dot{\varphi}(x)<0$，设 $\varphi_{\min}$ 为 $\varphi(x)$ 在 $\dot{\varphi}(x)=0$ 界面上的最小值，则由 $\varphi(x)<\varphi_{\min}$ 确定的域包含在渐近稳定域之内，从而可以得到估计的稳定域。

但需指出，由上述方法确定的稳定域受选定的 φ 函数的影响，选择不同的 φ 函数会得到不同的稳定域范围。所有这些稳定域都包含在渐近稳定的精确区域内。因此，该法有一定的保守性。

综上所述，暂态能量函数法从能量角度出发，不受系统扰动程度的影响，对于大小扰动均适用，并且由于该法不从时域角度观察稳定问题，因此不必计算整个系统运动轨迹，可以快速作出稳定判断。但由于李雅普诺夫直接法没有给出构造 φ 函数的通用方法，这给方法的实用化带来困难。此外，该法给出的是系统稳定的充分条件，而非必要条件，因此，利用该法得到的稳定分析结果和稳定域容易偏保守。

1.5 MATLAB/Simulink 工具简介

1.5.1 MATLAB 简介

MATLAB 系统主要包括以下 5 个部分。

（1）桌面工具和开发环境。MATLAB 由一系列工具组成，这些工具大部分是图形用户界面，方便用户使用 MATLAB 的函数和文件，包括 MATLAB 桌面、命令行窗口、编辑器和调试器、代码分析器和用于浏览帮助、工作空间、文件的浏览器。

（2）数学函数库。MATLAB 数学函数库提供了大量的计算算法，从初等函数（如加法、正弦、余弦等）到复杂的高等函数（如矩阵求逆、矩阵特征值、贝塞尔函数和快速傅里叶变换等）。

（3）语言。MATLAB语言是一种高级的基于矩阵/数组的语言，具有程序流控制、函数、数据结构、输入/输出和面向对象编程等特色。用户可以在命令行窗口中将输入语句与执行命令同步，以迅速创立快速抛弃型程序，也可以先编写一个较大的复杂的M文件后再一起运行，以创立完整的大型应用程序。

（4）图形处理。MATLAB具有方便的数据可视化功能，将向量和矩阵用图形表现出来，并且可以对图形进行标注和打印。其高层次作图包括二维和三维的可视化、图像处理、动画和表达式作图；低层次作图包括完全定制图形的外观，以及建立基于用户的MATLAB应用程序的完整图形用户界面。

（5）外部接口。外部接口是一个使MATLAB能与C、Fortran等其他高级编程语言进行交互的函数库，包括从MATLAB中调用程序（动态链接）、调用MATLAB为计算引擎和读写mat文件的设备。

1.5.2 运行特点

（1）语言简洁紧凑，语法限制相对宽松，程序设计自由度大，可移植性好。MATLAB是一个高级的矩阵/阵列语言，它包含控制语句、函数、数据结构、输入输出和面向对象编程特点。MATLAB以矩阵为基础，不需要预先定义变量和矩阵（包括数组）的维数，可以方便地进行矩阵的算术运算、关系运算和逻辑运算等。而且MATLAB有特殊矩阵专门的库函数，可以高效地求解诸如信号处理、图像处理、控制等问题。

（2）运算符、库函数丰富。MATLAB一个重要特色就是具有一套程序扩展系统和一组称之为工具箱的特殊应用子程序，每一个工具箱都是为某一类学科专业和应用而定制的。MATLAB包含核心部分和各种可选的工具箱两个部分。核心部分中有数百个核心内部函数。其工具箱又分为两类，即功能性工具箱和学科性工具箱。功能性工具箱主要用来扩充其符号计算功能，图示建模仿真功能，文字处理功能以及与硬件实时交互功能；而学科性工具箱是专业性比较强的，如control toolbox，processing toolbox，communication toolbox等。这些工具箱都是由该领域内学术水平很高的专家编写的，所以用户无需编写自己学科范围内的基础程序就可直接进行高、精、尖的研究。

（3）强大的数值（矩阵）运算功能。MATLAB 是一个包含大量计算算法的集合，其拥有多个工程中要用到的数学运算函数，可以方便地实现用户所需的各种计算功能。函数中所使用的算法都是科研和工程计算中的最新研究成果，而且经过了各种优化和容错处理。在通常情况下，可以用它来代替底层编程语言，如 C 和 C++。在计算要求相同的情况下，使用 MATLAB 的编程工作量会大大减少。MATLAB 的这些函数集包括从最简单最基本的函数到诸如矩阵、特征向量、快速傅立叶变换的复杂函数。函数所能解决的问题大致包括矩阵运算和线性方程组的求解、微分方程及偏微分方程组的求解、符号运算、傅立叶变换和数据的统计分析、工程中的优化问题、稀疏矩阵运算、复数的各种运算、三角函数和其他初等数学运算、多维数组操作以及建模动态仿真等。

（4）界面友好、编程效率高。MATLAB 程序书写形式自由，被称为“草稿式”语言，这是因为其函数名和表达更接近我们书写计算公式的思维表达方式，编写 MATLAB 程序犹如在草稿纸上排列公式与求解问题，因此可以快速地验证工程技术人员的算法。此外 MATLAB 还是一种解释性语言，不需要专门的编译器。具体地说，MATLAB 运行时，可直接在命令行输入 MATLAB 语句，系统立即进行处理，完成编译、链接和运行的全过程。利用丰富的库函数避开繁杂的子程序编程任务，压缩了一切不必要的编程工作。

（5）图形功能强大。MATLAB 具有非常强大的以图形化显示矩阵和数组的能力，同时它能给这些图形增加注释并且可以对图形进行标注和打印。MATLAB 的图形技术包括二维和三维的可视化、图像处理、动画等高层次的专业图形的高级绘图函数（例如图形的光照处理、色度处理以及四维数据的表现等），又包括一些可以让用户灵活控制图形特点的低级绘图命令，可以利用 MATLAB 的句柄图形技术创建图形用户界面。同时对一些特殊的可视化要求，例如图形对话等，MATLAB 也有相应的功能函数，保证了用户不同层次的要求。另外新版本的 MATLAB 还着重在图形用户界面（GUI）的制作上作了很大的改善，对这方面有特殊要求的用户也可以得到满足。

（6）可扩展性强。MATLAB 不仅有着丰富的库函数，在进行复杂的数学运算时可以直接调用。而且用户还可以根据需要方便地编写和扩充新的函数库。通过混合编程，用户可以方便地在 MATLAB 环境中调用其他用 Fortran

或者C语言编写的代码，也可以在C语言或者Fortran语言程序中调用MATLAB计算引擎来执行MATLAB代码。

（7）可靠的容错功能、应用灵活的兼容与接口功能。MathWorks公司开发的MATLAB Notebook成功地将Microsoft Word和MATLAB结合在一起，为文字处理、科学计算和工程设计营造了一个完美的工作环境。MATLAB Notebook实现了Word和MATLAB无缝连接，使Word不仅兼具原有编辑能力，而且增加了MATLAB强大的计算和绘图能力，在科学研究、工程设计和教学方面都有很好的实用价值，已经远远地把MathCAD抛在后面。MATLAB Notebook可以在Word中随时修改计算命令，随时计算并生成图像返回，使用户能在Word环境中"随心所欲地享用"MATLAB的浩瀚资源。

（8）信息量丰富的联机检索功能。新版本的MATLAB可以利用MATLAB编译器和C/C++数学库和图形库，将自己的MATLAB程序自动转换为独立于MATLAB运行的C和C++代码。允许用户编写可以和MATLAB进行交互的C或C++语言程序。另外，MATLAB网页服务程序还容许在Web应用中使用自己的MATLAB数学和图形程序。

1.5.3 Simulink简介

Simulink是MATLAB提供的实现动态系统建模和仿真的一个软件包，它是一个集成化、智能化、图形化的建模与仿真工具，是一个面向多域仿真以及基于模型设计的框模块图环境，它支持系统设计、仿真、自动化代码生成及嵌入式系统的连续测试和验证。基于这些特点，用户可以把精力从编程转向模型的构造。其最大的优点就是为用户省去了许多重复的代码编写工作。

Simulink提供了图形编辑器、可自定义的定制模块库以及求解器，能进行动态系统建模和仿真。通过与MATLAB集成，用户不仅能够将MATLAB算法融合到模型中，而且还能将仿真结果导出至MATLAB进行进一步分析。

Simulink有如下几个基本概念。

（1）模块与模块框图。Simulink模块有标准模块和定制模块两种类型。Simulink模块是系统的基本功能单元部件，并且产生输出宏。每个模块包含一组输入、状态和一组输出等几个部分。模块的输出是仿真时间、输入或状态的函数。模块中的状态是一组能够决定模块输出的变量，一般当前状态的值取决于过去时刻的状态值或输入，这样的模块称为记忆功能模块。例如，积分（Integrator）模块就是典型的记忆功能模块，模块的输出当前值取决于从仿真开始到当前时刻这一段时间内的输入信号的积分。

Simulink 模块的基本特点是参数化。多数模块都有独立的属性对话框用于定义/设置模块的各种参数。此外，用户可以在仿真过程中实时改变模块的相关参数，以期找到最合适的参数，这类参数称为可调参数，例如在增益（Gain）模块中的增益参数。

此外，Simulink 也可以允许用户创建自己的模块，这个过程又称为模块的定制。定制模块不同于 Simulink 中的标准模块，它可以由子系统封装得到，也可以采用 M 文件或 C 语言实现自定义的功能算法，称为 S 函数。用户可以为定制模块设计属性对话框，并将定制模块合并到 Simulink 库中，使得定制模块的使用与标准模块的使用完全一样。

Simulink 模块框图是动态系统的图形显示，它由一组模块的图标组成，模块之间的连接是连续的。

（2）信号。Simulink 使用“信号”一词来表示模块的输出值。Simulink 允许用户定义信号的数据类型、数值类型（实数或复数）和维数等。此外，Simulink 还允许用户创建数据对象（数据类型的实例）作为模块的参数和信号变量。

（3）求解器。Simulink 模块指定了连续状态变量的时间导数，但没有定义这些导数的具体值，它们必须在仿真过程中通过微分方程的数值求解方法计算得到。Simulink 提供了一套高效、稳定、精确的微分方程数值求解算法（ODE），用户可根据需要和模型特点选择合适的求解算法。

（4）子系统。Simulink 子系统是由基本模块组成的、相对完整且具备一定功能的模块框图封装后得到的。通过封装，用户还可以实现带触发使用功能的特殊子系统。子系统的概念是 Simulink 的重要特征之一，体现了系统分层建模的思想。

（5）零点穿越。在 Simulink 对动态系统进行仿真时，一般在每一个仿真过程中都会检测系统状态变化的连续性。如果 Simulink 检测到某个变量的不连续性，为了保持状态突变处系统仿真的准确性，仿真程序会自动调整仿真步长，以适应这种变化。

动态系统中状态的突变对系统的动态特性具有重要影响，例如，弹性球在撞击地面时其速度及方向会发生突变，此时，若采集的时刻并非正好发生在仿真当前时刻（如处于两个相邻的仿真步长之间），Simulink 的求解算法就不能正确反映系统的特性。

Simulink 采用一种称为零点穿越检测的方法来解决这个问题。首先模块记录下零点穿越的变量，每一个变量都是有可能发生突变的状态变量的函数。突变发生时，零点穿越函数从正数或负数穿过零点。通过观察零点穿越变量的符号变化，就可以判断出仿真过程中系统状态是否发生了突变现象。

如果检测到穿越事件发生，Simulink 将通过对变量的以前时刻和当前时刻的插值来确定突变发生的具体时刻，然后，Simulink 会调整仿真步长，逐步逼近并跳过状态的不连续点，这样就避免了直接在不连续点处进行的仿真。

采用零点穿越检测技术，Simulink 可以准确地对不连续系统进行仿真，从而极大提高了系统仿真的速度和精度。

Simulink 由应用工具、实时工作室、状态流模块、扩展的模块集等模块组成。

（1）应用工具。Simulink 软件包的一个重要特点是它完全建立在 MATLAB 的基础上，因此 MATLAB 的各种应用工具箱也完全可应用到 Simulink 环境中来。

（2）实时工作室（Real-Time Workshop）。Simulink 软件包中的 Real-Time Workshop 可将 Simulink 的仿真框图直接转换为 C 语言代码，从而直接从仿真系统过渡到系统实现。该工具支持连续、离散及连续-离散混合系统。用户完成 C 语言代码的编程后可直接进行汇编及生成可执行文件。

（3）状态流模块（stateflow）。Simulink 中包含了 stateflow 的模块，用户可以模块化设计基于状态变化的离散事件系统，将该模块放入 Simulink 模型中，就可以创建包含离散事件子系统的更为复杂的模型。

（4）扩展的模块集。如同众多的应用工具箱扩展了 MATLAB 应用范围一样，MathWorks 公司为 Simulink 提供了各种专门的模块集（BlockSet）来扩展 Simulink 的建模和仿真能力。这些模块涉及通信、电力、非线性控制和 DSP 系统等不同领域，以满足 Simulink 对不同领域系统仿真的需求。

2 新能源电力系统的线路建模

电力线路承载着远距离电能传输的重要任务，是电力系统装备最广泛的组件之一。本章基于 MATLAB/Simulink 环境，对新能源电力系统的输电线路进行仿真建模。本章中涉及的一个重要内容便是电力潮流计算，包含母线电压幅值与相位角求解、支路有功/无功功率的计算。其原因在于，潮流计算是电力系统稳态/暂态分析、规划运行、优化控制等场景的基础。得到新能源电力系统中的功率潮流分布，便可设定新能源电力系统中其他设备（如同步发电机）的初始稳态运行点，进而分析电力系统从稳态初始条件下的暂态行为。由于导纳矩阵与母线电压和节点功率紧密相关，因此，本章首先从导纳矩阵定义作为切入点，详细讲解新能源电力系统的潮流计算流程，并以一个“二机三母线”系统为例，在 MATLAB 环境下对潮流计算流程进行了仿真模拟。通过本章的理论与仿真实例，可以对一个实际的新能源电力系统建立完整的导纳矩阵，并在 MATLAB/Simulink 环境下进行潮流计算。

2.1 节点导纳矩阵

电力系统的仿真分析一般遵循“节点导纳矩阵构建→潮流计算→暂态模型稳态初始点→时域仿真分析”的流程。可见，节点导纳矩阵是新能源电力系统建模、仿真、分析的基础。以图 2-1 所示的 π 型电力系统等值电路为例，该电路包含两段输电线路和三段母线。对于输电线路，一般采用电阻、电感、电容描述其线路的电气特性，母线 2 上并联的电纳 B_{sh2} 与电导 G_{sh2} 分别表示该母线上所带负荷的电气参数。根据基尔霍夫电压/电流定律，注入母线 2 的电流 I_2 与母线电压 V_2 之间满足

$$I_2 = V_2\left[G_{\mathrm{sh2}} + \mathrm{j}\left(B_{\mathrm{sh2}} + \frac{B_{12}}{2} + \frac{B_{23}}{2}\right)\right] + \frac{V_2 - V_1}{R_{12} + \mathrm{j}X_{12}} + \frac{V_2 - V_3}{R_{23} + \mathrm{j}X_{23}} \quad (2\text{-}1)$$

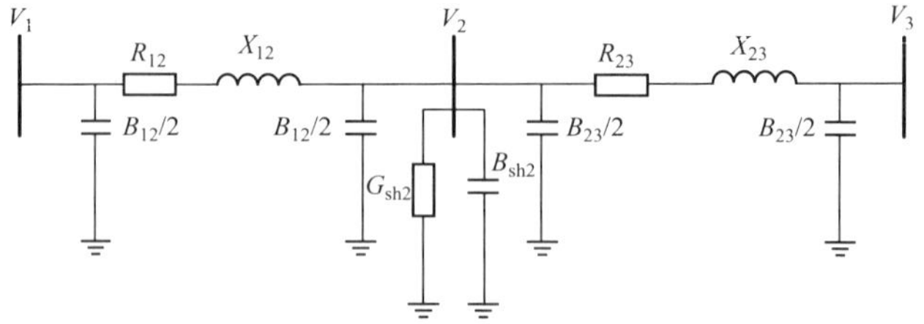

图 2-1　π 型电力系统等值电路

母线 2 处的自导纳 Y_{22} 定义为

$$Y_{22} = G_{\mathrm{sh2}} + \mathrm{j}\left(B_{\mathrm{sh2}} + \frac{B_{12}}{2} + \frac{B_{23}}{2}\right) + \frac{1}{R_{12} + \mathrm{j}X_{12}} + \frac{1}{R_{23} + \mathrm{j}X_{23}} \quad (2\text{-}2)$$

母线 1、母线 2 和母线 2、母线 3 之间的互导纳 Y_{21} 与 Y_{23} 定义为

$$Y_{21} = -\frac{1}{R_{12} + \mathrm{j}X_{12}} \quad (2\text{-}3)$$

$$Y_{23} = -\frac{1}{R_{23} + \mathrm{j}X_{23}} \quad (2\text{-}4)$$

根据式（2-1）～式（2-4），可得注入母线 2 的电流为

$$I_2 = V_2 Y_{22} + V_1 Y_{21} + V_3 Y_{23} \quad (2\text{-}5)$$

可见，注入某一节点的电流与该节点自身和与之相邻节点的电压/导纳有关，将上述结论推广至 n 个母线的情况，可得

$$\underbrace{\begin{bmatrix} \tilde{I}_1 \\ \tilde{I}_2 \\ \vdots \\ \tilde{I}_n \end{bmatrix}}_{\tilde{\boldsymbol{I}}} = \underbrace{\begin{bmatrix} \tilde{Y}_{11} & \tilde{Y}_{12} & \cdots & \tilde{Y}_{1n} \\ \tilde{Y}_{21} & \tilde{Y}_{22} & \cdots & \tilde{Y}_{2n} \\ \vdots & \vdots & \ddots & \vdots \\ \tilde{Y}_{n1} & \tilde{Y}_{n2} & \cdots & \tilde{Y}_{nn} \end{bmatrix}}_{\tilde{\boldsymbol{Y}}} \underbrace{\begin{bmatrix} \tilde{V}_1 \\ \tilde{V}_2 \\ \vdots \\ \tilde{V}_n \end{bmatrix}}_{\tilde{\boldsymbol{V}}} \quad (2\text{-}6)$$

式中：$\tilde{\boldsymbol{Y}}$ 为导纳矩阵；$\tilde{Y}_{jk}$（j，k=1，2，…，n）为节点 j 与节点 k 间的互导纳（特别的，当 $j=k$ 时，$\tilde{Y}_{jk}$ 为节点 j 的自导纳）；$\tilde{\boldsymbol{V}}$ 为母线电压向量；$\tilde{\boldsymbol{I}}$ 为注入各母线的电流向量。需要说明的是，式（2-6）中的所有变量均为复数。此外，导纳矩阵 $\tilde{\boldsymbol{Y}}$ 可以很方便地从输电线路和母线的参数中计算求解。其中，$\tilde{Y}_{kk}$（k=1，2，…，n）是母线 k 上所有电力元件电导之和，即

$$\widetilde{Y}_{kk}=\widetilde{\gamma}_k+\sum_{l=1}^{n}\widetilde{\gamma}_{B_{kl}}+\sum_{l=1}^{n}\widetilde{\gamma}_{kl} \tag{2-7}$$

$$\widetilde{\gamma}_k=G_{shk}+\mathrm{j}B_{shk}$$

$$\widetilde{\gamma}_{B_{kl}}=0.5\mathrm{j}B_{kl}$$

$$\widetilde{Y}_{kl}=-\widetilde{\gamma}_{kl},\quad \widetilde{\gamma}_{kl}=\frac{1}{R_{kl}+\mathrm{j}X_{kl}} \tag{2-8}$$

式中：$\widetilde{\gamma}_k$ 为母线 k 所带负荷的电气参数；$\widetilde{\gamma}_{B_{kl}}$ 为与母线 k 相邻的电力线路 l 的电纳；$\widetilde{\gamma}_{kl}$ 为母线 k 与母线 l 之间所有输电线路导纳之和的负数，负号的物理意义为该母线为电能汇入端。

以图 2-2 所示的“二机三母线”系统为例，给出该系统的节点导纳矩阵计算过程（图中数值均为标幺值）。其中，母线 1 和母线 2 为电源母线，共同向母线 3 供电。各母线间输电线路的导纳参数为

$$\widetilde{\gamma}_{12}=\widetilde{\gamma}_{21}=0.9901-\mathrm{j}9.9010$$

$$\widetilde{\gamma}_{13}=\widetilde{\gamma}_{31}=1.2376-\mathrm{j}12.3762$$

$$\widetilde{\gamma}_{23}=\widetilde{\gamma}_{32}=1.6502-\mathrm{j}16.5017$$

$$\widetilde{\gamma}_{B_{12}}=\widetilde{\gamma}_{B_{21}}=\mathrm{j}0.0875$$

$$\widetilde{\gamma}_{B_{13}}=\widetilde{\gamma}_{B_{31}}=\mathrm{j}0.07$$

$$\widetilde{\gamma}_{B_{23}}=\widetilde{\gamma}_{B_{32}}=\mathrm{j}0.0525$$

$$\widetilde{\gamma}_3=\mathrm{j}1$$

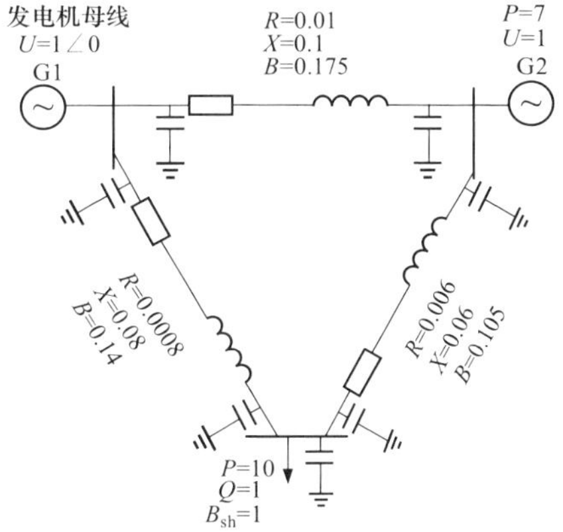

图 2-2 “二机三母线”电力系统

根据式（2-6）计算该系统的节点导纳矩阵，可得

$$Y=\begin{bmatrix}\gamma_{12}+\gamma_{13}+\gamma_{B_{12}}+\gamma_{B_{13}} & -\gamma_{12} & -\gamma_{13}\\ -\gamma_{21} & \gamma_{21}+\gamma_{23}+\gamma_{B_{21}}+\gamma_{B_{23}} & -\gamma_{23}\\ -\gamma_{31} & -\gamma_{32} & \gamma_{31}+\gamma_{32}+\gamma_{B_{31}}+\gamma_{B_{32}}+\gamma_3\end{bmatrix}$$

$$=\begin{bmatrix}2.2277-\mathrm{j}22.1197 & -0.9901+\mathrm{j}9.901 & -1.2376+\mathrm{j}12.3762\\ -0.9901+\mathrm{j}9.901 & 2.6403-\mathrm{j}26.2626 & -1.6502+\mathrm{j}16.5017\\ -1.2376+\mathrm{j}12.3762 & -1.6502+\mathrm{j}16.5017 & 2.8878-\mathrm{j}27.7554\end{bmatrix} \tag{2-9}$$

2.2 潮流计算流程

潮流计算的目的是，在确定了电力系统网架参数和相应的节点导纳矩阵基础上，根据母线所带有功/无功负荷以及发电设备注入的有功功率，确定各母线电压的幅值与相角。潮流计算中一般将一条或多条母线的有功发电量设为未知量，且将该母线的电压幅值和相角一般指定为1（标幺值）和0°，这样的母线称为松弛母线或摇摆母线。因此，潮流计算中对每条母线的描述采用电压幅值、电压相角、有功功率和无功功率四个电气量，并且始终指定其中两个变量是已知的，而另外两个变量是待求解的。因此，根据已知变量的性质，新能源电力系统中的母线分为松弛母线、PV 母线、PQ 母线三种类型。

（1）松弛母线。该母线是新能源电力网络中除了该母线以外其余所有母线的参考，一般选为电力系统中带有发电机的某条母线。该母线处的母线电压幅值通常设置为1（标幺值），而母线的电压相角设置为0°。由于电压幅值和角度是已知的，该母线上的实际有功和无功功率都是可变的。

（2）PV 母线。一般的，除松弛母线外的所有发电机母线建模为 PV 母线。但对于带有光伏的母线而言，由于逆变器一般采用最大功率跟踪控制并要求具备低电压穿越能力，光伏母线的有功功率和电压幅值一般是视为已知的，而无功功率和电压相角则视为未知的。

（3）PQ 母线。有功功率和无功功率已知的母线称为 PQ 母线。其电压的幅值和相角是未知的。那些既不包含发电机也不包含负荷的母线可以视为特殊的 PQ 母线，其有功功率和无功功率均为零。

利用2.1节计算的节点导纳矩阵，本节重点介绍潮流计算的基本步骤。根据欧姆定律，注入节点 k 的有功/无功功率表示为

$$P_k + \mathrm{j}Q_k = \widetilde{V}_k \widetilde{I}_k^* \tag{2-10}$$

根据式（2-6），电流的共轭取值为

$$\widetilde{I}_k^* = \sum_{l=1}^{n} \widetilde{Y}_{kl}^* \widetilde{V}_l^* \tag{2-11}$$

考虑到 $\widetilde{Y} = G + \mathrm{j}B$，结合式（2-10）和式（2-11），有

$$P_k + \mathrm{j}Q_k = \widetilde{V}_k \sum_{l=1}^{n} [(G_{kl} - \mathrm{j}B_{kl})\widetilde{V}_l^*] \tag{2-12}$$

结合欧拉公式，在极坐标参考系下，母线 k 和母线 l 的电压（$\widetilde{V}_k$，$\widetilde{V}_l$）与相角（θ_k，θ_l）之间满足

$$\widetilde{V}_k\widetilde{V}_l^* = V_kV_l(\cos\theta_{kl} + \mathrm{j}\sin\theta_{kl}) \tag{2-13}$$

$$\theta_{kl} = \theta_k - \theta_l$$

结合式（2-12）和式（2-13），可得

$$P_k + \mathrm{j}Q_k = V_k\sum_{l=1}^{n}V_l(\cos\theta_{kl} + \mathrm{j}\sin\theta_{kl})(G_{kl} - \mathrm{j}B_{kl}) \tag{2-14}$$

显然，式（2-14）的实部、虚部分别为

$$P_k = f_p(V,\theta) = V_k\sum_{l=1}^{n}V_l(G_{kl}\cos\theta_{kl} + B_{kl}\sin\theta_{kl}) \tag{2-15}$$

$$Q_k = f_q(V,\theta) = V_k\sum_{l=1}^{n}V_l(G_{kl}\sin\theta_{kl} - B_{kl}\cos\theta_{kl}) \tag{2-16}$$

从而式（2-15）和式（2-16）可以改写为

$$\begin{bmatrix}P_k\\Q_k\end{bmatrix} = \begin{bmatrix}f_p(V_1,V_2,\cdots,V_n,\theta_1,\theta_2,\cdots,\theta_n)\\f_q(V_1,V_2,\cdots,V_n,\theta_1,\theta_2,\cdots,\theta_n)\end{bmatrix} \tag{2-17}$$

根据泰勒展开定理，可以得到迭代潮流计算方程，即

$$\begin{bmatrix}P_k\\Q_k\end{bmatrix} = \begin{bmatrix}f_p(V_1,V_2,\cdots,V_n,\theta_1,\theta_2,\cdots,\theta_n)\\f_q(V_1,V_2,\cdots,V_n,\theta_1,\theta_2,\cdots,\theta_n)\end{bmatrix} = \underbrace{\begin{bmatrix}\dfrac{\partial f_p}{\partial\theta} & \dfrac{\partial f_p}{\partial V}\\\dfrac{\partial f_q}{\partial\theta} & \dfrac{\partial f_q}{\partial V}\end{bmatrix}}_{\boldsymbol{J}}\begin{bmatrix}\Delta\theta\\\Delta V\end{bmatrix} \tag{2-18}$$

式中：V 和 θ 分别为电压幅值和相角的估计值；ΔV 和 $\Delta\theta$ 分别迭代过程中的校正量；$\boldsymbol{J}$ 为雅克比（Jacobian）矩阵。图 2-3 示出了极坐标形式下采用牛顿—拉夫逊方法进行潮流计算的流程图。

显然，雅克比矩阵 $\boldsymbol{J}$ 是潮流计算的核心。根据（2-15）和式（2-16），雅克比矩阵 $\boldsymbol{J}$ 中的非对角元素为

$$\frac{\partial P_k}{\partial\theta_l} = V_kV_l(G_{kl}\sin\theta_{kl} - B_{kl}\cos\theta_{kl}) \tag{2-19}$$

$$V_l\frac{\partial P_k}{\partial\theta_l} = V_kV_l(G_{kl}\cos\theta_{kl} + B_{kl}\sin\theta_{kl}) \tag{2-20}$$

$$\frac{\partial Q_k}{\partial\theta_l} = -V_kV_l(G_{kl}\cos\theta_{kl} + B_{kl}\sin\theta_{kl}) \tag{2-21}$$

$$V_l \frac{\partial Q_k}{\partial \theta_l} = V_k V_l (G_{kl} \sin\theta_{kl} - B_{kl} \cos\theta_{kl}) \tag{2-22}$$

雅克比矩阵 $\boldsymbol{J}$ 中的对角元素为

$$\frac{\partial P_k}{\partial \theta_k} = - B_{kk} V_k^2 - Q_k \tag{2-23}$$

$$V_k \frac{\partial P_k}{\partial V_k} = P_k + G_{kk} V_k^2 \tag{2-24}$$

$$\frac{\partial Q_k}{\partial \theta_k} = P_k - G_{kk} V_k^2 \tag{2-25}$$

$$V_k \frac{\partial Q_k}{\partial V_k} = - B_{kk} V_k^2 + Q_k \tag{2-26}$$

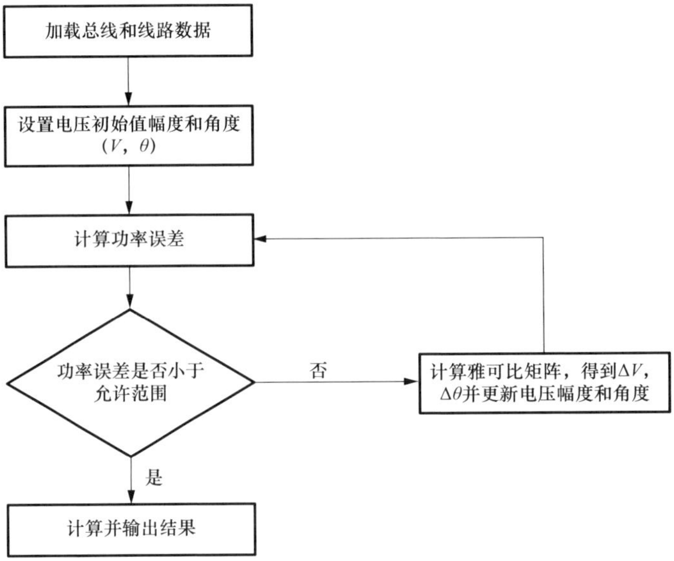

图 2-3　牛顿—拉夫逊法潮流计算流程图

根据图 2-3，由于每次迭代都必须计算雅克比矩阵 $\boldsymbol{J}$，为降低计算量，可通过给定的电压幅值与相角，并根据节点导纳矩阵和式（2-27）得到雅可比矩阵 $\boldsymbol{J}$ 中的各元素，即

$$\boldsymbol{K} = \mathrm{diag}(V) Y^* \mathrm{diag}(V^*) \tag{2-27}$$

对式（2-27）展开，从而矩阵 $\boldsymbol{K}$ 中的非对角和对角元素可表示为

$$K_{kl} = V_k V_l [(G_{kl} \cos\theta_{kl} + B_{kl} \sin\theta_{kl}) + \mathrm{j}(G_{kl} \sin\theta_{kl} - B_{kl} \cos\theta_{kl})] \tag{2-28}$$

$$K_{kk} = V_k^2 (G_{kl} - \mathrm{j} B_{kl}) \tag{2-29}$$

可见矩阵 $\boldsymbol{K}$ 的对角元素和非对角元素与雅克比矩阵 $\boldsymbol{J}$ 紧密相关，例如，$\dfrac{\partial P_k}{\partial \theta_l}=\text{imag}(K_{kl})$，$\dfrac{\partial P_k}{\partial \theta_l}=-\text{real}(K_{kl})$，其中 imag 和 real 分别为取虚部和取实部操作。

2.3 潮流计算算例

本章使用图 2-2 所示的“二机三母线”系统对潮流计算的迭代过程加以说明。在算例系统中，假设母线 1 是松弛母线，其中相角与电压幅值是已知的。母线 2 为发电机或 PV 母线，其电压相角是已知的，但潮流计算过程中有功功率可能出现变化，变化量记为 ΔP_2。母线 3 为 PQ 母线，电压幅值和相角均是未知的，潮流计算过程中有功功率和无功功率的变化量记为 ΔP_3、ΔQ_3。从而该系统的雅克比矩阵 $\boldsymbol{J}$ 定义为

$$\begin{bmatrix}\Delta P_2\\ \Delta P_3\\ \Delta Q_3\end{bmatrix}=\begin{bmatrix}\dfrac{\partial P_2}{\partial \theta_2} & \dfrac{\partial P_2}{\partial \theta_3} & \dfrac{\partial P_2}{\partial V_3}\\ \dfrac{\partial P_3}{\partial \theta_2} & \dfrac{\partial P_3}{\partial \theta_3} & \dfrac{\partial P_3}{\partial V_3}\\ \dfrac{\partial Q_3}{\partial \theta_2} & \dfrac{\partial Q_3}{\partial \theta_3} & \dfrac{\partial Q_3}{\partial V_3}\end{bmatrix}\begin{bmatrix}\Delta \theta_2\\ \Delta \theta_3\\ \Delta V_3\end{bmatrix} \tag{2-30}$$

式（2-30）中，方程右边为给定参考电压幅值与相角下有功与无功功率的偏差向量，而方程最右侧则表示电压相角与幅值所需要的校正量。

第一次迭代：设三母线算例的初始估计量为 $V^{(0)}=[1.0, 1.0, 1.0]$，$\theta^{(0)}=[0.0, 0.0, 0.0]$，$P_2=7$，$P_3=10$，$Q_3=1$，节点导纳矩阵 Y 可以由式（2-9）得出。相关计算为

$$\widetilde{\boldsymbol{I}}^{0}=\boldsymbol{Y}\widetilde{\boldsymbol{V}}^{(0)}=\begin{bmatrix}0.0-0.1575\text{j}\\ 0.0-0.1400\text{j}\\ 0.0-1.1225\text{j}\end{bmatrix} \tag{2-31}$$

$$P^{0}+\text{j}Q^{(0)}=\widetilde{\boldsymbol{V}}^{(0)}\widetilde{\boldsymbol{I}}^{(0)^*}=\begin{bmatrix}0.0-0.1575\text{j}\\ 0.0-0.1400\text{j}\\ 0.0-1.1225\text{j}\end{bmatrix} \tag{2-32}$$

$$K=\begin{bmatrix}2.2277+22.1197j & -0.9901-9.9010j & -1.2376-12.3762j\\ -0.9901-9.9010j & 2.6403+26.2626j & -1.6502-16.5017j\\ -1.2376-12.3762j & -1.6502-16.5017j & 2.8878+27.7554j\end{bmatrix}\tag{2-33}$$

$$J=\begin{bmatrix}26.4026 & -16.5017 & -1.6502\\ -16.5017 & 28.8779 & 2.8878\\ 1.6502 & -2.8878 & 26.6329\end{bmatrix}\tag{2-34}$$

从而在首次迭代结束后，有 $\Delta P_2=P_2^{(0)}-P_2=-7$，$\Delta P_3=P_3^{(0)}-P_3=-10$，$\Delta Q_3=Q_3^{(0)}-Q_3=0.1225$。进而相角和电压幅值的偏差量可以由式（2-30）计算得到，即 $\Delta\theta_2=0.0758$，$\Delta\theta_3=-0.2997$，$\Delta V_3=-0.0326$。

第二次迭代：更新电压的幅值与相角分布信息：$V^{(1)}=[1.0，1.0，0.9674]$，$\theta^{(1)}=[0.0，0.0758，-0.2997]$。从而有

$$\tilde{I}^{1}=\tilde{Y}V^{(1)}=\begin{bmatrix}2.8825-0.5295j\\ 6.8185-0.3632j\\ -9.3910+2.2273j\end{bmatrix}\tag{2-35}$$

$$P^{1}+jQ^{(1)}=\begin{bmatrix}2.8825+0.5295j\\ 6.7715+0.8781j\\ -9.3161+0.6239j\end{bmatrix}\tag{2-36}$$

$$J=\begin{bmatrix}25.3845 & -15.4370 & 4.5164\\ -14.2661 & 25.3516 & -6.8363\\ 7.3395 & -12.0187 & 27.4957\end{bmatrix}\tag{2-37}$$

从而在第二次迭代结束后，有 $\Delta P_2=0.2285$，$\Delta P_3=-0.6839$，$\Delta Q_3=-1.6239$。进而相角和电压幅值的偏差量为 $\Delta\theta_2=0.0096$，$\Delta\theta_3=-0.0540$，$\Delta V_3=-0.0801$。

第三次迭代：更新电压的幅值与相角分布信息：$\boldsymbol{V}^{(2)}=[1.0，1.0，0.08873]$，$\boldsymbol{\theta}^{(2)}=[0.0，0.0662，-0.3537]$。从而有

$$\tilde{I}^{(2)}=Y\tilde{V}^{(2)}=\begin{bmatrix}3.3584-1.6237j\\ 7.0794-1.8866j\\ -10.1021+4.7419j\end{bmatrix}\tag{2-38}$$

$$
\boldsymbol{P}^{(2)}+\mathrm{j}\boldsymbol{Q}^{(2)}=\begin{bmatrix}3.3584+1.6237\mathrm{j}\\6.9391+2.3507\mathrm{j}\\-9.8662-0.8423\mathrm{j}\end{bmatrix} \tag{2-39}
$$

$$
\boldsymbol{J}=\begin{bmatrix}23.9119 & -13.9671 & 5.2202\\-12.7733 & 22.6948 & -8.5568\\7.3060 & -12.1398 & 23.6784\end{bmatrix} \tag{2-40}
$$

从而在第三次迭代结束后，有 $\Delta P_2=0.0609$，$\Delta P_3=-0.1338$，$\Delta Q_3=-0.1577$。进而相角和电压幅值的偏差量为 $\Delta\theta_2=0.0014$，$\Delta\theta_3=-0.0112$，$\Delta V_3=-0.0120$。

第四次迭代：更新电压的幅值与相角分布信息：$V^{(3)}=[1.0，1.0，0.8753]$，$\theta^{(3)}=[0.0，0.0648，-0.3649]$。从而有

$$
\widetilde{\boldsymbol{I}}^{(3)}=\boldsymbol{Y}\widetilde{\boldsymbol{V}}^{(3)}=\begin{bmatrix}3.4521-1.7968\mathrm{j}\\7.1507-2.1263\mathrm{j}\\-10.2612+5.1382\mathrm{j}\end{bmatrix} \tag{2-41}
$$

$$
\boldsymbol{P}^{(3)}+\mathrm{j}\boldsymbol{Q}^{(3)}=\begin{bmatrix}3.4521+1.7968\mathrm{j}\\6.9979+2.5850\mathrm{j}\\-9.9958-0.9965\mathrm{j}\end{bmatrix} \tag{2-42}
$$

$$
\boldsymbol{J}=\begin{bmatrix}23.6776 & -13.7333 & 5.3743\\-12.5298 & 22.2635 & -8.8914\\7.3307 & -12.2085 & 23.1571\end{bmatrix} \tag{2-43}
$$

从而在第四次迭代结束后，有 $\Delta P_2=0.0021$，$\Delta P_3=-0.0042$，$\Delta Q_3=-0.0035$。进而相角和电压幅值的偏差量为 $\Delta\theta_2=-0.00003$，$\Delta\theta_3=-0.0003$，$\Delta V_3=-0.0003$。可以看到，在该次迭代结束后，电压幅值和相角的校正量非常小，进而潮流计算结束。

2.4 潮流计算的 MATLAB/Simulink 实现

在前面的章节中，以“二机三母线”系统为例介绍了潮流计算的基本流程。然而，实际的新能源电力系统往往包含数十条乃至上百条母线，因此潮流计算的计算机程序实现是必不可少的。为了工程人员的方便，本节给出两段

MATLAB 函数以计算导纳矩阵与潮流分布。此外，需要指出的是，在本书附录中亦给出了其他版本的潮流计算相关程序可供读者选择。

如前所述，新能源电力系统的母线分为 PV、PQ 和松弛母线。为了加以区分，在程序中以 bus_id={1，2，3} 加以区分，其中 bus_id=3 表示负荷母线，bus_id=2 表示发电机母线，bus_id=1 则表示松弛母线。例如表 2-1 给出了一个三母线系统的示例，其中线路、发电机功率和负荷功率等参数设置为可选项或默认设置为 0。

表 2-1　　母线矩阵格式

序号	电压幅值	相角	P_G	Q_G	P_L	Q_L	并联电导 G_{sh}	并联电纳 B_{sh}	bus_id
1	1.02		5						2
2					5	1			3
3	1	0							1

同样的，连接到母线的电力线路需要在程序中定义。考虑到传输线路中的变压器一般采用了归并简化处理，从而线路参数除了电阻、电抗外，还需要考虑变压器的开断电流与变压器抽头比。从而在程序中，电力线路采用如表 2-2 所示的矩阵表示。

表 2-2　　线路矩阵格式

首端母线序号	末端母线序号	电阻	电抗	线路充电功率	抽头比
01	02	0.001	0.01	0.02	1

基于 2.1 节和 2.2 节相关理论，求解节点导纳矩阵和电力系统潮流分布的程序分别如下所示。

【程序代码 2-1】求解节点导纳矩阵

```
function[Y]=form_Ymatrix(bs,ln)
%从母线与线路数据生成 Y 矩阵
Y=zeros(size(bs,1),size(bs,1));%初始化 Y 矩阵
sy=size(Y);%Y 矩阵维度
t=sub2ind(sy,ln(:,1),ln(:,1));
[t1,t2,t3]=unique(t);Kt=zeros(size(t2,1),size(t3,1));
```

```
Kt(((1:size(Kt,2))-1) * size(Kt,1)+t3')=1;
Y(t1)=Y(t1)+Kt * (1./(ln(:,3)+1i * ln(:,4))+1i * 0.5 * ln (:,5));
t=sub2ind(sy,ln(:,2),ln(:,2));
[t1,t2,t3]=unique(t);Kt=zeros(size(t2,1),size(t3,1));
Kt(((1:size(Kt,2)-1) * size(Kt,1)+t3')=1;
Y(t1)=Y(t1)+Kt * (1./(ln(:,3)+li * ln(:,4))+1i * 0.5 * ln(:,5));
t=sub2ind(sy,ln(:,1),ln(:,2));
[t1,t2,t3]=uniquc(t);Kt=zeros(size(t2,1),size(t3,1));Kt(((1:size(Kt,
2))-1) * size(Kt,1)+t3')=1;
Y(t1)=Y(t1)-Kt * (1./(ln(:,3)+li * ln(:,4)));
t=sub2ind(sy,ln(:,2),ln(:,1));
[t1,t2,t3]=unique(t);Kt=zeros(size(t2,1),size(t3,1));
Kt(((1:size(Kt,2))-1) * size(Kt,1)+t3')=1;
Y(t1)=Y(t1)-Kt * (1./(ln(:,3)+li * ln(:,4)));
Y=Y+diag(bs(:,8)+1i * bs(:,9));
end
```

【程序代码 2-2】求解系统潮流分布

```
function[bus_sln,flow]=power_flow(Y,  bs,  1n)
%计算系统的潮流分布
bs(:,3)=bs(:,3) * pi/180;%将角度转换为弧度制
v0=bs(:,2);  A0=bs(:,3);  nbs=size(bs,1);
bsl=find(bs(:,10)==1);_bpv=find(bs(:,10)==2);…
bpq=find(bs(:,10)==3);
%PV、PQ 母线的有功/无功功率
PQ=[bs(bpv,4)-bs(bpv,6);bs(bpq,4)-bs(bpq,6);bs(bpq,5)-bs(bpq,7)];
%初始化电压相角与幅值
vt0=[bs(sort([bpv;bpq]),3);bs(bpq,2)];
itrn=l;
while(true)
```

```
%更新电压相角与幅值
T=[zeros(size(bpg,1),size(bpq,1)+size(bpv,1))
eye(size(bpq,1))];
v0(bpq)=T * vt0;
T=[eye(size(bpv,1)+size(bpq,1)...
zeros(size(bpq,1)+size(bpv,1),size(bpq,1))];
A0(sort([bpv;bpq]))=T * vt0;
%计算电压、电流及功率
vo=vo. * exp(li * A0);   i0=Y * v0;   pq0=v0. * conj(i0);
%计算有功、无功功率迭代差值
dpq=PQ-[real(pq0(sort([bpv;bpq])));imag(pq0(sort([bpq])))];
K=diag(v0) * conj(Y) * diag(conj(v0));%计算 K 矩阵
%生成雅克比矩阵
Jp=[imag(K)-diag(imag(pq0))...
(real(K)+diag(real(pq0))). /(ones(nbs,1) * V0')];
Jq=[diag(real(pq0))-real(K)...
(imag(K)+diag(imag(pq0))). /(ones(nbs,1) * VO')];
J=[Jp;Jq];
J(sort([bsl;nbs+bsl;nbs+bpv]),:)=[];
J(:,sort([bsl;nbs+bsl;nbs+bpv]))=[];
dvt=J\dpq;%计算迭代增量
vt0=vt0+dvt;%更新电压相角与幅值
itrn=itrn+1;
if max(abs(dvt))<1e-16 || itrn>50
break
end
end
```

下面以图 2-4 所示的双区四机系统测试程序的有效性。母线和电力线路参数分别由表 2-3 和表 2-4 给出。

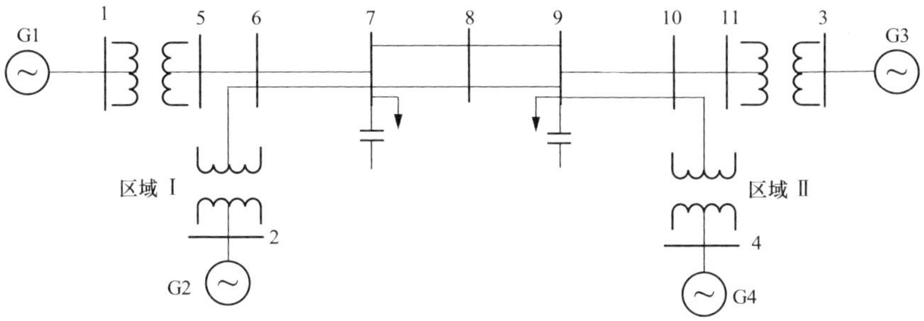

图 2-4 “4 机 11 母线”测试系统

表 2-3　　双区四机系统母线参数

序号	V (kV)	δ (°)	P_G (MW)	Q_G (Mvar)	P_L (MW)	Q_L (Mvar)	P_{sh} (MW)	Q_{sh} (Mvar)	母线类型
1	20	0	700	0.0	0.00	0.0	0.0	0.0	PV
2	20	0	700	0.0	0.00	0.0	0.0	0.0	PV
3	20	0	0.0	0.0	0.00	0.0	0.0	0.0	松弛
4	20	0	700	0.0	0.00	0.0	0.0	0.0	PV
5	230	0	0.0	0.0	0.00	0.0	0.0	0.0	PQ
6	230	0	0.0	0.0	0.00	0.0	0.0	0.0	PQ
7	230	0	0.0	0.0	967	100	0.0	200	PQ
8	230	0	0.0	0.0	0.00	0.0	0.0	0.0	PQ
9	230	0	0.0	0.0	1767	100	0.0	350	PQ
10	230	0	0.0	0.0	0.00	0.0	0.0	0.0	PQ
11	230	0	0.0	0.0	0.00	0.0	0.0	0.0	PQ

表 2-4　　两区四机系统线路参数

首端母线序号	末端母线序号	R(Ω)	L(mH)	C(uF)	变压器抽头比	变压器抽头相位角（°）
01	05	0.000	23.4（高压侧） 0.17719（低压侧）	0.000	1.0	0.0
02	06	0.000	23.4（高压侧） 0.17719（低压侧）	0.000	1.0	0.0
03	11	0.000	23.4（高压侧） 0.17719（低压侧）	0.000	1.0	0.0
04	10	0.000	23.4（高压侧） 0.17719（低压侧）	0.000	1.0	0.0
05	06	1.323	35.1	0.219	1.0	0.0
10	11	1.323	35.1	0.219	1.0	0.0

续表

首端母线序号	末端母线序号	$R(\Omega)$	L(mH)	C(uF)	变压器抽头比	变压器抽头相位角（°）
06	07	0.529	14.0	0.0878	1.0	0.0
09	10	0.529	14.0	0.0878	1.0	0.0
07	08	5.819	154.4	0.965	1.0	0.0
07	08	5.819	154.4	0.965	1.0	0.0
08	09	5.819	154.4	0.965	1.0	0.0
08	09	5.819	154.4	0.965	1.0	0.0

仿真中，首先在 MATLAB 的 workspace 区域中创建母线和线路参数信息，程序代码如下。

【程序代码 2-3】母线与线路参数创建

```
%four_mac_data.m %bus No., voltage Mag., voltage Angle,Pgen,Qgen,
Pload,Qload,Pshunt,%Qshunt,bus type
bus=[…
1  1.00  00.0  7.0000  0.00  0.0000  0.000  0.00  0.00  2;
2  1.00  00.0  7.0000  0.00  0.0000  0.000  0.00  0.00  2;
3  1.00  00.0  0.0000  0.00  0.0000  0.000  0.00  0.00  1;
4  1.00  00.0  7.0000  0.00  0.0000  0.000  0.00  0.00  2;
5  1.00  00.0  0.0000  0.00  0.0000  0.000  0.00  0.00  3;
6  1.00  00.0  0.0000  0.00  0.0000  0.000  0.00  0.00  3;
7  1.00  00.0  0.0000  0.00  9.6700  1.000  0.00  2.00  3;
8  1.00  00.0  0.0000  0.00  0.0000  0.000  0.00  0.00  3;
9  1.00  00.0  0.0000  0.00  17.670  1.000  0.00  3.50  3;
10 1.00  00.0  0.0000  0.00  0.0000  0.000  0.00  0.00  3;
11 1.00  00.0  0.0000  0.00  0.0000  0.000  0.00  0.00  3];

%from bus,To bus,Resistant,Inductance,Capacitance,tap-ratio,tap-phase
line=[01 05 0.0000 0.0167 0.00000 1.0 0.0;
02  06  0.0000  0.0167  0.00000  1.0  0.0;
03  11  0.0000  0.0167  0.00000  1.0  0.0;
```

```
04  10  0.0000  0.0167  0.00000  1.0  0.0;
05  06  0.0025  0.0250  0.04375  1.0  0.0;
10  11  0.0025  0.0250  0.04375  1.0  0.0;
06  07  0.0010  0.0100  0.01750  1.0  0.0;
09  10  0.0010  0.0100  0.01750  1.0  0.0;
07  08  0.0110  0.1100  0.19250  1.0  0.0;
07  08  0.0110  0.1100  0.19250  1.0  0.0;
08  09  0.0110  0.1100  0.19250  1.0  0.0;
08  09  0.0110  0.1100  0.19250  1.0  0.0];
```

进而在命令行窗口输入如下程序代码，从而计算当前算例的潮流分布信息。读者可自行验证。

【程序代码 2-4】潮流计算命令

```
%four_mac_run.m
Four_mac_data
[Y]=form_Ymatrix(bus,line);
[bus_sol,line_flow]=power_flow(Y,bus,line)
```

3 新能源电力系统发电设备建模

低碳问题的持续关注使得过去的二三十年间以风能、光伏为代表的新能源发电技术飞速前进。然而在相当长的一段时间内，同步发电机由于其可靠的能量供应、出色的调控能力以及天然的转动惯量特性，仍将在新能源电力系统中占据相当大的比例。本章对同步发电机、风力发电、光伏发电这三种新能源电力系统最主要的发电设备进行了原理介绍、动态模型建立以及 Simulink 仿真实现三部分的详细描述。在每一小节的最后，给出了无限大母线测试系统 Simulink 仿真算例，为新能源电力系统的电压控制、无功优化、频率控制、故障分析等运行控制场景奠定了基础。

3.1 同步发电机

大容量同步发电机的出现极大推动了电气化的发展进程。在不同的国家和地区中，这些同步发电机以 50Hz 或 60Hz 的频率发电。本节首先介绍同步发电机的 Simulink 仿真实现过程。首先，描述了同步机的运行机理，详细介绍了隐极同步发电机和凸极同步发电机之间的区别，并给出了单机无穷大母线（single machine infinite bus，SMIB）系统的定义。其次，介绍了对同步机建模至关重要的 dq 参考坐标系，在此坐标系架构下，详细讨论同步发电机的动态模型建模过程。该动态方程仅考虑发电机在其能力曲线内的运行情形。转子磁场加热电流极限、定子加热电流极限、电枢铁芯端部加热极限、稳定极限等各种极限则需要另外建模分析，不在本书讨论范围之内。基于动态模型，分析了 dq 坐标系下的同步发电机动态特性，描述了同步机模型稳态运行点的初始化过程。最后，本节给出了同步发电机的 Simulink 详细实现过程，并详细介绍了一个由四台同步机组成的双区四机测试系统以验证动态仿真模型的正确性。

3.1.1 同步发电机工作方式

本节讨论与同步发电机相关的一些基本概念以及它们的工作原理。三相同步发电机的原理如图 3-1 所示。

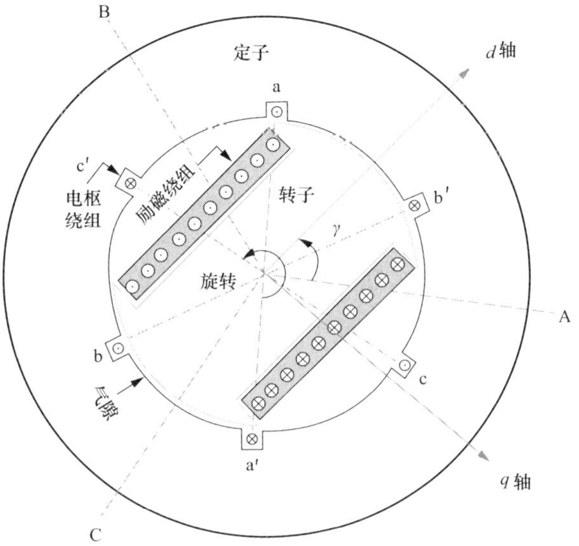

图 3-1　三相同步发电机示意图

如图 3-1 所示，三相同步发电机由一个带有电枢绕组的定子和一个带有励磁绕组的转子组成，两者之间被一个小气隙隔开。转子旋转速度 ω 与电网频率直接相关，这是同步发电机最主要的特点之一。在单磁极同步发电机中，机械旋转速度 ω_m 与电网角频率相同。在多磁极同步发电机中，转子则需要较慢地转动以达到相同的磁场变化，满足 $\omega=\omega_m n$（n 为磁极对数）。此外，转子磁场绕组中的磁场电流是由励磁装置提供的直流电。电枢绕组的布置使三相之间相距 120°。由于转子以速度 ω 旋转，可以认为电枢中的感应电压是随 ω 的时间变化的，每相之间的相位差为 120°。定子的三相有三个电枢绕组，第一个绕组在 a 和 a′之间，第二个绕组在 b 和 b′之间，第三个绕组在 c 和 c′之间。可以根据右手法则来确定图 3-1 中的不同坐标轴。

一般的，同步发电机有隐极转子和凸极转子两种转子类型，从图 3-2 和图 3-3 中可以清楚地看到这两种类型的区别。

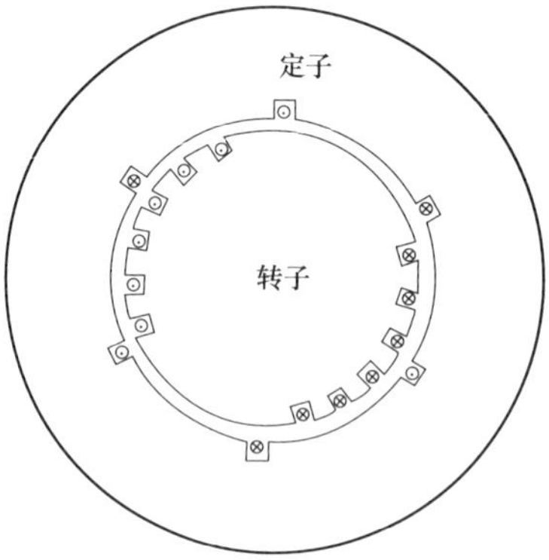

图 3-2　隐极转子同步发电机

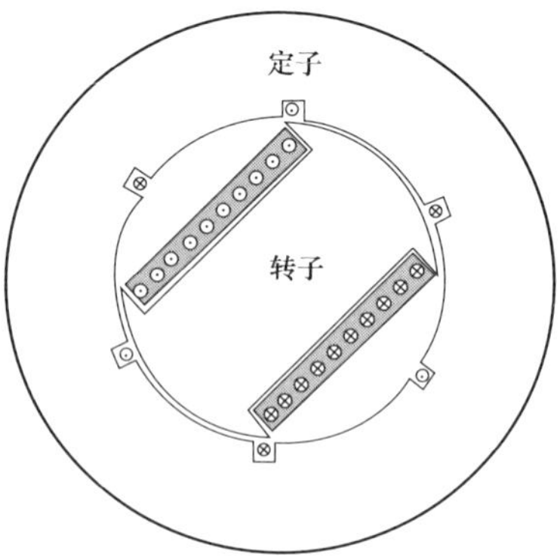

图 3-3　凸极转子同步发电机

对于隐极同步发电机和凸极同步发电机来说，存在两个与转子形状和气隙有关的对称轴，即 d 轴和 q 轴。由于带有转子电路的转子相对于定子不停旋转，时变的磁通路径将导致电枢绕组的自感和互感以及电枢和转子电路之间的互感，这些都是随转子位置而变化的。时变电感会使同步发电机的动态模型十分复杂，并且求解所得到的方程的计算成本很高。3.1.2 讨论的 dq 变换有助于简化同步发电机的动态模型。

3.1.2　同步旋转坐标系（*dq* 坐标系）

直交零（direct-quadrature-zero，dq0）变换如图 3-1 所示。根据右手定则，直轴（d 轴）分量垂直于励磁绕组的平面。而正交（q 轴）分量则滞后于 d 轴分量 90°。此外，由于转子不断旋转，d 轴和 q 轴分量同时以转子旋转角速度 ω 一起旋转。实际上，$dq0$ 变换将参照系从静止的参考系变成了旋转的参考系。然而，从旋转参考系的角度来看，所考察的同步发电机则是相对静止的。此外，由于任何三相对称系统中的零分量都是零，这样就只剩下直轴和正交分量，故将其称为 dq 参考系。一般的，指定 q 轴为实轴，而 d 轴则为虚轴。从而对于任意的电气矢量，都可以采用正交分解的方法分解为 d 轴和 q 轴分量。例如图 3-4 中，电压 V_t 可以分解为 $V_t = V_q + jV_d$。

如图 3-1 和图 3-5 所示，A 相与 d 轴之间的角度设为 γ。由于转子和 d、q 轴以速度 ω 转动，因此 γ 将以 $\gamma = \gamma_0 + \omega t$ 随时间变化，其中 γ_0 为初始角度。此外，d 轴上有磁场绕组和一个等效互感绕组，q 轴上有两个等效互感绕组。

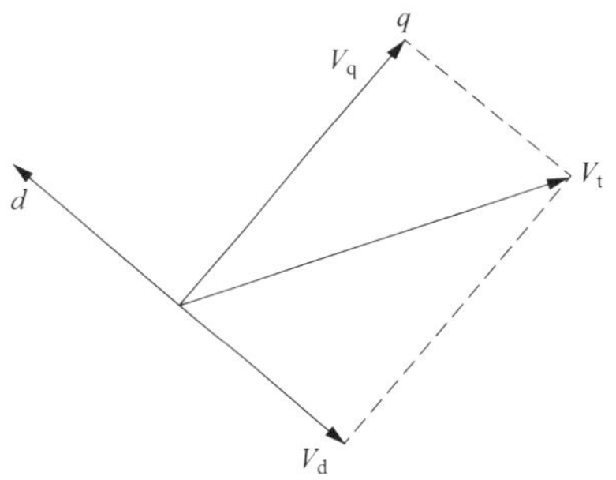

图 3-4　dq 坐标系相位图

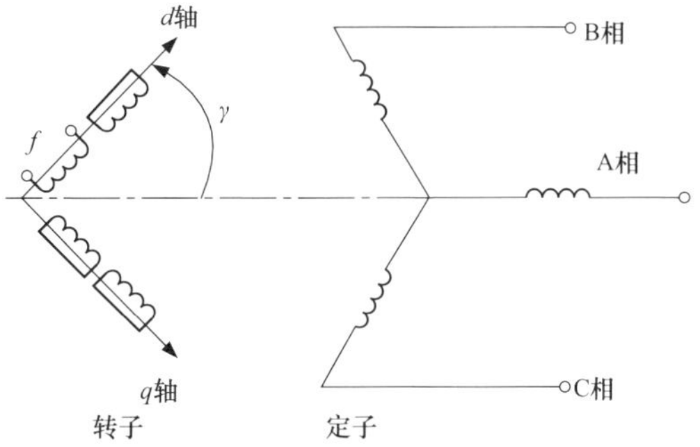

图 3-5　d、q 轴与三相定子电压的位置关系

由于 dq 参考系与同步机的磁场一致，所以在一个有多个同步机的系统中可能包含几个不同的 dq 参考系。当模拟这样一个系统时，需要一个共同的参考系，即电力系统的基准参考系，又称为 DQ 参考系。DQ 参考系与 dq 参考系之间的关系如图 3-6 所示。

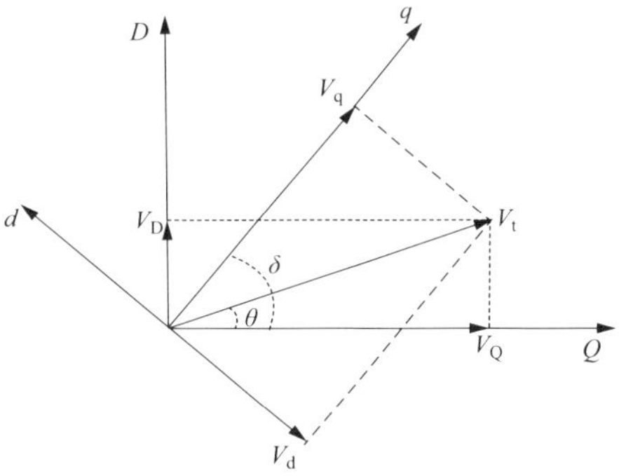

图 3-6　DQ 和 dq 参考系的位置关系

当研究系统包含无穷大母线（infinite bus）时，可将松弛母线视为无穷大母线。如果无穷大母线的相位角为 0°，则令 DQ 参考系的 Q 轴与无穷大母线的电压相角一致；如果无穷大母线角度为 10°，Q 轴将滞后于无穷大母线电压 10°。若研究的电力系统中没有无穷大母线，则松弛母线的相位角和基准电压在仿真时会发生变化。但由于松弛母线的相位角是任意指定的，可以通过改变系统中所有节点的相角，使得松弛母线的相角与电网电压参考的相角保持固定。

图 3-6 中，θ 是电压 V_t 相对于 DQ 参考系中 Q 轴的相位角，δ 是 q 轴超前 Q 轴的角度，其中 q 轴与同步发电机旋转磁场一致。Q 轴与基准电网电压之间的角度为 0°。由于保证了电力网络中所有的相位角都是相对于一个共同的参考母线而言的，从而完成了所有同步发电机的 dq 参考系向 DQ 参考系的转换。

在同步发电机各自的 dq 参考坐标系中，其动态方程与磁场方向是保持一致的。而描述电力网络中电气量的动态方程则是在 DQ 参考坐标系下描述的。

由于 DQ 参考系是所有同步发电机的共同参考坐标系，为了便于描述整个电力网络的动态特性，需要建立 dq 坐标系和 DQ 坐标系间的等效映射关系。在 Simulink 仿真时，对于潮流分析而言，电力网络模型以电网电流作为输入、节点电压作为输出。例如，电流从同步发电机模块进入电力网络模块，而网络电压则作为输入传递给同步发电机模块。在这种情况下，需要选择与相应的同步发电机对齐的 dq 参考系。从图 3-4 可以看出，dq 参考系和 DQ 参考系之间的转换可以用式（3-1）和式（3-2）实现，即

$$V_{\mathrm{q}} + \mathrm{j}V_{\mathrm{d}} = (V_{\mathrm{Q}} + \mathrm{j}V_{\mathrm{D}})\mathrm{e}^{-\mathrm{j}\delta} \tag{3-1}$$

$$I_{\mathrm{q}} + \mathrm{j}I_{\mathrm{d}} = (I_{\mathrm{Q}} + \mathrm{j}I_{\mathrm{D}})\mathrm{e}^{-\mathrm{j}\delta} \tag{3-2}$$

设 U 为线电压有效值，则$\sqrt{2}V$ 为线电压的峰值。在三相对称系统中，各相之间的相位角度间隔是相等的，为 $2\pi/3$。若令 ω 为三相旋转角速度，从而对于三相对称平衡系统而言，电压向量满足

$$V_{\mathrm{3ph}} = \begin{bmatrix} \sqrt{\dfrac{2}{3}}V\sin(\omega t + \theta) \\ \sqrt{\dfrac{2}{3}}V\sin\left(\omega t - \dfrac{2\pi}{3} + \theta\right) \\ \sqrt{\dfrac{2}{3}}V\sin\left(\omega t + \dfrac{2\pi}{3} + \theta\right) \end{bmatrix} \tag{3-3}$$

而三相对称平衡系统在 $dq0$ 坐标系下的表示则为

$$V_{dq0} = \begin{bmatrix} V_d \\ V_q \\ 0 \end{bmatrix} \tag{3-4}$$

从三相静止坐标系（abc 坐标）变换为两相静止坐标系（$dq0$）本质上为矩阵的行变换，因此满足的关系为

$$KV_{\mathrm{3ph}} = V_{dq0} \tag{3-5}$$

反之，若对 $dq0$ 坐标系进行行变换，可将 $dq0$ 坐标系变化为三相静止坐标系，即

$$K^{-1}V_{dq0} = V_{\mathrm{3ph}} \tag{3-6}$$

设 δ 为 q 轴相对于 Q 轴之间的初始相位角，由于 $dq0$ 坐标系随着同步机旋转，因此任意时刻 t，q 轴相对于 Q 轴间的角度可以表示为 $\gamma=\delta+\omega t$（ω 为旋转

角速度），从而根据式（3-5）可以求得 $\boldsymbol{K}$，即

$$\boldsymbol{K}=\sqrt{\frac{2}{3}}\begin{bmatrix}\cos\gamma & \cos\left(\gamma-\frac{2\pi}{3}\right) & \cos\left(\gamma+\frac{2\pi}{3}\right)\\ \sin\gamma & \sin\left(\gamma-\frac{2\pi}{3}\right) & \sin\left(\gamma+\frac{2\pi}{3}\right)\\ \sqrt{\frac{1}{2}} & \sqrt{\frac{1}{2}} & \sqrt{\frac{1}{2}}\end{bmatrix} \tag{3-7}$$

此外，矩阵 $\boldsymbol{K}$ 对于任意的角度 γ 均满足正交性，即 $\boldsymbol{K}$ 为正交矩阵。在 MATLAB 命令行窗口输入【程序代码 3 1】，可以进行验证。程序中设 $\gamma=\pi/8$。此时计算 $\boldsymbol{K}$ 的逆矩阵（M2）和 $\boldsymbol{K}$ 的转置矩阵（M3），可以发现 M2 和 M3 是相同的。

【程序代码 3-1】Park 变换正交性检验

```
gamma=pi/8;
K=sqrt(2/3)*[cos(gamma)  cos(gamma-(2*pi/3))  cos(gamma+(2*pi/3));
sin(gamma)  sin(gamma-(2*pi/3))  sin(gamma+(2*pi/3));
l/sqrt(2)  l/sqrt(2)  l/sqrt(2)];
M2=inv(K)
M3=K'.
```

在仿真计算时，正是由于 $\boldsymbol{K}$ 是正交矩阵，满足 $\boldsymbol{A}^{\mathrm{T}}\boldsymbol{A}=\boldsymbol{I}$（$\boldsymbol{I}$ 为单位矩阵）的条件，因此可以直接去 $\boldsymbol{K}$ 的转置矩阵进行反派克（Park）变换，而不需要计算其逆矩阵［见式（3-8）］，以避免引入额外的计算负担和不必要的截断误差。

$$\boldsymbol{K}^{-1}=\sqrt{\frac{2}{3}}\begin{bmatrix}\cos\gamma & \sin\gamma & \sqrt{\frac{1}{2}}\\ \cos\left(\gamma-\frac{2\pi}{3}\right) & \sin\left(\gamma-\frac{2\pi}{3}\right) & \sqrt{\frac{1}{2}}\\ \cos\left(\gamma+\frac{2\pi}{3}\right) & \sin\left(\gamma+\frac{2\pi}{3}\right) & \sqrt{\frac{1}{2}}\end{bmatrix} \tag{3-8}$$

为了进一步地验证 Park 变换 $\boldsymbol{K}$ 的正确性，使用式（3-5）和式（3-6）计算 V_{dq0} 和 V_{3ph}。根据式（3-5），V_{dq0} 满足

$$V_{dq0}=\sqrt{\frac{2}{3}}\begin{bmatrix}\cos\gamma & \cos\left(\gamma-\frac{2\pi}{3}\right) & \cos\left(\gamma+\frac{2\pi}{3}\right)\\ \sin\gamma & \sin\left(\gamma-\frac{2\pi}{3}\right) & \sin\left(\gamma+\frac{2\pi}{3}\right)\\ \sqrt{\frac{1}{2}} & \sqrt{\frac{1}{2}} & \sqrt{\frac{1}{2}}\end{bmatrix}\begin{bmatrix}\sqrt{\frac{2}{3}}V\sin(\omega t+\theta)\\ \sqrt{\frac{2}{3}}V\sin\left(\omega t-\frac{2\pi}{3}+\theta\right)\\ \sqrt{\frac{2}{3}}V\sin\left(\omega t+\frac{2\pi}{3}+\theta\right)\end{bmatrix} \tag{3-9}$$

为了方便计算，需要使用如下三角函数性质，即

$$\sin\alpha\cos\beta=\frac{1}{2}[\sin(\alpha+\beta)+\sin(\alpha-\beta)] \tag{3-10}$$

$$\sin\alpha\sin\beta=\frac{1}{2}[\cos(\alpha-\beta)-\cos(\alpha+\beta)] \tag{3-11}$$

$$\frac{2\pi}{3}=2\pi+\frac{-4\pi}{3},\frac{-2\pi}{3}+2\pi=\frac{4\pi}{3} \tag{3-12}$$

$$\sin(-\alpha)=-\sin\alpha \tag{3-13}$$

$$\sin\alpha+\sin\left(\alpha-\frac{2\pi}{3}\right)+\sin\left(\alpha+\frac{2\pi}{3}\right)=0 \tag{3-14}$$

首先，V_d 由矩阵 $\boldsymbol{K}$ 的第一行与 V_{3ph} 相乘得到，即

$$\begin{aligned}V_d=&\frac{1}{3}V\left[\sin(\omega t+\theta+\gamma)+\sin(\omega t+\theta-\gamma)+\sin\left(\omega t+\theta+\gamma-\frac{4\pi}{3}\right)\right.\\&\left.+\sin(\omega t+\theta-\gamma)+\sin\left(\omega t+\theta+\gamma+\frac{4\pi}{3}\right)+\sin(\omega t+\theta-\gamma)\right]\\=&-V\sin(-\omega t-\theta+\gamma)=-V\sin(\delta-\theta)\end{aligned} \tag{3-15}$$

同理，V_q 从矩阵 $\boldsymbol{K}$ 的第二行与 U_{3ph} 相乘得到，即

$$\begin{aligned}V_q=&\frac{1}{3}V[\cos(\gamma-\omega t-\theta)-\cos(\gamma+\omega t+\theta)+\cos(\gamma-\omega t-\theta)\\&-\cos\left(\gamma+\omega t+\theta-\frac{4\pi}{3}\right)+\cos(\gamma-\omega t-\theta)-\cos\left(\gamma+\omega t+\theta+\frac{4\pi}{3}\right)]\\=&V\cos(\gamma-\omega t-\theta)\\=&V\cos(\delta-\theta)\end{aligned} \tag{3-16}$$

最后，由矩阵 $\boldsymbol{K}$ 的第三行与 V_{3ph} 相乘得到零元素，如式（3-17）所示。利用三角函数的特性，可以发现最后一个元素为 0。

根据式（3-6），V_{3ph} 满足

$$V_{3ph}=\sqrt{\frac{2}{3}}\begin{bmatrix}\cos\gamma & \sin\gamma & \sqrt{\frac{1}{2}}\\ \cos\left(\gamma-\frac{2\pi}{3}\right) & \sin\left(\gamma-\frac{2\pi}{3}\right) & \sqrt{\frac{1}{2}}\\ \cos\left(\gamma+\frac{2\pi}{3}\right) & \sin\left(\gamma+\frac{2\pi}{3}\right) & \sqrt{\frac{1}{2}}\end{bmatrix}\begin{bmatrix}-V\sin(\delta-\theta)\\ V\cos(\delta-\theta)\\ 0\end{bmatrix} \tag{3-17}$$

下面讨论将 $dq0$ 坐标系变换为三相静止坐标系，三相电压 V_a、V_b、V_c 满足

$$\begin{aligned}V_a&=\sqrt{\frac{1}{6}}V[-\sin(\delta-\theta+\gamma)-\sin(\delta-\theta-\gamma)+\sin(\gamma+\delta-\theta)+\sin(\gamma-\delta+\theta)]\\&=\sqrt{\frac{1}{6}}V[-\sin(\delta-\theta-\gamma)+\sin(\gamma-\delta+\theta)]\\&=\sqrt{\frac{2}{3}}V\sin(\gamma-\delta+\theta)\\&=\sqrt{\frac{2}{3}}V\sin(\omega t+\theta)\end{aligned} \tag{3-18}$$

$$\begin{aligned}V_b=&\sqrt{\frac{1}{6}}V\left[-\sin\left(\delta-\theta+\gamma-\frac{2\pi}{3}\right)-\sin\left(\delta-\theta-\gamma+\frac{2\pi}{3}\right)\right.\\&\left.+\sin\left(\gamma+\delta-\theta-\frac{2\pi}{3}\right)+\sin\left(\gamma-\delta+\theta-\frac{2\pi}{3}\right)\right]\\=&\sqrt{\frac{2}{3}}V\sin\left(\omega t-\frac{2\pi}{3}+\theta\right)\end{aligned} \tag{3-19}$$

$$\begin{aligned}V_c=&\sqrt{\frac{1}{6}}V\left[-\sin\left(\delta-\theta+\gamma+\frac{2\pi}{3}\right)-\sin\left(\delta-\theta-\gamma-\frac{2\pi}{3}\right)\right.\\&\left.+\sin\left(\gamma+\delta-\theta+\frac{2\pi}{3}\right)+\sin\left(\gamma+\frac{2\pi}{3}-\delta+\theta\right)\right]\\=&\sqrt{\frac{2}{3}}V\sin\left(\omega t+\frac{2\pi}{3}+\theta\right)\end{aligned} \tag{3-20}$$

式（3-18）～式（3-20）表明经反 Park 变换后得到的 V_a、V_b、V_c 与式（3-3）保持一致。从而表明，对于三相平衡电力系统的旋转电压相位，可以使用两个静止的相位来表示，从而极大地简化了建模工作。

3.1.3 *dq* 坐标系下的同步发电机动态特性

3.1.3.1 *dq* 坐标系下的同步发电机动态模型

本节将详细讲解同步发电机时域仿真时所需的所有微分代数方程，涵盖了

同步发电机的次暂态过程。本节将基于图 3-5 所示的 4 个等效电感和转子运动方程来讨论同步发电机的动态特性建模过程。

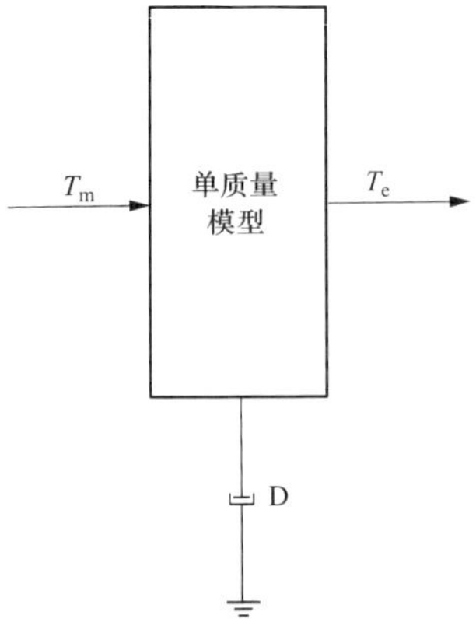

图 3-7　同步发电机传统系的单质量模型

T_m—机械转矩；T_e—电磁转矩；D—阻尼装置

同步发电机的转速方程可以使用集总参数的单质量模型描述，如图 3-7 所示。当原动机产生的机械功率和生成的电磁功率不相等时，发电机的转速会发生变化。这一过程采用式（3-21）和式（3-22）描述。

式（3-21）反映了由于电网同步角速度（ω_s）和转子角速度（ω_r）的不匹配引发的发电机转子角度的变化，即

$$\frac{\mathrm{d}\delta}{\mathrm{d}t}=\omega_b(\omega_r-\omega_s) \tag{3-21}$$

式中：δ 为发电机转子角。

这里采用标幺制表示，因此在 $\omega_r-\omega_s$ 前需要乘以速度的基准值 ω_b。

如果输入的机械转矩大于电磁转矩，同时考虑到转动轴的惯性效应，转子将缓慢加速。反之，如果电磁转矩大于机械转矩，考虑到惯性效应，转子将减速。因此有

$$\frac{\mathrm{d}\omega_r}{\mathrm{d}t}=\frac{1}{2H}[T_m-T_e-D(\omega_r-\omega_s)] \tag{3-22}$$

式中：H 为发电机的惯性常数。

机械转矩是同步发电机的一个输入量，其由燃气轮机、水轮机等原动机输出的机械功率作用在同步发电机的转轴上产生。而电磁转矩则可以从发电机的电气方程中计算得出，即

$$\begin{aligned}T_e=&\frac{X''_d-X_{ls}}{X'_d-X_{ls}}E'_qI_q+\frac{X'_d-X''_d}{X'_d-X_{ls}}\psi_{1d}I_q+\frac{X''_d-X_{ls}}{X'_d-X_{ls}}E'_qI_d\\&-\frac{X'_d-X''_d}{X'_d-X_{ls}}\psi_{2q}I_d-(X'_d-X''_d)I_qI_d\end{aligned} \tag{3-23}$$

式中：X'_d 和 X''_d 分别为暂态和次暂态 d 轴电抗；X_{ls} 为电枢漏抗；I_q 为定子电流的 q 轴分量；I_d 为定子电流的 d 轴分量；ψ_{1d} 为由于 d 轴阻尼绕组中的磁链而产生的次暂态感应电动势；ψ_{2q} 为由于 q 轴阻尼绕组中的磁链产生的次暂态感

应电动势；E'_q 为 d 轴阻尼绕组中由磁链引起的暂态电动势。

由于磁链引起的暂态电动势的变化，与 d 轴暂态开路时间常数（T'_{d0}）相关，计算方法为

$$\frac{\mathrm{d}E'_q}{\mathrm{d}t}=\frac{1}{T'_{d0}}\Big\{-E'_q+E_{\mathrm{fd}}+(X_d-X'_d)\Big[I_d+\frac{X'_d-X''_d}{(X'_d-X_{\mathrm{ls}})^2}$$
$$-(\psi_{1d}-E'_q-I_d(X'_d-X_{\mathrm{ls}}))\Big]\Big\} \tag{3-24}$$

式中：T'_{d0} 为暂态 d 轴开路时间常数；E_{fd} 为励磁电压；X_d 为同步 d 轴电抗。

同样的，由于 q 轴阻尼绕组中磁链引起的暂态电动势与 q 轴暂态开路时间常数（T'_{q0}）相关，计算方法为

$$\frac{\mathrm{d}E'_d}{\mathrm{d}t}=\frac{1}{T'_{q0}}\Big\{-E'_d+(X_q-X'_q)\Big[-I_q+\frac{X'_q-X''_q}{(X'_q-X_{\mathrm{ls}})^2}$$
$$\times(-\psi_{2q}-E'_d+I_q(X'_q-X_{\mathrm{ls}}))\Big]\Big\} \tag{3-25}$$

式中：T'_{q0} 为暂态 q 轴开路时间常数；X_q、X'_q、X''_q 分别为同步、暂态、次暂态 q 轴电抗；E'_d 为 q 轴阻尼绕组中由磁链引起的暂态电动势。

q 轴阻尼绕组中的磁链导致的次暂态电磁场与 q 轴次暂态开路时间常数（T''_{q0}）相关，计算式为

$$\frac{\mathrm{d}\psi_{2q}}{\mathrm{d}t}=\frac{1}{T''_{q0}}[-\psi_{2q}-E'_d+I_q(X'_q-X_{\mathrm{ls}})] \tag{3-26}$$

式中：T''_{q0} 为次暂态 q 轴开路时间常数；X'_q 为暂态 q 轴电抗。

d 轴阻尼绕组中的磁链导致的次暂态电磁场与 d 轴次暂态开路时间常数（T''_{d0}）相关，计算式为

$$\frac{\mathrm{d}\psi_{1d}}{\mathrm{d}t}=\frac{1}{T''_{d0}}[-\psi_{1d}+E'_q+I_d(X'_d-X_{\mathrm{ls}})] \tag{3-27}$$

式中：T''_{d0} 为次暂态 d 轴开路时间常数；I_d 为定子电流的 d 轴分量。

利用四个状态变量和作为同步机模型输入的发电机端电压，可以计算出 q 轴和 d 轴的定子电流分量，分别为

$$I_q=\frac{R_{\mathrm{s}}}{R_{\mathrm{s}}^2-X''^2_d}\left(E'_q\frac{X''_d-X_{\mathrm{ls}}}{X'_d-X_{\mathrm{ls}}}+\psi_{1d}\frac{X'_d-X''_{\mathrm{ls}}}{X'_d-X_{\mathrm{ls}}}-V_q\right)$$
$$+\frac{X''_d}{R_{\mathrm{s}}^2-X''^2_d}\left(E'_d\frac{X''_q-X_{\mathrm{ls}}}{X'_q-X_{\mathrm{ls}}}-\psi_{2q}\frac{X'_q-X''_q}{X'_q-X_{\mathrm{ls}}}-V_d\right) \tag{3-28}$$

$$I_d=\frac{-X''_d}{R_s^2-X''^2_d}\left(E'_q\frac{X''_d-X_{ls}}{X'_d-X_{ls}}+\psi_{1d}\frac{X'_d-X''_{ls}}{X'_d-X_{ls}}-V_q\right)$$

$$+\frac{R_s}{R_s^2-X''^2_d}\left(E'_d\frac{X''_q-X_{ls}}{X'_q-X_{ls}}-\psi_{2q}\frac{X'_q-X''_q}{X'_q-X_{ls}}-V_d\right) \qquad (3\text{-}29)$$

式中：R_s 为电枢电阻；V_q 为发电机端电压的 q 轴分量；V_d 为发电机端电压的 d 轴分量。

此外，同步发电机一般配置调速器，在机械功率与电磁功率不匹配时，通过调整发电机的输入机械转矩来调节发电机转速，使电力系统在新的平衡点上达到重新平衡。调速器的动态特性可表示为

$$\frac{\mathrm{d}T_m}{\mathrm{d}t}=\frac{1}{T_g}\left(T_{m2}-T_m-\frac{\omega_r-\omega_s}{R_{gov}}\right) \qquad (3\text{-}30)$$

式中：T_g 为调速器时间常数；T_{m2} 为发电机负荷参考；R_{gov} 为调速器的下垂系数。

最后，同步发电机使用直流励磁装置，通过调整发电机的磁场电压来调节发电机的母线电压。励磁系统的动态特性可表示为

$$\frac{\mathrm{d}E_{fd}}{\mathrm{d}t}=\frac{1}{T_a}(K_aE_t-K_aV_{ref}-E_{fd}) \qquad (3\text{-}31)$$

式中：T_a 为静态励磁时间常数；K_a 为静态励磁增益；E_t 为发电机电压幅值；V_{ref}为励磁电压参考。

3.1.3.2 同步发电机动态模型的初始化

为了后续的 Simulink 仿真建模，本小节首先讨论 3.1.3.1 中同步发电机动态方程的初始条件。如图 3-8 所示，同步发电机通过输电线路连接到单机无穷大母线（SMIB）系统。为了确定同步发电机的初始条件，首先利用第 2 章的潮流计算确定各母线的潮流解，从而确定发电机母线的物理参量。换言之，在已知线路末端潮流信息的基础上，同步发电机的初始条件可以通过潮流计算反推得到。

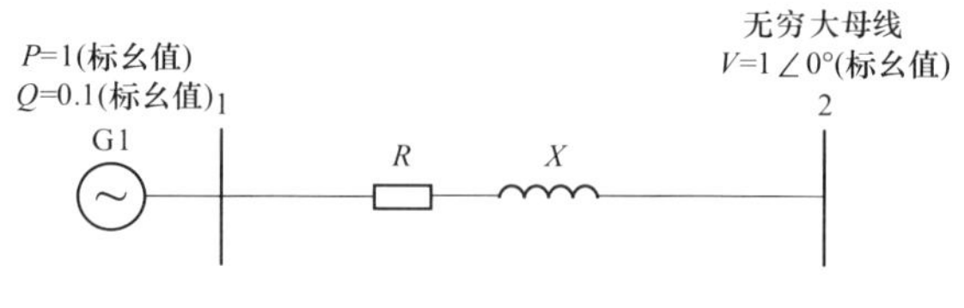

图 3-8 单机无穷大母线（SMIB）系统

无穷大母线是一种具有固定的电压（幅值和相位角）和频率的母线，可用来表示与大电网的连接。通过无穷大母线注入电网的功率不会对母线电压或电网频率造成明显的影响。图 3-8 中，母线 2 的电压角度和幅值是固定的，而母线 1 的电压幅值和角度则根据注入母线 1 的电流而变化。实际工程中，可以认为电力系统的一部分为大电网，从而使用无穷大母线等效代替。例如，可以将无穷大母线的电压的幅值设为 1（标幺值），参考角度为 0°且固定不变。假设发电机的输出功率为 7（标幺值）的有功功率和 1.85（标幺值）的无功功率。通常情况下，一个典型的 700MW 容量的同步发电机以 100MW 作为基准值时，发电机的最大有功功率输出为 7.0（标幺值）。对于图 3-8 中的 SMIB 系统，需要确定母线 1 的电压（幅值、相位角）和注入母线 2 的功率。

首先，对于潮流计算，需要提供母线和线路的参数信息，可以通过【程序代码 3-2】实现。

【程序代码 3-2】母线与线路参数初始化

```
%母线序号,电压幅值,相角,Pg,Qg,P1,Q1,G1,B1,母线类型
bus=[...
1 1.00 0.00 7.00 1.85 0.00 0.00 0.00 0.00 3;
2 1.00 0.00 0.00 0.00 0.00 0.00 0.00 0.00 1;
];
%首端母线,末端母线,R L C 变压器抽头比
line=[01 02 0.0025 0.0417 0.0000 1.0 0.0];
```

由于母线 2 具有固定的电压幅值和角度，因此将母线参数向量（bus）的最后一个元素设为 1；而 bus 向量的第二个和第三个元素值表示的是母线电压幅值与角度，因此分别设置为 1（标幺值）和 0°。由于发电机输出的有功功率和无功功率是已知的，因此发电机母线一般视为 PQ 母线。在初始化母线和线路参数后，可以使用【程序代码 3-3】获得当前电力系统的潮流分布信息。

【程序代码 3-3】获取电力系统潮流分布

```
%获取导纳矩阵 Y
```

```
[Y]=form_Ymatrix(bus,line);
%计算潮流分布
[bus_sol,line_flow]=power_flow(Y,bus,line);
```

最终可得到如下结果：

```
bus_sol=
1  1.0520  15.8480   7.0000  1.8500  0  0  0  0  3
2  1.0000  0        -6.8816  0.1254  0  0  0  0  1
line_flow=
1  2   7.0000  1.8500
2  1  -6.8816  0.1254
```

下面讨论同步发电机初始条件设定方法。潮流计算中采用的是系统基准参数。然而，同步发电机的参数一般提供的是铭牌参数。例如，系统基准参数可能取为100MVA，而同步发电机的铭牌参数则可能为900MVA。对于此种情况，仿真时一般可以采用两种方式进行处理：①在仿真前将整个系统转换为具有相同基准参数的标幺制系统；②根据同步发电机的基准参数进行初始化，并在接入电力网络之前使用系统基准参数进行转换。

在MATLAB中编写【程序代码3-4】以初始化整个单机无穷大母线系统。程序中包含了母线、线路、同步发电机、励磁和调速器等数据。此外，该程序中还包含了潮流计算的内容以确定当前同步发电机向电网注入的有功功率与无功功率。当执行Synch_parameter_gen_base命令行时，将使用以同步发电机自身为基准始化同步发电机；而执行Synch_paparameter_sys_base与generic_Sync_Init命令行时，则使用电力系统基准参数初始化同步发电机。该程序最终可以得到SMIB系统的一些参量以便于Simulink仿真实现，例如，Vinf为无穷大母线的电压矢量的复数形式，zline为线路的阻抗。

【程序代码3-4】单机无穷大母线(SMIB)系统初始化

```
clear all
system_base_mva=100.0;
```

```
s_f=50;  %系统频率(单位 Hz)
s_wb=2*pi*s_f;%基准频率(rad/sec)
s_ws=1;%同步速度(p.u.)
%母线参数矩阵[母线序号,电压幅值,相角,Pg,Qg,Gshunt,Bshunt,母线类型]
bus=[1 1.00 0.00 7.00 1.85 0.00 0.00 0.00 0.00 3;
2 1.00 0.00 0.00 0.00 0.00 0.00 0.00 0.00 1;];
%线路参数矩阵[首端母线序号,末端母线序号,线路电阻,线路阻抗,线路充电功率,变压器抽头比]
line=[01 02 0.0025 0.0417 0.0000 1.0 0.0];

%发电机参数
mac_con=[
1 900 0.2 0.0025 1.8 0.3 0.25 8 0.03 1.7 0.55 0.25 0.4 0.05 6.5 0];
%EXCITATION SYSTEM DATA
s_Ka=200;%静态励磁增益
s_Ta=0.02;%静态励磁时间常数
%调速器参数
s_Tg=0.2;%调速器时间常数
s_Rgov=0.05;%下垂系数
%获取潮流解
[Y]=form_Ymatrix[bus,line];
%计算故障前潮流解
[bus_sol,line_flow]=power_flow(Y,bus,line);

%同步发电机初始化
Smachs=[1];%同步发电机母线
Nbus=size(bus,1);%母线数量
Nsmachs=size(Smachs,1),%同步发电机数量

Synch_parameter_sys_base  %或者是 Synch_parameter_gen_base,取决于所采用的基准系统
```

```
generic_Sync_Init

%计算每个系统母线上发电机注入的视在功率 S
PQ=bus_sol(:,4)+li*bus_sol(:,5);
%计算母线电压
vol=bus_sol(:,2).*exp(li*bus_sol(:,3)*pi/180);
%计算注入母线的电流
Icalc=conj(PQ./vol);
%PL 和 QL 为负荷消耗的有功和无功功率
PL=bus_sol(:,6);
QL=bus_sol(:,7)
%V 为系统母线电压幅值
V=bus_sol(:,2);
Vinfvec=ones(Nbus,l);
Vinf=vinfvec.*(bus_sol(2,2)*exp(1i*bus_sol(2,3)*pi/180));
%无穷大母线电压
zline=line(3)+1i*line(4);%R+jx
%线路阻抗
```

当执行 Synch_parameter_gen_base 命令行时见【程序代码 3-5】，计算得到的 s_Pg 和 s_Qg 是基于电力系统基准参数进行潮流计算得到的，为了初始化同步发电机，需要进行参数转换。例如，如果要将该参数保存为以同步发电机自身的基准参数的标幺值，则需要将上述两个数值从系统基准参数为标准的标幺值转换为同步发电机基准参数为标准的标幺值。

【程序代码 3-5】同步发电机自身为基准的初始化

```
%synch parameter_gen_base.m
macnine_numb=mac_con(:,1);
machine_base_mva=mac_con(:,2);
s_xls=mac_con(:,3);%电枢漏抗
```

```
s_RS=mac_con(:,4);%电枢电阻
s_xd=mac_con(:,5);%d 轴同步电抗
s_xdd=mac_con(:,6);%d 轴暂态电抗
s_xddd=mac_con(:,7);%d 轴次暂态电抗
s_Tdod=mac_con(:,8);%d 轴开路暂态时间常数
s_Tdodd=mac_con(:,9);%d 轴开路电流次暂态时间常数
s_xq=mac_con(:,10);%q 轴同步电抗
s_xqd=mac_con(:,11);%q 轴暂态电抗
s_xqdd=mac_con(:,12);%q 轴次暂态电抗
s_Tqod=mac_con(:,13);%q 轴开路暂态时间常数
s_Tqodd=mac_con(:,l4);%q 轴开路电流次暂态时间常数
s_H=mac_con(:,15);%惯性常数
s_D=mac_con(:,16);%阻尼系数
s_Rgov=s_Rgov;

ExpandSmachs=zeros(Nbus,Nsmachs);
for counter=1:NSmachs
Expandsmachs(Smachs(counter),counter)=1;
end

SelectSmachs=zeros(NSmachs,Nbus);
for counter=l:NSmachs
SelectSmachs(counter,Smachs(counter))=l;
end

s_Pg=bus_sol(Smachs,4). * system_base_mva. /machine_base_mva;
%以同步发电机自身参数为基准的有功功率
s_Qg=bus_sol(Smachs,5). * system_base_mva. /machine_base_mva;
%以同步发电机自身参数为基准的无功功率
```

当执行 Synch_parameter_sys_base 命令行时，同步发电机将使用【程序代码 3-6】中所示的电力系统基准参数进行初始化，与【程序代码 3-5】之间的差异以加粗的形式加以区分。

【程序代码 3-6】以电力系统基准参数的初始化

```
%Synch_parameter_sys_base
machine_numb=mac_con(:,1);
machine_base_mva=mac_con(:,2);
s_xls=mac_con(:,3).*system_base_mva./machine_base_mva;%电枢漏抗
s_Rs=mac_con(:,4).*system_base_mva./machine_base_mva;%电枢电阻
s_xd=mac_con(:,5).*system_base_mva./machine_base_mva;%d 轴同步电抗
s_xdd=mac_con(:,6).*system_base_mva./machine_base_mva;%d 轴暂态电抗
s_xddd-mac_con(:,7).*system_base_mva./machine_base_mva;%d 轴次暂态电抗
s_Tdod=mac_con(:,8);%d 轴开路电流时间常数
s_Tdodd=mac_con(:,9);%d 轴开路电流次暂态时间常数
s_xq=mac_con(:,10).*system_base_mva./machine_base_mva;%q 轴同步电抗
s_xqd=mac_con(:,11).*system_base_mva./machine_base_mva;%q 轴暂态电抗
s_xqdd=mac_con(:,12).*system_base_mva./machine_base_mva;%q 轴次暂态电抗
s_Tqod=mac_con(:,13);%q 轴开路电流时间常数
s_Tqodd=mac_con(:,14);%q 轴开路电流次暂态时间常数
s_H=mac_con(:,15).*machine_base_mva./system_base_mva;%惯性量
s_D=mac_con(:,16).*machine_base_mva./system_base_mva;%阻尼系数
s_Rgov=s_Rgov.*system_base_mva./machine_base_mva;%下垂系数
ExpandSmachs=zeros(Nbus,Nsmachs);
for counter=1:NSmachs
Expandsmachs(Smachs(counter),counter)=1;
end
SelectSmachs=zeros(NSmachs,Nbus);
for counter=1:NSmachs
SelectSmachs(counter,Smachs(counter))=1;
```

```
end

s_Pg=bus_sol(Smachs,4);%以同步机基准参数为基准的发电机有功功率
s_Qg=bus_sol(Smachs,5);%以同步机基准参数为基准的发电机无功功率
```

当确定了以同步机基准参数或电力系统基准参数为基准的同步发电机参数初始化后，其初始状态便可以使用【程序代码 3-7】进行确定。

【程序代码 3-7】同步发电机运行状态初始化

```
%generic_Sync_Init.m
s_f=50;%系统频率
s_wb=2*pi*s_f;%转换为弧度制
s_ws=1;%电网同步速度

Zg=s_Rs+1i*s_xddd;%次暂态参数 Zg
Yg=1./Zg;%次暂态参数 Yg

s_volt=bus_sol(Smachs,2);%发电机母线电压幅值
s_theta=bus_sol(Smachs,3)*pi/180;%电压相角

s_vg=s_volt.*(cos(s_theta)+li*sin(s_theta));
%DQ 参考系下发电机机端电压(复数形式)
s_Ig=conj((s_Pg+li*s_Qg)./s_Vg);
%DQ 参考系下发电机机电流(复数形式)
s_Eq=s_vg+(s_Rs+1i.*s_xq).*s_Ig;%发电机内电势
s_delta=angle(s_Eq);%发电机转子角

s_id=-abs(s_Ig).*(sin(s_delta-angle(s_Ig)));
s_iq=abs(s_Ig).*cos(s_delta-angle(s_Ig));
s_vd=-abs(s_Vg).*(sin(s_delta-angle(s_Vg)));
```

```
s_vg=abs(s_Vg).*cos(s_delta-angle(s_Vg));
%DQ参考系转换为dq参考系

s_Efd=abs(s_Eq)-(s_xd-s_xq).*s_id;
%励磁电压初始值

s_Eqd=s_Efd+(s_xd-s_xdd).*s_id;
%式(3-24)和(3-27),初始时刻微分等于0
s_Edd=-(s_xq-s_xqd).*s_iq;
%式(3-25)和(3-26),初始时刻微分等于0
s_Psi1d=s_Eqd+(s_xdd-s_xls).*s_id;%式(3-27)
s_Psi2q=-s_Edd+(s_xqd-s__xls).*s_iq;%式(3-26)

s_Te=s_Eqd.*s_iq.*(s_xddd-s_xls)./(s_xdd-s_xls)+
s_Psild.*s_iq.*(s_xdd-s_xddd)./(s_xdd-s_xls)+
s_Edd.*s_id.*(s_xqdd-s_xls)./(s_xqd-s_xls)-
s_Psi2q.*s_id.*(s_xqd-s_xqdd)./(s_xqd-s_xls)-s_iq.*s_id.*(s_xqdd-s_xddd);
%式(3-23)

s_Tm=s_Te;%式(3-22)
s_iQ=cos(s_delta).*s_iq-sin(s_delta).*s_id;
s_iD=sin(s_delta).*s_iq+cos(s_delta).*s_id;%坐标系转换

s_Vref=s_volt+l./s_Ka.*s_Efd;%式(3-31)
```

3.1.4 同步发电机的 Simulink 仿真实现

为了进行 SMIB 系统的 Simulink 时域仿真，需要分别创建单机无穷大母线系统模块以及同步发电机模块。如图 3-9 所示，左侧和右侧模块分别表示发电机与电力网络模块。发电机输出的电流将作为电力网络模块的输入，电流的变化将会造成电力网络中母线电压的波动；反之，母线电压的波动则作为发电机模块的输入导致发电机输出电流的变化。

对于包含无穷大母线的电力网络（见图 3-10），根据欧姆定律可以将母线电压表示为 $V_1=V_{inf}+I_1Z_{line}$。但需要注意“Gain”模块需要双击后选择矩阵相乘的工作模式。

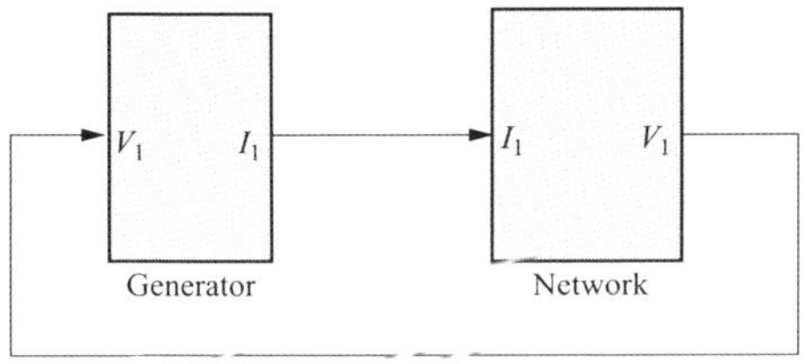

图 3-9　单机无穷大母线系统 Simulink 仿真实现

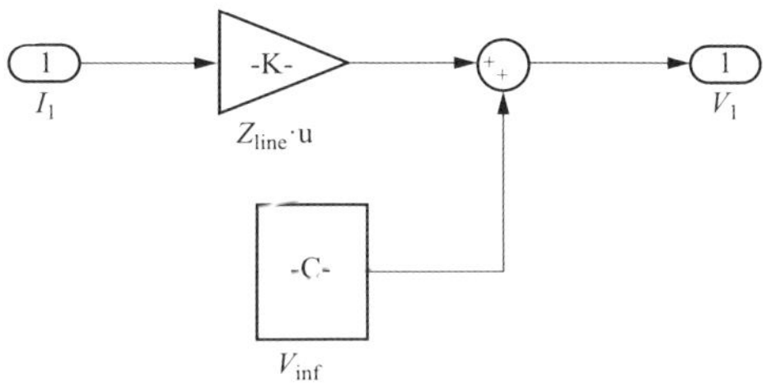

图 3-10　电力网络模块（Network）的内部架构

对于同步发电机而言，由于涉及电气和机械两部分，因而较为复杂。如图 3-11 所示，机械部分使用转子运动模块进行表示，而电气侧则使用机器模块进行表示。此外，同步发电机还应包含调速器和励磁控制子模块。在图 3-11 的左右两侧各有一个增益模块，其作用在于确定同步发电机的母线电压与输出电流。

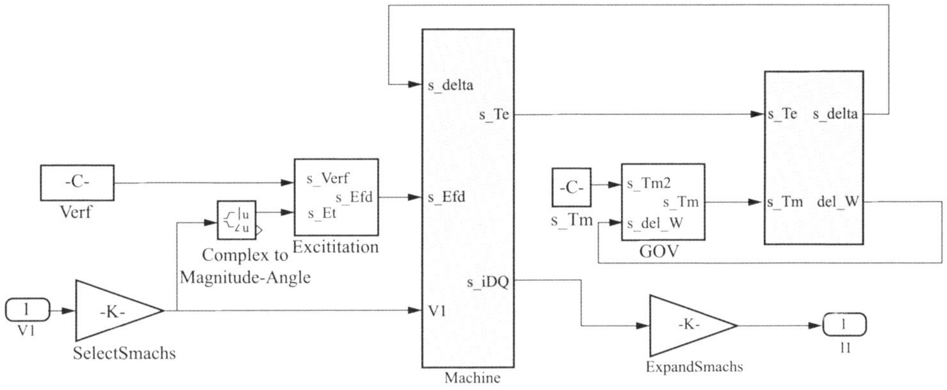

图 3-11　同步发电机 Simulink 实现

转子运动模块用如图 3-12 所示的方式构建。图中，机械部分按照如式（3-21）和式（3-22）所示构建。该模块中包含两个积分器模块，其初始状态可以通过双击模块图标进行设置。双击名称为 s_wr 的积分器，并将初始条件选项设置为 s_ws，表示同步发电机以电网同步角速度进行旋转；对于第二个积分器，将 s_delta 设置为初始条件以确定当前同步发电机的初始转矩角。

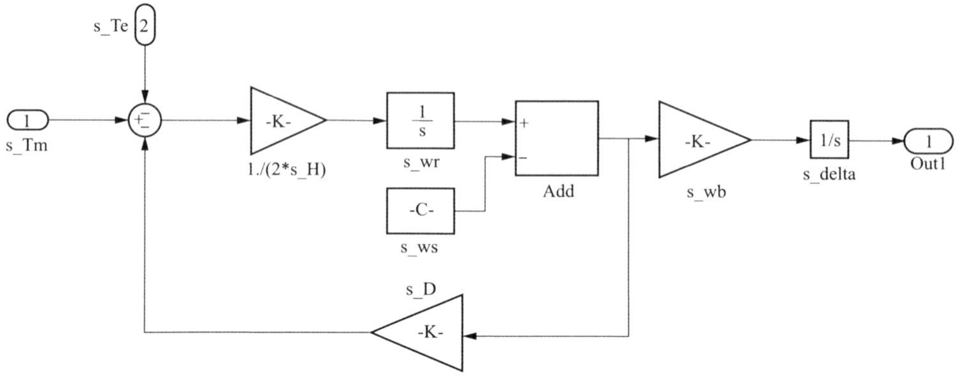

图 3-12　同步发电机转子运动方程的 Simulink 实现架构

图 3-13 示出了发电机电气侧的 Simulink 架构图。发电机从电力网络模块接收 *DQ* 参考系中的电压向量 V_1，根据 Park 变换式（3-1）将其转换为 *dq* 参考系下的向量表示。在 *dq* 参考系中，发电机电流需要根据反 Park 变换式（3-2）转换回电力网络的 *DQ* 参考系中。具体转换过程如式（3-23）～式（3-29）所示。

发电机转矩角的 Simulink 实现如图 3-14 所示。

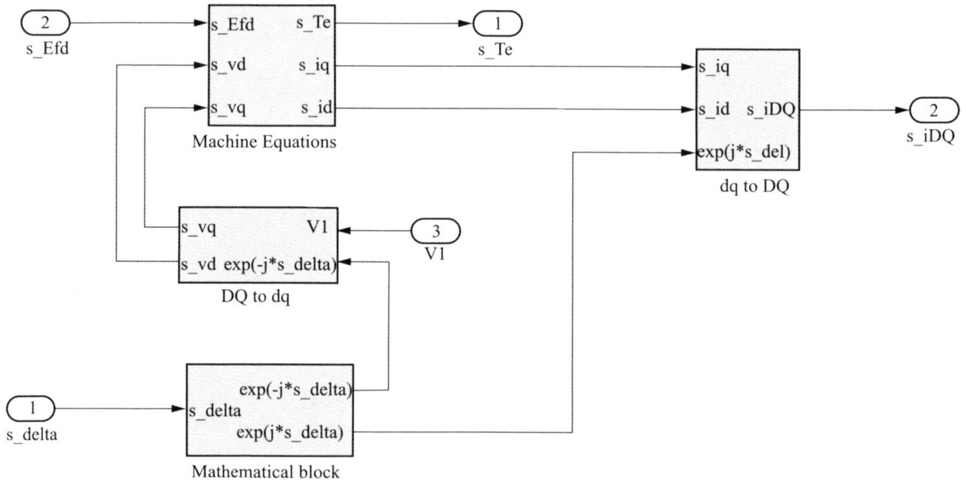

图 3-13　同步发电机电气部分 Simulink 模块

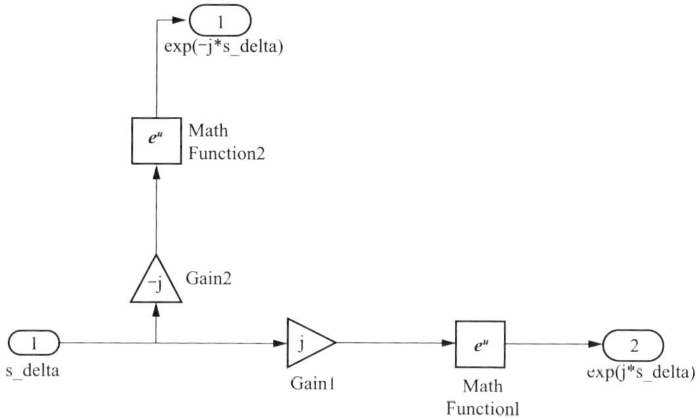

图 3-14　发电机转矩角的 Simulink 实现架构

如图 3-15 所示，*DQ* 参考坐标系转换为 *dq* 参考坐标系后，电压向量被分解为 *q* 轴分量（实部）和 *d* 轴分量（虚部）；反之，图 3-16 则示出了同步发电机电流的 *d*、*q* 轴分量转换至电网基准 *DQ* 参考坐标系下表示的过程。

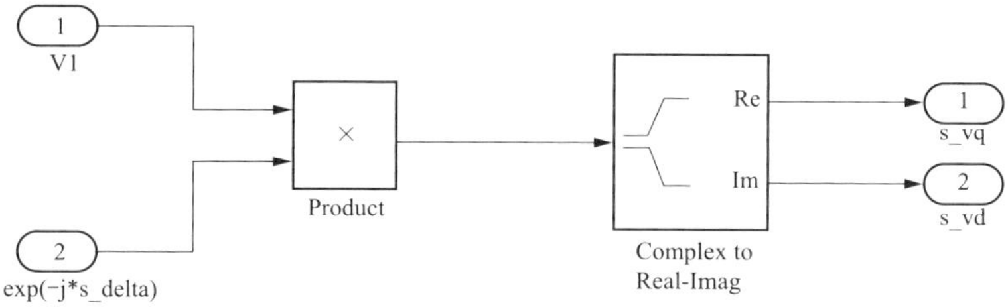

图 3-15　从 *DQ* 参考坐标系转换为 *dq* 参考坐标系

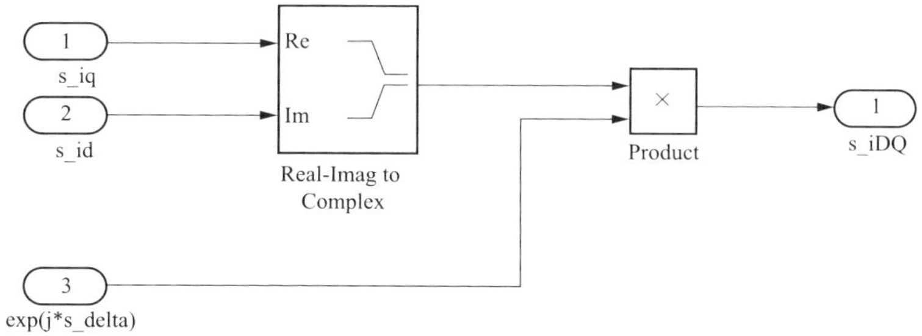

图 3-16　从 *dq* 参考坐标系转换为 *DQ* 参考坐标系

由于描述同步发电机暂态过程的方程较多，为便于仿真调试，对每个方程使用子系统的方式分别构建，总体结构如图 3-17 所示。

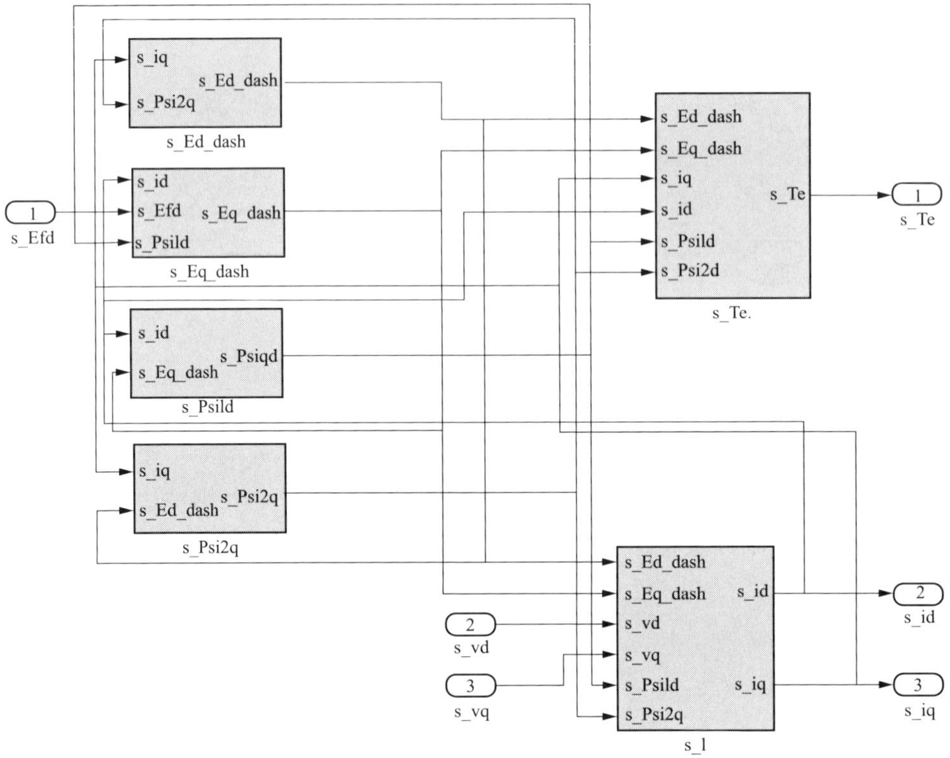

图 3-17　同步发电机暂态过程 Simulink 实现架构

图 3-18 为式（3-24）的 Simulink 实现，此处的初始条件是 s_Eqd。图 3-19 是式（3-25）的可视化实现。

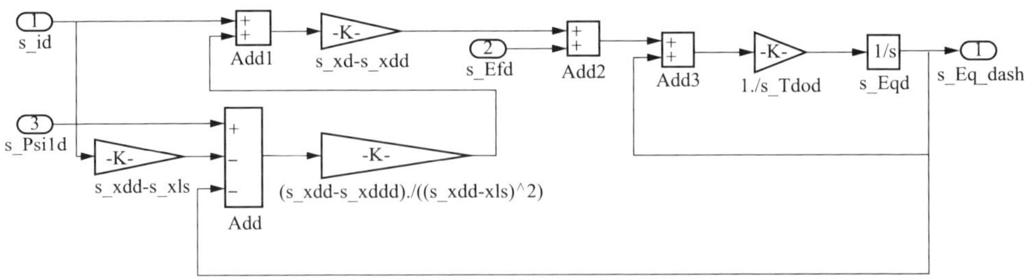

图 3-18　由 d 轴阻尼绕组中的磁链引起的暂态感应电动势

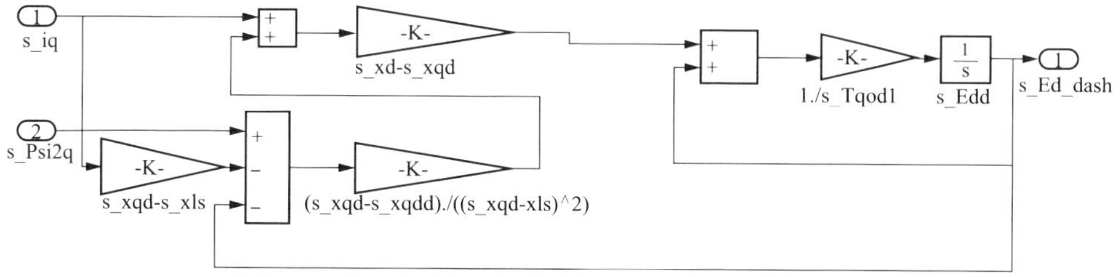

图 3-19　由 q 轴阻尼绕组中的磁链引起的暂态感应电动势

图 3 20 是式（3-27）的 Simulink 实现，展示了由 d 轴阻尼绕组中的磁链引起次暂态感应电动势的过程。图 3-21 是式（3-27）的 Simulink 实现，展示了由 q 轴阻尼绕组中的磁链引起的次暂态感应电动势的过程。

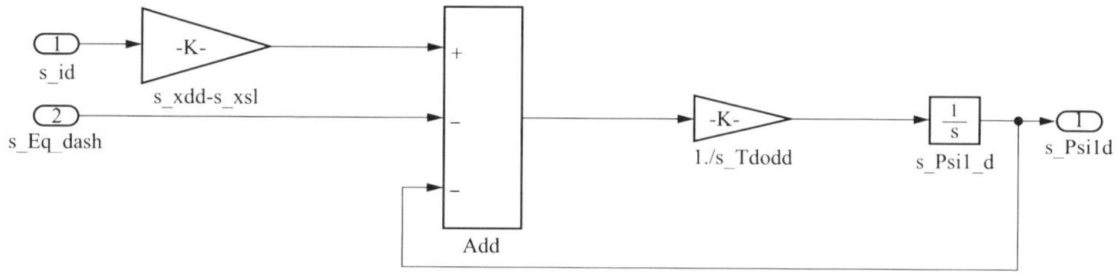

图 3-20　由 d 轴阻尼绕组中的磁链引起的次暂态感应电动势

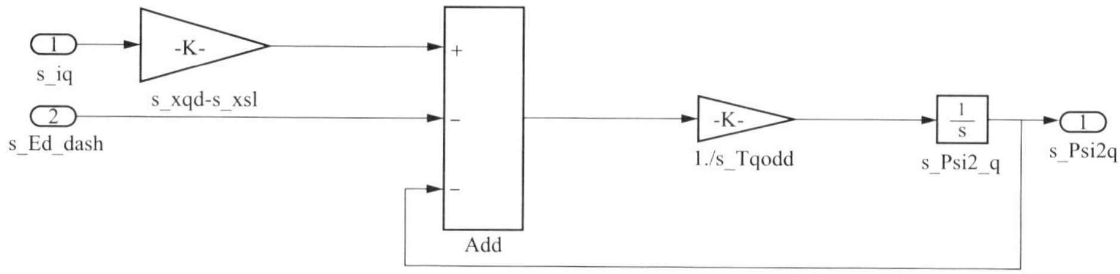

图 3-21　由 q 轴阻尼绕组中的磁链引起的次暂态感应电动势

同步发电机的电磁转矩由式（3-23）所描述，其方程的 Simulink 可视化实现如图 3-22 所示。

最后，图 3-23 为 q 轴和 d 轴定子电流分量方程式（3-28）和式（3-29）的 Simulink 实现过程。由于它们采用相同的输入，因此将这两个方程其作为一个子系统进行搭建。

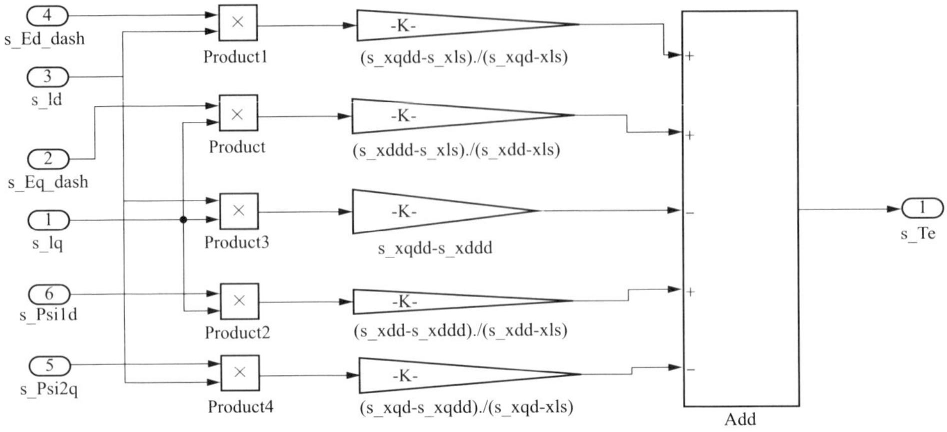

图 3-22　电气转矩方程

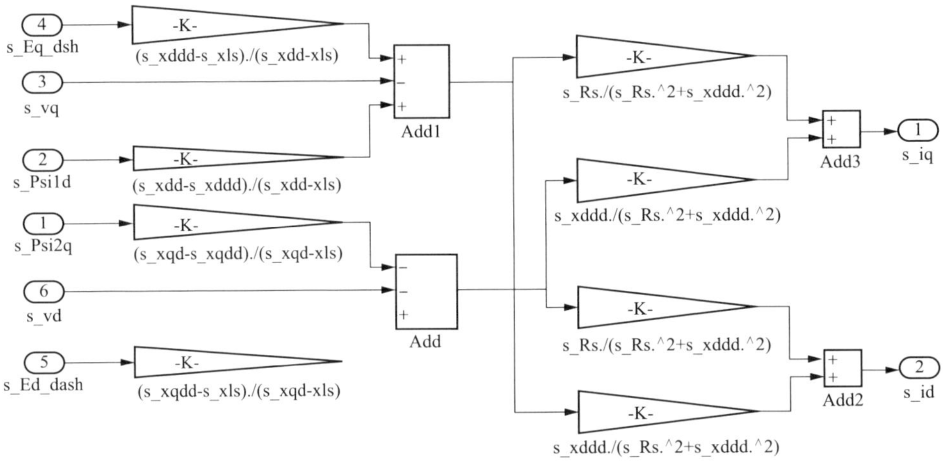

图 3-23　q 轴和 d 轴定子电流分量方程

对于同步发电机的调速器动态过程［见式（3-30）］，采用图 3-24 所示的方案搭建 Simulink 仿真模型，其中积分器的初始条件设置为 s_Tm。

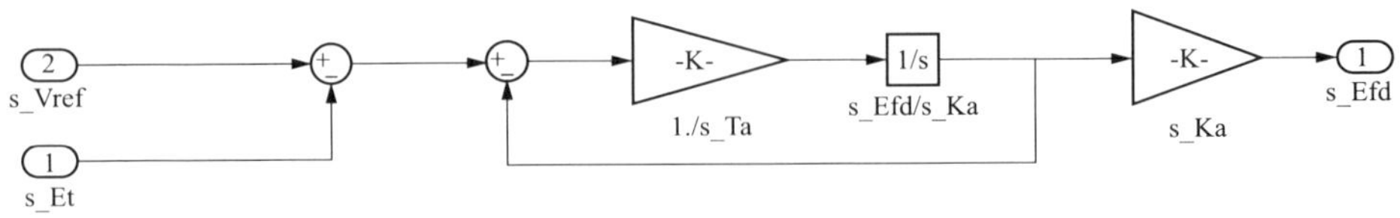

图 3-24　调速器控制方程

对于同步发电机的励磁控制过程［见式（3-31）］，采用图 3-25 所示的方案搭建 Simulink 仿真模型，其中积分器的初始条件设置为 s_Efd/s_Ka。

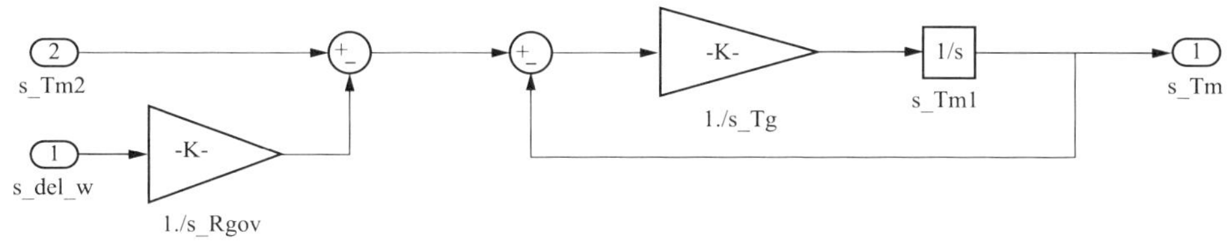

图 3 25　静励磁控制方程

至此，将所有子模块进行封装整合，便完成了对同步发电机整体系统的 Simulink 仿真模型构建。当选择以同步发电机自身基准参数进行初始化时，注意要进行与电力系统基准参数之间的标幺值转化。如图 3-26 所示，增加了一个增益环节。

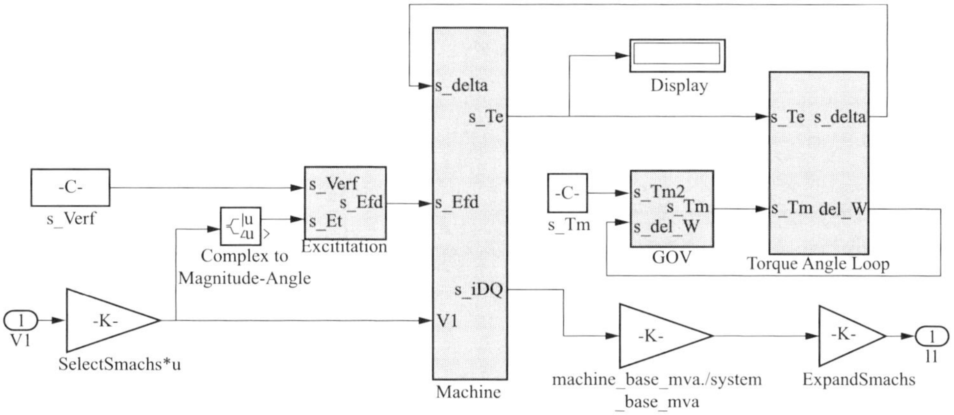

图 3-26　以同步发电机基准参数的 Simulink 仿真实现

3.1.5　仿真算例

3.1.5.1　单机无穷大母线测试系统时域仿真

使用系统基准参数的单机无穷大母线 Simulink 测试系统阶跃响应仿真如图 3-27 所示。这里使用示波器和多路复用器查看机械转矩与电磁转矩的影响。仿真时，在 $t=1\text{s}$ 时将调速器负载参考增加 1%并观察相应状态量的变化。

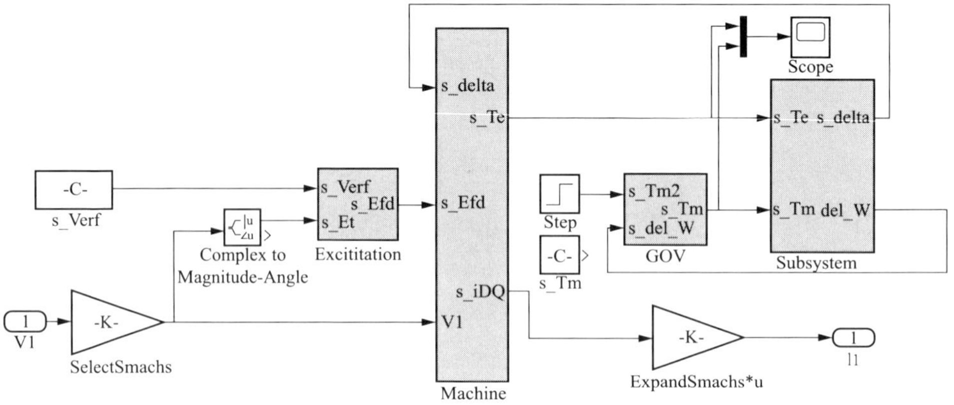

图 3-27　同步发电机阶跃响应仿真

由调速器施加在转子运动模块的机械输入转矩与由此产生的电磁转矩绘制在图 3-28 中。可以看出，电磁转矩出现了振荡响应。在重新进入稳定状态后，可以发现机械转矩和电磁转矩的标幺值相同。通过改变示波器的信号输入源，亦可查看此时发电机其他运行状态的响应情况。例如，图 3-29 示出了阶跃机械转矩作用下发电机转子角度的响应情形。

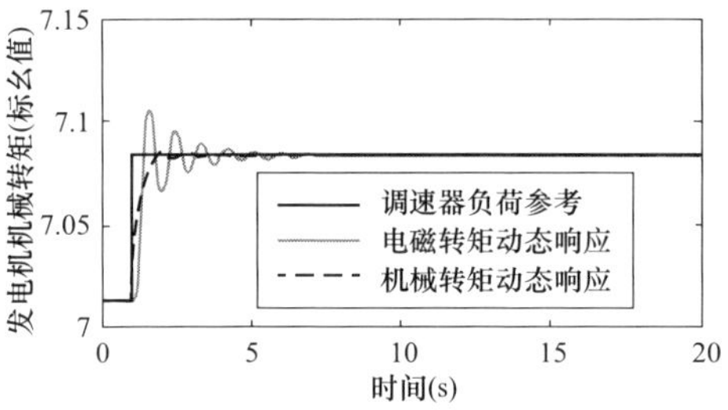

图 3-28　同步发电机对调速器负载参考值变化的阶跃响应

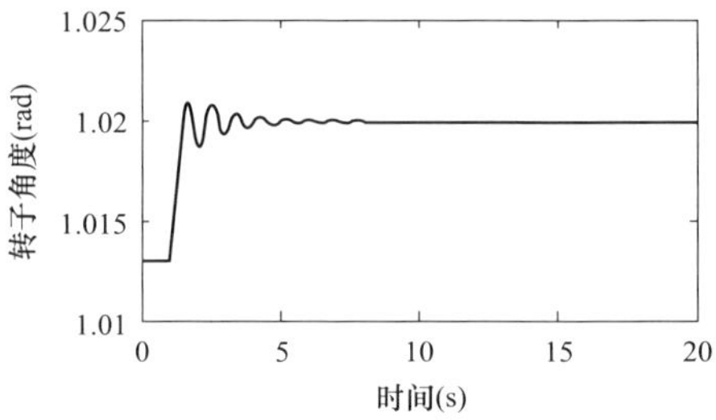

图 3-29　发电机转子角度的变化响应曲线

3.1.5.2　双区四机测试系统仿真模型

本小节对第 2 章所提到的双区四机系统进行仿真测试。同步发电机参数由【程序代码 3-8】中给出的 mac_con 矩阵指定，程序中还包含了同步发电机励磁系统的时间常数。

【程序代码 3-8】两区测试系统参数

%workspace 中需要保留母线参数

```
%workspace 中需要保留线路参数
%同步发电机参数矩阵
%1. 发电机序号
%2. 母线序号
%3. 基准参数 MVA
%4. 漏抗 x_l(pu)
%5. 电阻 r_a(pu)
%6. d 轴同步电抗 x_d(pu)
%7. d 轴暂态电抗 x'_d(pu)
%8. d 轴次暂态电抗 x"_d(pu)
%9. d 轴开路电流时间常数 T' _do(sec)
%10. d 轴开路电流次暂态时间常数 T"_do(sec)
%11. q 轴同步电抗 x_q(pu)
%12. q 轴暂态电抗 x'_q(pu)
%13. q 轴次暂态电抗 x"_q(pu)
%14. q 轴开路电流时间常数 T'_qo(sec)
%15. q 轴开路电流次暂态时间常数 T"_qo(sec)
%16. 惯性常数 H(sec)
%17. 阻尼系数 d_o(pu)
%18. 阻尼系数 d_l(pu)
%19. 母线序号
%20. 饱和系数 s(1.0)
%21. 饱和系数 s(1.2)
%同步发电机采用次暂态阻抗模型描述
mac_con=[
1 900 0.2 0.0025 1.8 0.3 0.25 8 0.03 1.7 0.55 0.25 0.4 0.05 6.5 0;
2 900 0.2 0.0025 1.8 0.3 0.25 8 0.03 1.7 0.55 0.25 0.4 0.05 6.5 0;
3 900 0.2 0.0025 1.8 0.3 0.25 8 0.03 1.7 0.55 0.25 0.4 0.05 6.5 0;
4 900 0.2 0.0025 1.8 0.3 0.25 8 0.03 1.7 0.55 0.25 0.4 0.05 6.5 0];
```

```
%励磁系统参数
s_Ka=200;%静态励磁增益
s_Ta=0.02;%静态励磁时间常数

%调速器参数
S_Tg=0.2;%时间常数
s_Rgov=0.05;%下垂系数
```

下面进行母线 8 处三相接地故障的仿真测试。为了模拟三相接地故障，需要故障前和故障后的电力网络阻抗矩阵。母线 8 的三相接地故障意味着此时母线 8 的接地阻抗为 0，或者可以在导纳矩阵中母线 8 对应的对角线项处加入一个大导纳，从而求新导纳矩阵的逆可以得到故障后的阻抗矩阵如【程序代码 3-9】所示。

【程序代码 3-9】三相接地故障前后阻抗矩阵计算

```
%find_impedance_matrix.m
%复制程序代码 2-5
%确定故障前导纳矩阵
%确定故障后导纳矩阵
Yf=Y;
%加入大导纳值以表示故障发生
Yf(8,8)=10000;
%确定故障后阻抗矩阵
zf=inv(Yf);
```

下面按如图 3-30 所示的架构构建接地故障的两区域测试系统 Simulink 仿真测试模型。运行模型之前，首先使用【程序代码 3-10】确定同步发电机的初始运行状态。进一步的，在 Simulink 环境下建立两区域测试系统，其中，假设母线 8 在 $1s<t<1.1s$ 时发生三相接地故障，其通过使用两个具有不同阻抗矩阵的增益模块和选择开关（Switch）来实现的。仿真前通过双击 Switch 模块，将阈值参数设为 0.5，当第二个输入小于 0.5（正常运行情形）时，开关选择 Z * u（即第一个输入路径）；当第二个输入大于 0.5（接地故障情形）时，则切换到 Zf * u。而

对于判定条件，则可以通过两个节约信号和一个加法模块实现。其中一个阶跃信号在 t=1.0s 时从 1 变为 0，另一个阶跃信号在 t=1.1s 时从 0 变为 1。

【程序代码 3-10】双区四机测试系统初始化

```
clear all
system_base_mva=100.0;
%复制程序代码 3-8
%确定潮流分布
[Y]=form_Ymatrix(bus,line);
%计算故障前潮流分布
[bus_sol,line_flow]=power_flow(Y,bus,line);
%同步发电机初始化
Smachs=[1;2;3;4];%发电机母线
Nbus=size(bus,1);%母线数量
NSmachs=size(Smachs,1);%同步发电机数量
%初始化同步发电机
Synch_parameter_sys_base_fourmach
generic_Sync_Init
%复制程序代码 3-9
```

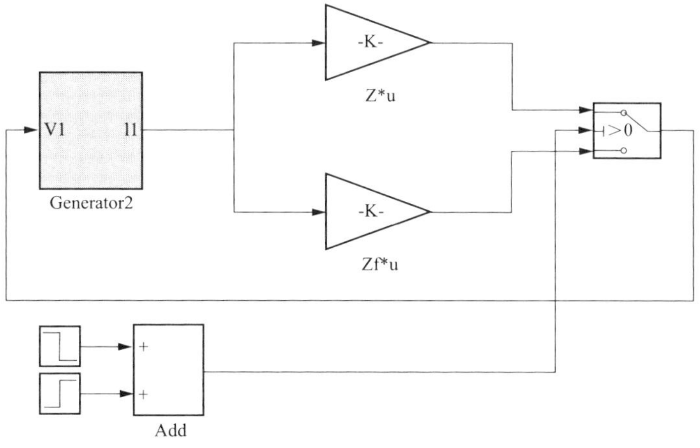

图 3-30　模拟三相接地故障的双区四机测试系统模型动态仿真模型

运行上述仿真模型，图 3-31～图 3-34 分别示出了同步发电机有功功率输出、无功功率输出、机端电压以及 G1 和 G3 之间的相角差。

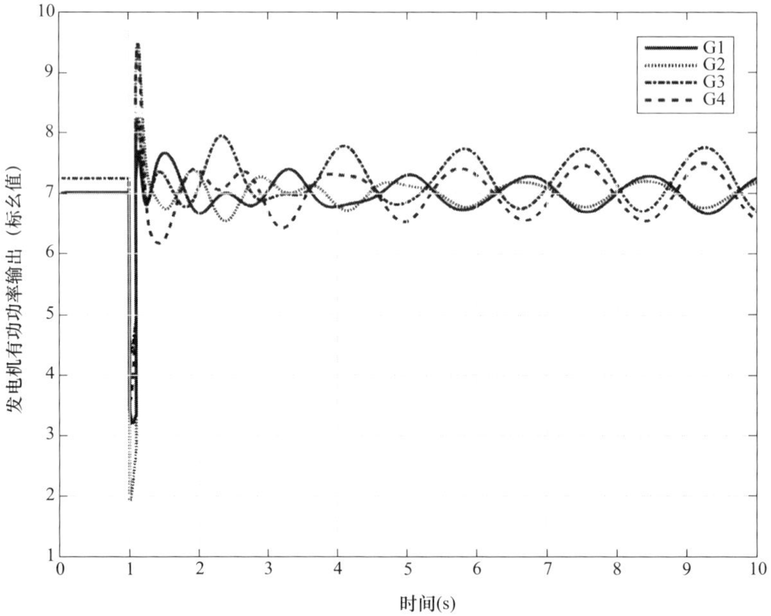

图 3-31　同步发电机有功功率输出

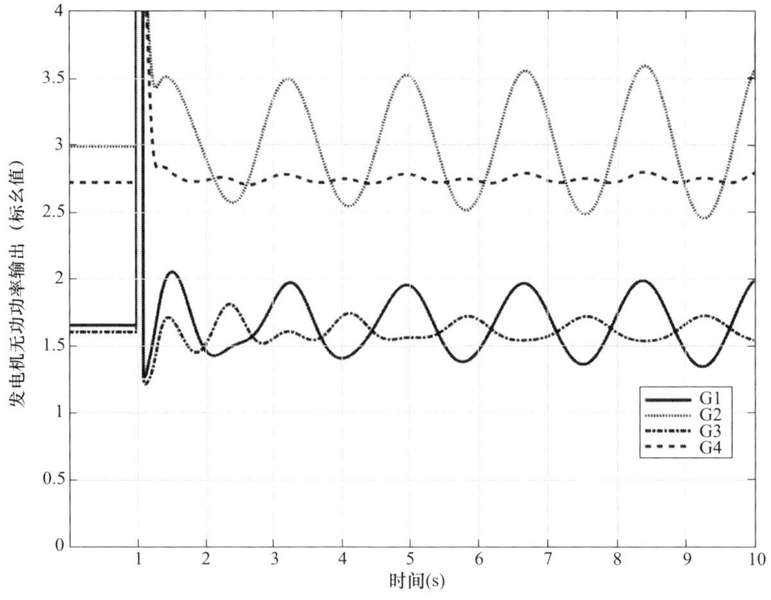

图 3-32　同步发电机无功功率输出

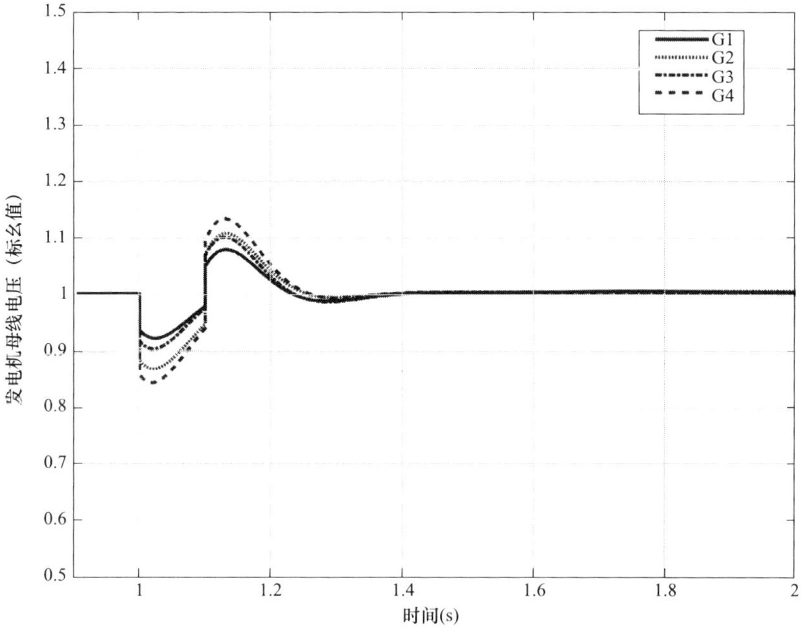

图 3-33　同步发电机母线电压

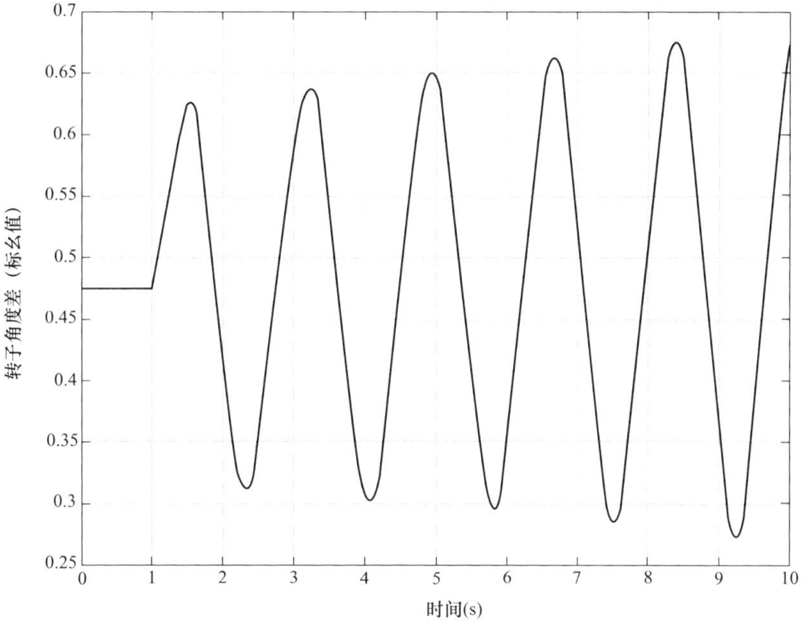

图 3-34　发电机 G1 和发电机 G3 之间的转子角度差

3.2 风力发电系统

风能作为一种可再生、可预测的清洁型能源，已成为我国新能源开发领域的重要新型能源。随着风电行业的快速发展，特别是海上风力发电成本的不断降低，风能将逐渐成为电网能源供应中必不可少的一环。本节首先对双馈感应发电风力发电机（doubly fed induction generator-based wind turbine generator，DFIG-WTG）进行建模，从各结构动力学模型、Simulink 仿真实现以及相关的 MATLAB 程序代码进行详细阐述，并在单机无限总线（SMIB）测试系统上进行仿真。然后，讨论了永磁同步发电风力发电机（permanent magnet synchronous generator-based wind turbine generator，PMSG-WTG）的建模过程，该模型的组成部分与 DFIG 模型相似。最后，基于上述两个发电机模型，建立了一个包含 DFIG 和 PMSG 的混合风电场，并进行了仿真实验。

3.2.1 风力发电基本原理

风力发电就是通过风力带动风机叶片旋转来实现发电的。简单来说，风力发电就是将风能转化为机械能，再将机械能转化为电能的过程。风力发电过程中不需要燃料也没有辐射，更没有产生空气污染，因此受到了众多国家的青睐。

早期的风电机组是使用感应发电机的定速机组，其转子速度相对于电网频率是固定的，与风速无关，并且其通过俯仰角和失速控制机制来实现输出控制。双相异步电动机和电力电子转换器的使用使风力发电机的变速运行成为可能，从而允许其在广泛的风速下提取更大的功率。近年来，基于电力电子变流器的风电机组也逐步在工程中得到大量应用，其发电机通过电力电子转换器与电网隔离，使发电机转子速度与电网频率无关。DFIG 和 PMSG 已经广泛地配置于基于电力电子变流器的风电机组中。

3.2.2 双馈感应发电机—单机无线总线（DFIG-SMIB）系统

如图 3-35 所示，双馈感应发电机—单机无穷大总线（DFIG-SMIB）系统由风力涡轮机、DFIG 和电网组成。异步发电机的定子绕组直接与电网相连，转子绕组通过变流器与电网连接，转子绕组电源的频率、电压、幅值和相位按运行要求由变频器自动调节，机组可以在不同的转速下实现恒频发电，满足用电负载和并网的要求。LCL 滤波器则用于去除电力电子开关器件带来的开关频率谐波成分。

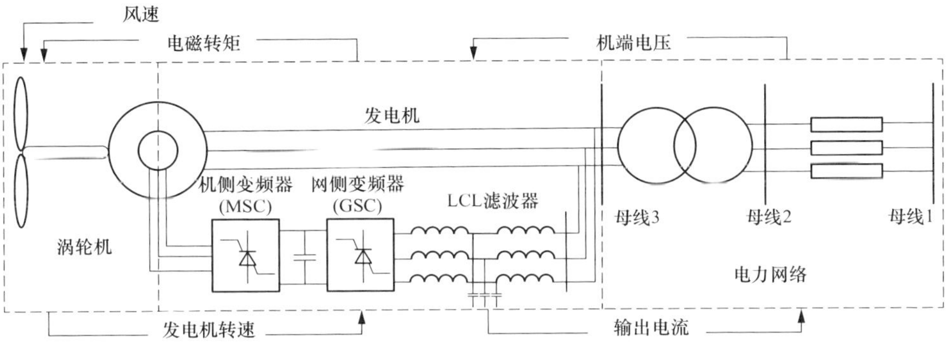

图 3-35　基于 DFIG 的 SMIB 系统

为了对 DFIG-SMIB 系统进行建模，将其分解为 7 个模块，即风力涡轮机、电力网络、发电机、机侧变流器（machine-side converter，MSC）、背靠背电容器（back-to-back capacitor，B2BC）、网侧变流器模型（grid-side converter，GSC）和 LCL 滤波器。为了便于 Simulink 建模，这些模块之间的信息流向已在图中标注出来。例如，发电机模块的输入包括了风力涡轮机的转子速度以及电力网络模块的母线电压。而发电机模块则向风力涡轮机输出电磁转矩以及向电力网络模块输出电流。使用子模块分解的好处在于可以在集成测试之前对每个模块分别进行开发与测试。例如，【程序代码 3-11】包含了一个 DFIG-SMIB 系统的相关运行参数。

【程序代码 3-11】DFIG-SMIB 系统的相关运行参数

```
%线路参数
Znet=0.0472+1i*0.4700;
d_Vinf=1;
Dmachs=3;
%发电机参数
d_Lm=4;        d_Xm=d_Lm;        d_Rs=0.005;d_Rr=0.0055;
```

```
d_Lss=4.04;    d_Lrr=4.0602;      d_kopt=1;d_ktg=0.3;
d_ctg=0.01;    d_Ht=4;            d_Hg=0.4;
d_Ls_d=d_Lss-(d_Lm^2/d_Lrr);
d_Kmrr=d_Lm/d_Lrr;
d_R2=d_Kmrr^2*d_Rr;
d_Rl=d_Rs+d_R2;
d_Tr=d_Lrr/d_Rr;

Vdfig=0.9794+li*0.3983;
d_vsq=real(Vdfig);d_vsd=imag(Vdfig);
d_Theta=angle(Vdfig);
d_isq=0.8544;d_isd=0.2454;
d_irq=-0.9629;d_ird=-0.0020;
d_vrq=0.0357;d_vrd=0.0154;

%滤波器参数
d_Ri=0.0;       d_Rg=0.0;     d_Rc=0.7333;     d_Li=0.1667;
d_Lg=0.0033;    d_Cf=0.0150;
d_iiq=-0.0361;  d_iid=0.0024;
d_igq=-0.0303;  d_igd=-0.0123;
d_viq=0.9790;   d_vid=0.3922;
d_vcq=0.9837;   d_vcd=0.3874;

%变流器参数
d_Cdc=2;d_VDC=1.5;d_Qfilter=0;d_Qs=0.1;
d_MSC_IL1_kp=-0.23;d_MSC_ILl_ki=-3;d_MSC_IL1_iv=0.0389;
d_MSC_IL2_kp=-0.23;d_MSC_IL2_ki=-3;d_MSC_IL2_iv=0.00078156;
d_MSC_OL1_kp=0;  d_MSC_OL2_ki=-60;  d_MSC_OL2_iv=0.3610;

d_GSC_IL1_kp=0.3;  d_GSC_IL1_ki=200;  d_GSC_IL1_iv=1.0546;
```

```
d_GSC_IL2_kp=0.3;    d_GSC_IL2_ki=200;      d_GSC_IL2_iv=-0.0055;
d_GSC_OL1_kp=-22;  d_GSC_OL1_ki=-870;   d_GSC_OL1_iv=-0.0327;
d_GSC_OL2_kp=0;      d_GSC_OL2_ki=-60;     d_GSC_OL2_iv=0;

%风力涡轮机参数
rho=1.225;
d_wtrated=3.0337;d_wt=0.9688;d_wg=0.9688;
d_bl=40.05;d_Lambda=8.1;
d_Beta=0;d_vw=14.5316;d_Ts=0.9385;
```

3.2.2.1 电力网络模块

在前面章节中已经介绍了为连接到无穷大母线的同步发电机开发的仿真程序。本节使用不同的母线和线路参数对 DFIG-SMIB 系统进行测试，相关参数见【程序代码 3-12】，其目的在于计算电力网络的阻抗信息。

【程序代码 3-12】网络阻抗计算

```
clear all
%计算电力网络阻抗矩阵以及潮流
%母线数据格式
%bus:母线序号,电压幅值(pu),相角(degree),Pg(pu),Qg(pu),
%Pl(pu),Ql(pu),Gshunt(pu),Bshunt(pu);母线类型
%母线类型-1,松弛母线
%母线类型-2,发电机母线(PV bus)
%母线类型-3,负荷母线(PQ bus)

bus=[...
01 1.05 0.00 1.00 0.00 2.00 0.30 0.00 0.00 1;
02 1.00 0.00 0.00 0.00 0.00 0.00 0.00 0.00 3;
03 1.00 0.00 0.80 0.10 0.00 0.00 0.00 0.00 3];
```

```
%线路参数矩阵格式
%首端母线,末端母线,电阻,电抗,线路充电功率,变压器抽头比

line=[
01 02 0.037 0.37 0.001 0.0 0.0;
02 03 0.010 0.10 0.000 0.0 0.0];

Y=form_Ymatrix(bus,line);
[bus_sln,flow]=power_flow(Y,bus,line);
%发电机母线
Gen_Bus=3;
%无穷大母线电压
vinf=bus_sln(1,2).*exp(1i*bus_sln(1,3)*pi/180);
%发电机母线电压
Vg=bus_sln(Gen_Bus,2).*exp(1i*bus_sln(Gen_Bus,3)*pi/180);
%发电机电流
d_ig=conj((bus_sln(Gen_Bus,4)+1i*bus_sln(Gen_Bus,5))/Vg);

Znet=(Vg-vinf)/d ig;%网络阻抗
```

母线矩阵共有 3 行，其中第一行为松弛母线，另外两行则表示 PQ 母线。母线 1 是无穷大总线，母线 3 则是连接了一个风力发电机（WTG）。风电机组的有功功率和无功功率在第 3 行中规定，可以对其进行更改以模拟不同的运行条件。线路矩阵有两行，表示变压器和无穷大母线的等效阻抗。从而可以根据图 3-9 和图 3-10 开发电力网络子模块。

3.2.2.2 风力涡轮机模块

风力涡轮机模型将风速与发电机转子速度联系起来。一个典型的涡轮机配置有三个叶片，可以捕获风能并使发电机转子旋转。根据发电机的速度要求，涡轮机和发电机之间一般设置有齿轮箱。如图 3-35 所示，风力涡轮机模块将电磁转矩作为输入，而输出则是发电机的转速。

涡轮机模型分为两个子模型：①将风能转换为机械扭矩的空气动力学模型；②与机械扭矩、发电机组输入的电扭矩和发电机转速输出有关的传动系统

模型。

下面介绍风力涡轮机的空气动力学模型。风力涡轮机空气动力学模型将风速与涡轮机输出机械功率联系起来，其输出的机械功率 P_t 满足

$$P_t = 0.5\rho\pi R^2 C_p(\beta,\lambda)\nu_w^3[W] \tag{3-32}$$

$$\pi = 3.1416$$

式中：ρ 为空气密度，取 1.225kg/m³；ν_w 为当前风速（m/s）；R 为风力机叶轮的半径；$C_p(\beta,\lambda)$ 为叶片的功率系数。$C_p(\beta,\lambda)$ 近似表达式为

$$C_p(\beta,\lambda) = 0.5176\left(\frac{116}{\lambda+0.08\beta} - \frac{4.06}{1+\beta^3} - 0.4\beta - 5\right)e^{\left(\frac{-21}{\lambda+0.08\beta}+\frac{0.735}{1+\beta^3}\right)} + 0.0068\lambda \tag{3-33}$$

式中：β 为叶片的俯仰角；λ 为叶尖速比。

涡轮机的叶片通过改变在纵轴的旋转角度（即俯仰角）以控制涡轮机的速度。一般的，风力发电机叶片的俯仰角从 0°到 23°不等；当叶片面向风提取最大能量时，俯仰角为 0°。而叶尖速比是指涡轮叶片叶尖速度与风速的比值，即 $\lambda=\omega_t R/\nu_w$，其中 ω_t 是涡轮机的旋转速度，单位为 rad/s。

图 3-36 显示了不同俯仰角值（0°、4°和 8°）的 C_p 系数图。显然，通过增加俯仰角，C_p 随着叶片转向远离风而减少。对于给定的风速 ν_w 和俯仰角 β，C_p（以及因此涡轮机输出功率 P_t）随叶尖速比 λ 的变化而变化。可以通过控制涡轮速度 ω_t 来控制叶尖速比。

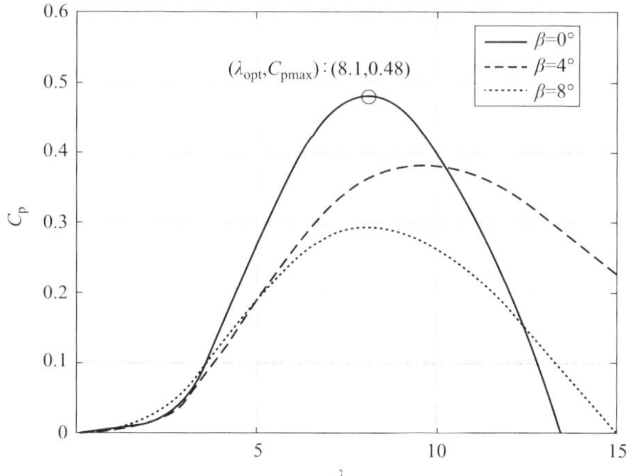

图 3-36　不同俯仰角的涡轮机性能系数与叶尖速比间的关系

当叶片正向面对来风时（即俯仰角 $\beta=0°$），C_p 达到最大值。图 3-36 中的实线显示了 $\beta=0°$时，C_p 与 λ 的关系图。对于给定的风机参数，当 $\lambda_{opt}=0.81$ 时，C_p 的最大值为 $C_{pmax}=0.48$。该数值即为俯仰角 $\beta=0°$时叶尖速比的最佳值。将 $C_p=C_{pmax}$和涡轮机输出功率 P_t（设额定值为 5MW）带入式（3-32），可计算得到当 $\beta=0°$时达到额定输出功率所需要的风速为 15m/s。该数值为涡轮机的额定风速。在该额定风速下，通过增加涡轮机的俯仰角以减少 C_p，可将涡轮机输出功率限制在 5MW。而在额定风速及以上的运行区域称为额定风速区域。低于额定风速时，风机输出将小于额定输出，该区域被称为次额定工作区域。

在次额定区域，设置俯仰角 $\beta=0°$、叶尖速比 $\lambda=\lambda_{opt}$，可以使涡轮机工作在最大输出功率点上。而对于涡轮机的转速，则是通过叶尖速比的变形公式 $\omega_t=\lambda_{opt}\nu_\omega/R$ 来实现。然而，为了安全起见，涡轮机和发电机在设计之初便限制了涡轮机转速的偏差。例如，DFIG 的转子转差率必须在±30%以内。需要说明的是，功率系数在整个次额定运行区域范围内不是恒定的，尤其是在接近切入风速时（切入风速对应于风力涡轮机开始产生有功功率所需的最小风速）。为了简单起见，假设在次额定工作区域内始终有 $C_p=C_{pmax}$，其带来的后果是次额定运行区域下的叶尖速度比是恒定不变的，即与风速无关，例如 $\beta=0°$时，$C_p=8.1$。但实际工程中，这样的假设可能意味着转子速度和转差率存在偏离额定允许范围的风险。这从另一方面说明，本节所采用的 $C_p=C_{pmax}$假设仅适用于特定的风速范围，但该问题可使用更准确的涡轮机参数来加以解决。即通过改变 β 和 λ 以调整 C_p，从而将涡轮机输出功率 P_t 限制在额定值。例如，图3-36 分别显示了 $\beta=4°$和 $\beta=8°$的 C_p 曲线。当超过额定风速时，通过控制俯仰角 β 以降低 C_p 从而控制涡轮机输出。然而，在超过一定的风速时，风电机组会关闭，以保护机组免受强风造成的机械损坏（该风速对应于切出风速）。图3-37 显示了一个典型的风电机组的风速和风机输出量之间的关系图，清楚地标注了切入风速、额定风速和切出风速。

下面给出涡轮机模型的 Simulink 具体实现流程。如图 3-38(a) 所示，在 Simulink 的“Commonly Used Block”模块中将“Subsystem”模块拖动到 Simulink 工作区，将该子系统模块命名为 CP_Calc。进而利用“Mathf Operations”中的相关模块搭建式（3-33）中的涡轮性能系数方程，如图 3-38(b) 所示。而最终将模块保存为 Turbine_model. slx，封装后的涡轮性能系数方程模块如图 3-38(c) 所示。

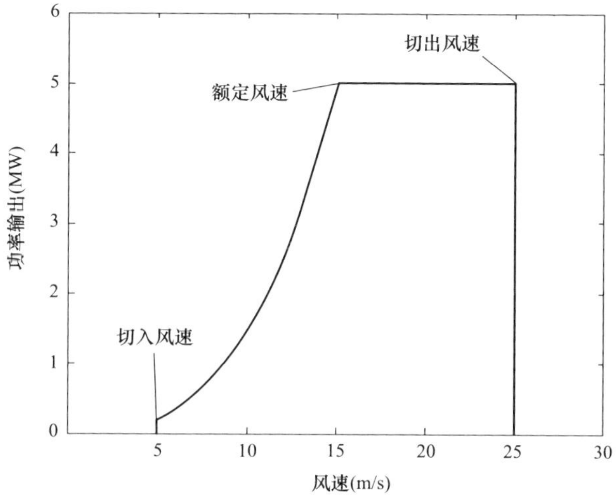

图 3-37　涡轮机输出功率与风速间的关系

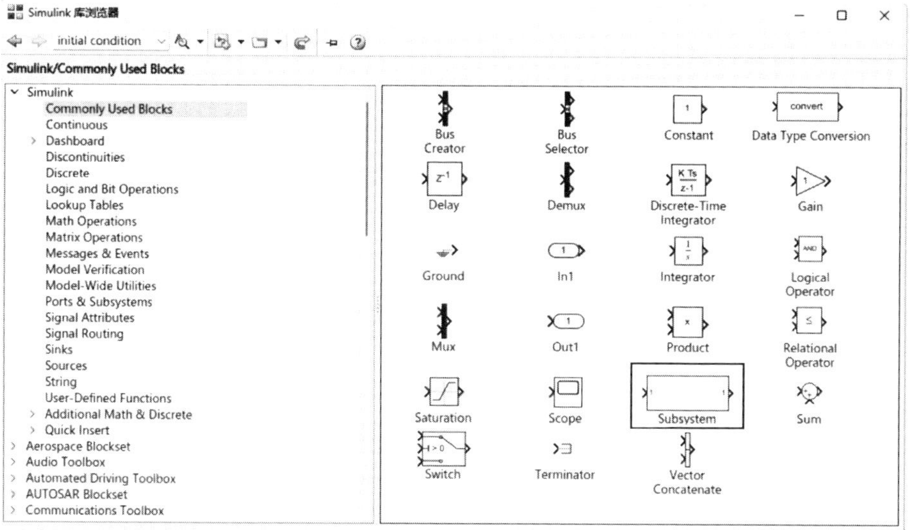

(a)

图 3-38　涡轮机性能系数方程的 Simulink 子系统创建（一）

（a）子系统模块

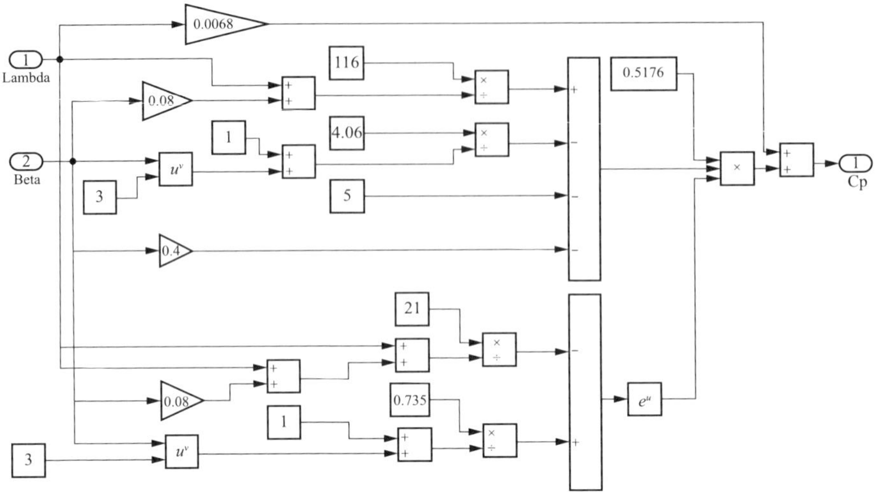

(b)

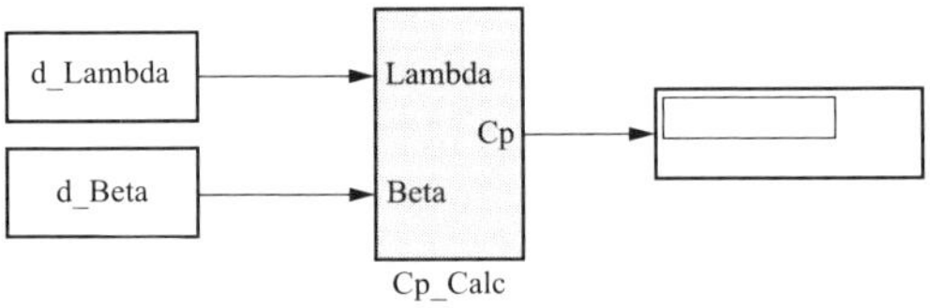

(c)

图 3-38　涡轮机性能系数方程的 Simulink 子系统创建（二）

（b）C_p 计算模块；（c）C_p 计算模块封装效果

随后，搭建风力涡轮机的整体子模块。如图 3-39 所示，图中 d_wt 表示基准风速，d_vw 表示当前风速，d_Beta 表示俯仰角。首先通过叶尖速比公式确定 λ 数值后，与 d_vw 作为输入进入 C_p 计算模块。进一步根据式（3-32）确定当前的输出机械功率。考虑到电力系统一般使用标幺值进行分析，因此数值经过标幺值出力后最终得到当前涡轮机的输出功率。

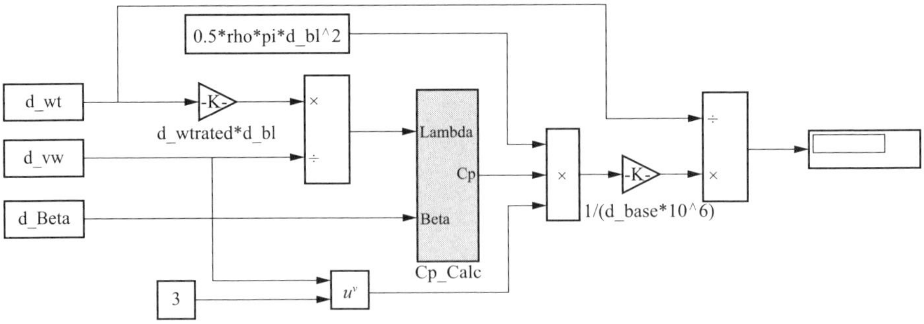

图 3-39　风力涡轮机空气动力学模型 Simulink 实现

下面介绍风力涡轮机一异步发电机机械传动部分的 Simulink 模型实现。如图 3-40 所示，涡轮机与发电机通过传动轴实现机械转矩、电磁转矩以及发电机转速三者间的耦合。三者之间可使用双质量一阶惯性环节进行建模，即

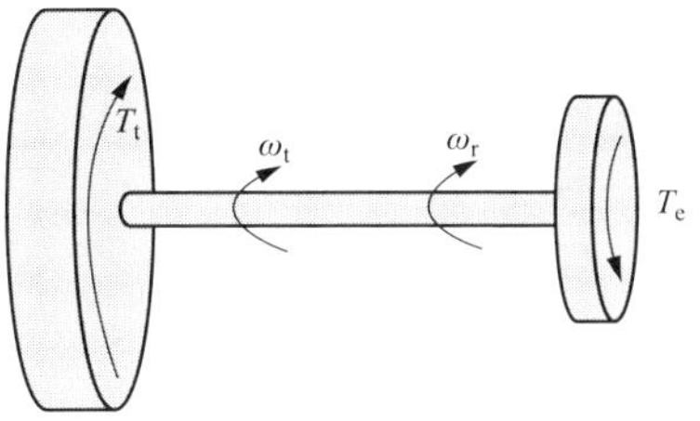

图 3-40　风力涡轮机的双质量传动系统模型

$$\frac{d}{dt}\omega_g = \frac{1}{2H_g}(T_s - T_g) \tag{3-34}$$

$$T_s = k_{tg}\theta_{tg} + c_{tg}\frac{d}{dt}\theta_{tg} \tag{3-35}$$

$$\frac{d}{dt}\theta_{tg} = \omega_{elB}(\omega_t - \omega_g) \tag{3-36}$$

$$\frac{d}{dt}\omega_t = \frac{1}{2H_t}(T_t - T_s) \tag{3-37}$$

式中：T、ω 和 θ_{tg} 分别表示转矩、转速和轴扭转角度；下标 g、s 和 t 分别表示发电机、轴和涡轮机。

风力发电机组的传动系统的参数及取值如表 3-1 所示。

表 3-1　　风力发电机组的传动系统参数

参数	符号（变量名称）	数值
涡轮机惯量	H_t(d_Ht)	4s
同步发电机惯量	H_g(d_Hg)	0.4s
传动轴刚度系数	k_{tg}(d_ktg)	0.3pu/rad
传动轴阻尼系数	c_{tg}(d_ctg)	0.01pu. s/rad
电气基准角速度	ω_{elB}(d_welb)	2π×50rad/s

Simulink 仿真实现：根据式（3-34）～式（3-37），传动部分包含两个输入，即涡轮机机械转矩 T_t 和与涡轮机耦合的发电机产生的电磁转矩 T_g。涡轮机的速度 ω_t 和发电机的转速 ω_g 是从方程组中得到的输出。方程组中的微分环节使用“Continuous”库中的“Integrator”模块实现，如图 3-41 所示。从而式（3-34）～式（3-37）的 Simulink 仿真实现如图 3-42 所示。图 3-43 则示出了封装后的风力涡轮机模块。在实际仿真时，该模块将风速和发电机机械、电磁转矩作为输入，发电机转速作为输出。至此完成了风力涡轮机的 Simulink 模型构建。

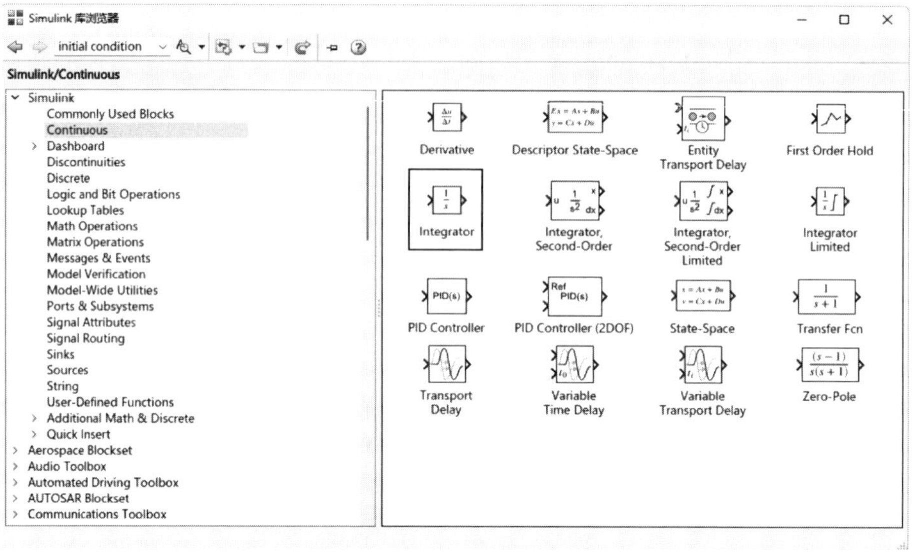

图 3-41　Simulink 积分模块

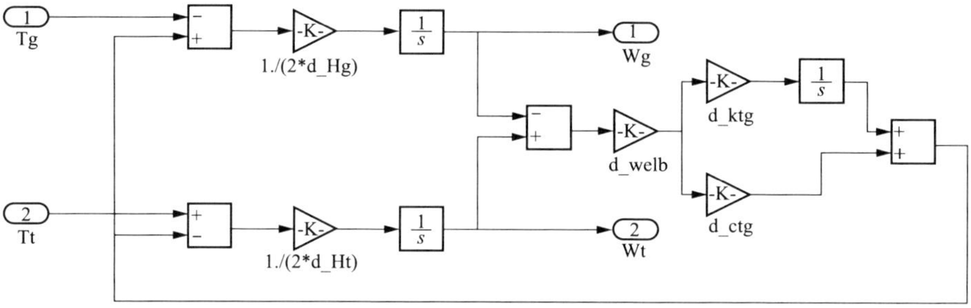

图 3-42　式（3-34）～式（3-37）的 Simulink 实现

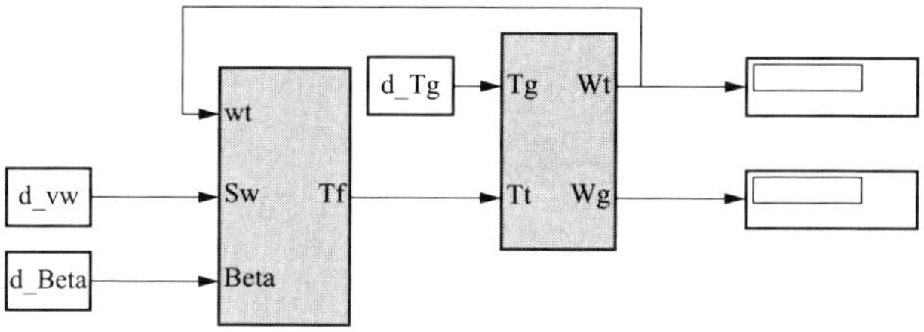

图 3-43　DFIG-SMIB 系统的风力涡轮机模型

3.2.2.3　双馈感应发电机

上文已经讨论了风力涡轮机和电力网络的 Simulink 仿真实现，本节继续讨论发电机的 Simulink 实现过程。它将涡轮模型中的发电机转子速度 ω_g 和电力网络模型中的发电机母线电压 ν_g 作为输入，并将发电机输出电流 i_g 和电磁转

矩 T_g 作为输出。

双馈感应发电机系统通过齿轮箱将传输到发电机主轴的机械能转化为电能，通过发电机定子、转子传送给电网。其中，发电机定子绕组直接和电网连接，转子绕组则与调节的变频器相连。具体而言，定子以电网频率 $f_s=50\text{Hz}$（或 60Hz）连接到三相电压。定子绕组的设计使得由此产生的定子电流在气隙中产生旋转磁场，角速度为 $\omega_s=2\pi f_s$。为了将能量从转子绕组转移到定子绕组，必须有一个由转子绕组在气隙中产生的同步旋转磁场。这意味着如果涡轮机以 $\omega_g=\omega_s$ 驱动转子，通过转子绕组的直流电可以产生与定子绕组产生的旋转磁场同步旋转的磁场。但对于风力涡轮机来说，发电机的速度会随着风速的变化而变化。假设涡轮以略高于或略低于同步速度（即 $\omega_g\neq\omega_s$）的速度驱动转子，需要一个滑差率 $f_r=(\omega_s-\omega_g)f_s$ 的交流转子电流来产生同步速度的转子磁场。即使当转子转速因风速变化而变化时，这种对转子绕组的变频馈电有助于基于 DFIG 的风力发电机连续产生电能输出。如图 3-44 所示，使用背靠背变频器产生可变频率和幅值的转子电压。

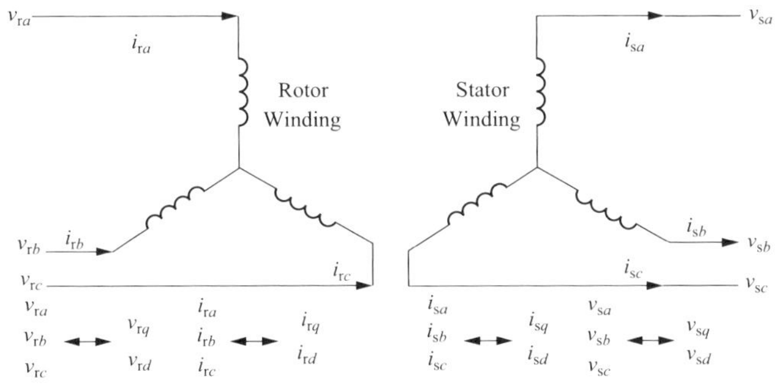

图 3-44　双馈异步发电机（DFIG）的简化表示

背靠背变频器将在后续小节中详细讨论。本节首先探讨 DFIG 的 Simulink 模型构建过程。假设转子电压由一个理想电压源提供，如图 3-44 所示。$\nu_{abc,s}$ 和 $\nu_{abc,r}$ 分别是施加到定子和转子绕组的三相电压。一般的，使用 dq 坐标系描述发电机中电磁与功率关系的微分代数方程。其中，q 轴与无限母线 a 相电压对齐。控制 DFIG 动态特性的微分和代数方程如式（3-38）～式（3-54）所示。表 3-2 列出了双馈式感应发电机的参数和取值。仿真所需其他参数为：$K_{mrr}=L_m/L_r=0.9852$，$R_2=K_{mn}^2R_r=0.0053$(标幺值)，$R_1=R_2+R_s=0.0103$(标幺值)，$L_s'=$

$L_s - L_m K_{mrr} = 0.0992$(标幺值)，$X_m = L_m = 4$(标幺值)。

表 3-2　　双馈式感应发电机参数

参数	符号（变量名）	数值
互感	L_m(d_Lm)	4(标幺值)
定子电感	L_s(d_Ls)	4.04(标幺值)
转子电感	L_r(d_Lr)	4.0602(标幺值)
定子电阻	R_s(d_Rs)	0.005(标幺值)
转子电阻	R_r(d_Rr)	0.0055(标幺值)

假设定子电压为：ν_{sq}、ν_{sd}，定子电流为 i_{sq}、i_{sd}，转子电压为 ν_{rq}、ν_{rd}，转子电流为 i_{rq}、i_{rd}，转子转速为 ω_g，同步发电机暂态电势为 e'_{sq}、e'_{sd}，定子磁通为 Ψ_{sq}、Ψ_{sd}，转子磁通为 Ψ_{rq}、Ψ_{rd}。

从而定子电流 i_{sq} 和 i_{sd} 满足的关系为

$$\frac{L'_s}{\omega_{elB}}\frac{d}{dt}i_{sd} = -\omega_s L'_s i_{sq} - R_1 i_{sd} + \frac{e'_{sq}}{\omega_s T_r} + \frac{\omega_g e'_{sd}}{\omega_s} - \nu_{sd} + K_{mrr}\nu_{rd} \tag{3-38}$$

$$\frac{L'_s}{\omega_{elB}}\frac{d}{dt}i_{sq} = -R_1 i_{sq} + \omega_s L'_s i_{sd} + \frac{\omega_g e'_{sq}}{\omega_s} - \frac{e'_{sd}}{\omega_s T_r} - \nu_{sq} + K_{mrr}\nu_{rq} \tag{3-39}$$

同步发电机暂态电势 e'_{sq} 和 e'_{sd} 满足的关系为

$$\frac{1}{\omega_s\omega_{elB}}\frac{d}{dt}e'_{sq} = R_2 i_{sd} - \frac{e'_{sq}}{\omega_s T_r} + \left(1 - \frac{\omega_g}{\omega_s}\right)e'_{sd} - K_{mrr}\nu_{rd} \tag{3-40}$$

$$\frac{1}{\omega_s\omega_{elB}}\frac{d}{dt}e'_{sd} = -R_2 i_{sq} - \left(1 - \frac{\omega_g}{\omega_s}\right)e'_{sq} - \frac{e'_{sd}}{\omega_s T_r} + K_{mrr}\nu_{rq} \tag{3-41}$$

式中，e'_{sq}、e'_{sd} 分别与转子磁通 Ψ_{rq} 和 Ψ_{rd} 相关，即

$$e'_{sq} = K_{mrr}\omega_s\psi_{rd} \tag{3-42}$$

$$e'_{sd} = -K_{mrr}\omega_s\psi_{rq} \tag{3-43}$$

定子磁通 ψ_{sq}、ψ_{sd} 和转子磁通可表示为

$$\psi_{sq} = L_s i_{sq} + L_m i_{rq} \tag{3-44}$$

$$\psi_{sd} = L_s i_{sd} + L_m i_{rd} \tag{3-45}$$

$$\psi_{rq} = L_r i_{rq} + L_m i_{sq} \tag{3-46}$$

$$\psi_{rd} = L_r i_{rd} + L_m i_{sd} \tag{3-47}$$

转子电流 i_{rq} 和 i_{rd} 可表示为

$$i_{rq} = -\left(\frac{e'_{sd}}{X_m}\right) - K_{mrr} i_{sq} \tag{3-48}$$

$$i_{rd}=\left(\frac{e'_{sq}}{X_m}\right)-K_{mrr}i_{sd} \tag{3-49}$$

定子有功功率 P_s、转子有功功率 P_r、定子无功功率 Q_s、转子无功功率 Q_r 和电磁转矩 T_g 可表示为

$$P_s=\nu_{sq}i_{sq}+\nu_{sd}i_{sd} \tag{3-50}$$

$$P_r=\nu_{rq}i_{rq}+\nu_{rd}i_{rd} \tag{3-51}$$

$$Q_s=-\nu_{sq}i_{sd}+\nu_{sd}i_{sq} \tag{3-52}$$

$$Q_r=-\nu_{rq}i_{rd}+\nu_{rd}i_{rq} \tag{3-53}$$

$$T_g=L_m(i_{sq}i_{rd}-i_{sd}i_{rq}) \tag{3-54}$$

假设定子电压 ν_{sq}、ν_{sd}，转子电压 ν_{rq}、ν_{rd} 和转子转速 ω_g 都是已知的，表示式（3-38）的 Simulink 模块可以如图 3-45 所示搭建实现。

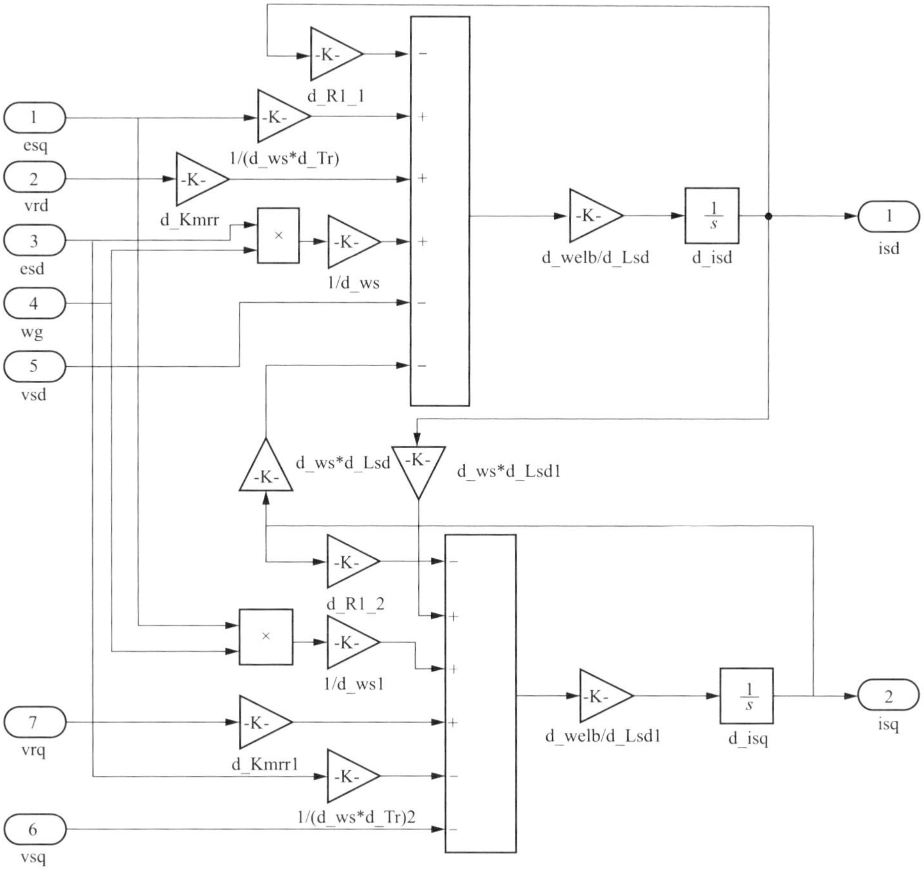

图 3-45　定子电流方程的 Simulink 模块

类似的，可以搭建同步发电机暂态电势、转子电流以及功率输出子模块，如图 3-46 所示。最终封装后的 DFIG 子系统则如图 3-47 所示。图 3-47 中包含了涡轮机、发电机以及电力网络模块。需要说明的是，DFIG 的输出电流包含定子电流和通过 LCL 滤波器的电流。由于尚未讨论 LCL 滤波器的模型构造，因此这里使用常量块 d_igq 和 d_igd 来表示 LCL 滤波器的当前输出。

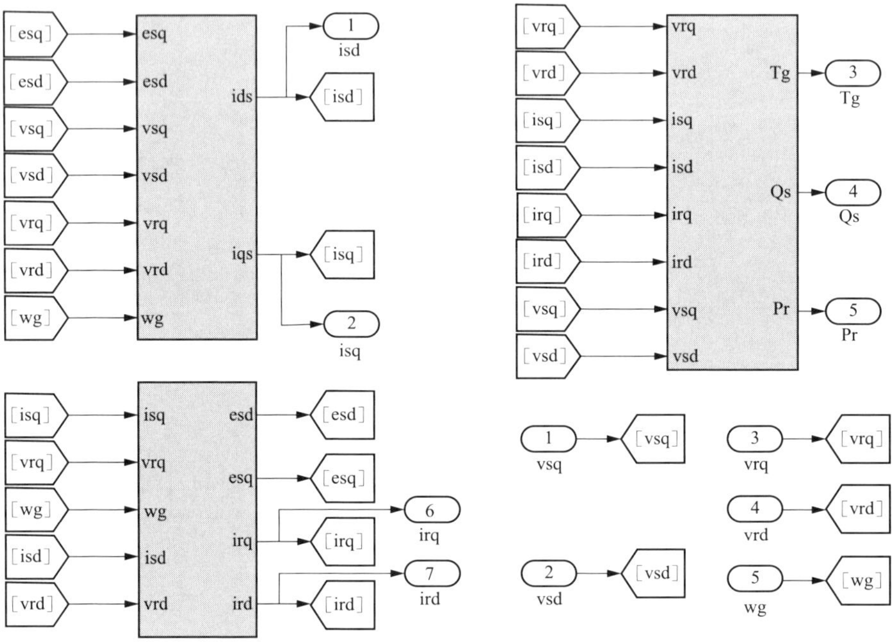

图 3-46　发电机模块

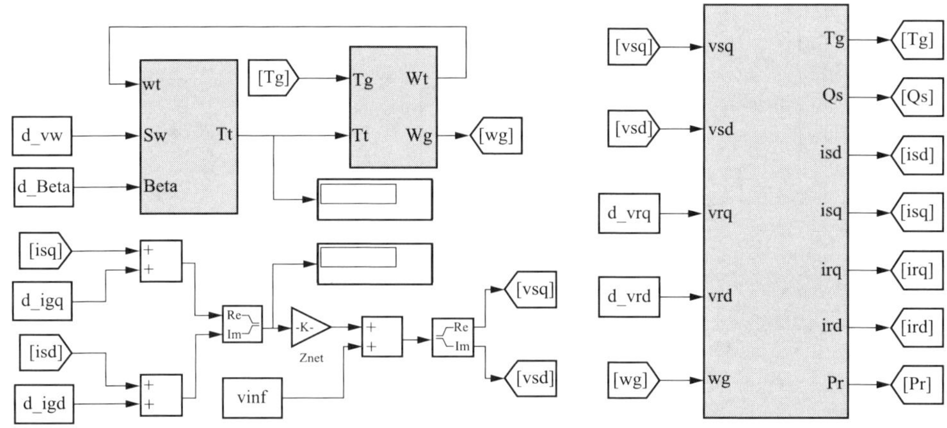

图 3-47　不含变频器和 LCL 滤波器的 DFIG-SMIB 系统仿真模型

3.2.2.4 LCL 滤波器

本节具体介绍 LCL 滤波器的 Simulink 建模过程。LCL 滤波器的结构如图 3-48 所示。滤波器由两个电感（L_i、L_g）、一个电容（C_f）和一个限流电阻（R_c）组成。图及公式中的下标 i、g、c 分别表示逆变器侧、电网侧和电容器模块。与电感串联的电阻（R_i、R_g）则代表电感的杂散电阻。本节使用的示例参数如表 3-3 所示。在 dq 同步参考系中，LCL 模型的计算方法如式（3-55）～式（3-60）所示，其中 ν_{cq}、ν_{cd} 为电容器电压。在图 3-35 中，LCL 滤波器将逆变器输出连接到母线，这意味着 LCL 滤波器模型将逆变器电压（ν_{iq}、ν_{id}）和母线电压（ν_{gq}、ν_{gd}）或定子电压（ν_{sq}、ν_{sd}）作为输入，将通过滤波器注入母线的电流（i_{gq}，i_{gd}）作为输出。

$$\frac{L_i}{\omega_b}\frac{d}{dt}i_{iq}=\nu_{iq}-\nu_{cq}-(R_i+R_c)i_{iq}+\omega L_i i_{id}+R_c i_{gq} \tag{3-55}$$

$$\frac{L_i}{\omega_b}\frac{d}{dt}i_{id}=\nu_{id}-\nu_{cd}-(R_i+R_c)i_{id}-\omega L_i i_{iq}+R_c i_{gd} \tag{3-56}$$

$$\frac{L_g}{\omega_b}\frac{d}{dt}i_{gq}=\nu_{cq}-\nu_{gq}-(R_g+R_c)i_{gq}+\omega L_g i_{gd}+R_c i_{iq} \tag{3-57}$$

$$\frac{L_g}{\omega_b}\frac{d}{dt}i_{gd}=\nu_{cd}-\nu_{gd}-(R_g+R_c)i_{gd}-\omega L_g i_{gq}+R_c i_{id} \tag{3-58}$$

$$\frac{C_f}{\omega_b}\frac{d}{dt}\nu_{cq}=i_{iq}-i_{gq}-\omega C_f V_{cd} \tag{3-59}$$

$$\frac{C_f}{\omega_b}\frac{d}{dt}\nu_{cd}=i_{id}-i_{gd}+\omega C_f V_{cq} \tag{3-60}$$

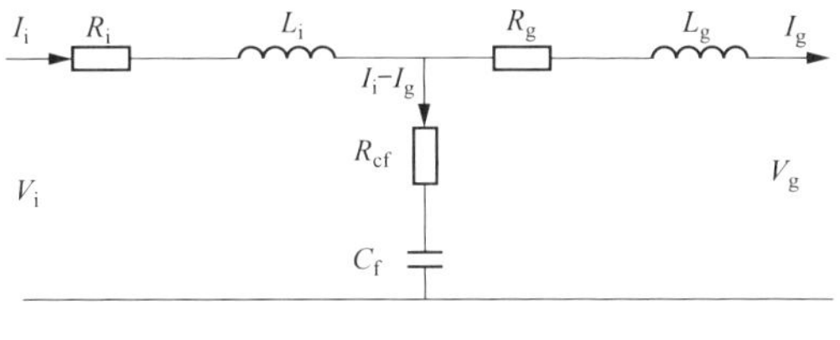

图 3-48 LCL 滤波器

表 3-3 示 例 参 数

参数	符号（变量名）	数值（标幺值）
逆变器侧电感	L_i(d_L$_i$)	0.1667
逆变器侧电阻	R_i(d_R$_i$)	0.0000

参数	符号(变量名)	数值(标幺值)
网侧电感	L_g(d_L$_g$)	0.0033
网侧电阻	R_g(d_R$_g$)	0.0000
滤波电容	C_f(d_C$_f$)	0.0150
滤波器支路电阻	R_c(d_R$_c$)	0.7333

LCL 滤波器模型的 Simulink 表示如图 3-49 所示。图中的下标中的 i、g、c 分别表示逆变器侧、电网侧和电容器模块，与前面章节类似，各模块分别根据式（3-55）～式（3-60）搭建。此外，图 3-49 中还包含了功率测量模块，以计算 LCL 滤波器最终的功率输出，其有功功率 P_{gsc}和无功功率 Q_{gsc}分别表示为

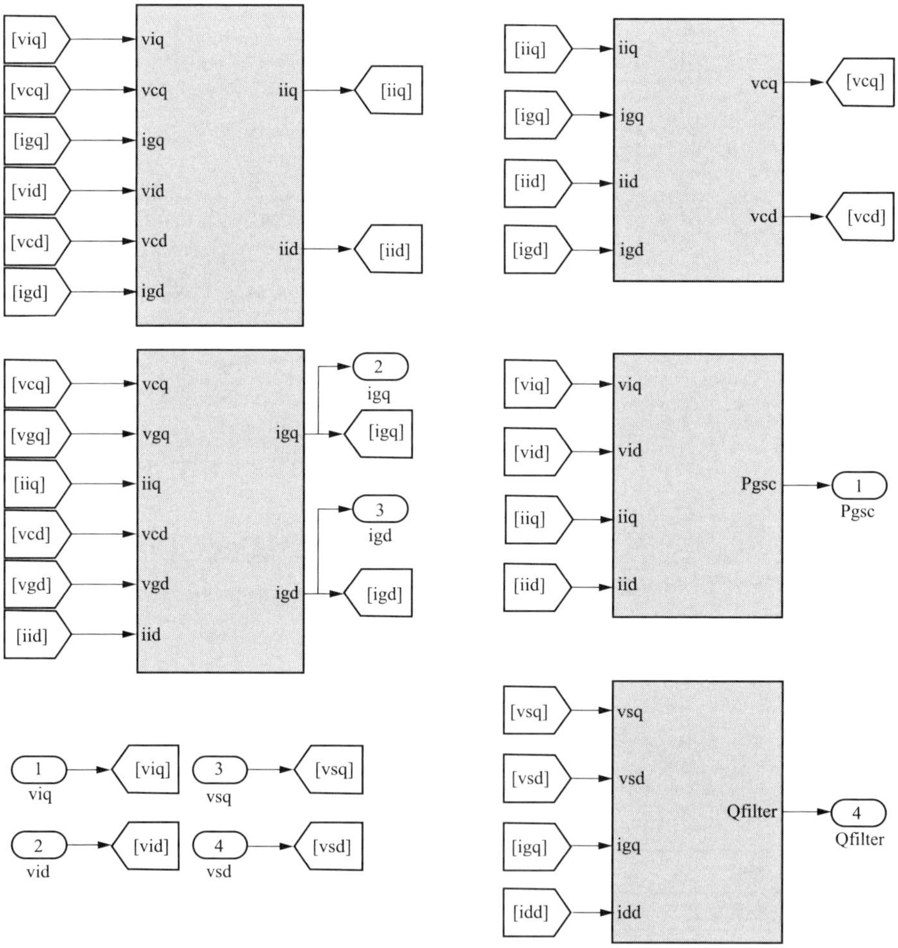

图 3-49　LCL 滤波器模型的 Simulink 表示

$$P_{gsc} = \nu_{iq} i_{iq} + \nu_{id} i_{id} \tag{3-61}$$

$$Q_{gsc} = -\nu_{sq} i_{gd} + \nu_{sd} i_{gq} \tag{3-62}$$

3.2.2.5　背靠背电容器

背靠背转换器通过 LCL 滤波器将转子绕组与电网连接起来，由发电机侧变流器（machine-side converter controller，MSC）、直流链路电容器（DC link capacitor，DC）和电网侧变流器（grid-side converter controller，GSC）组成。为便于建模分析，本节首先忽略变流器的开关效应与暂态过程，即假设转换器动作很快，并且变流器可以实时跟踪变流器控制器生成的参考指令。

忽略转换器中的开关损耗和传导损耗，电容电压的动态可表示为

$$\frac{1}{C_{dc}} \frac{d}{dt} v_{dc} = \frac{1}{v_{dc}} (P_{msc} - P_{gsc}) \tag{3-63}$$

式中：P_{msc}为流过 MSC 的有功功率；P_{gsc}为流过 GSC 的有功功率；v_{dc}为电容电压；C_{dc}为电容。

对于 DFIG，P_{msc}相当于转子功率 P_r。在稳态时，$P_r = P_{gsc}$，因此电容电压ν_{dc}恒定。显然，对于连接 MSC 与 GSC 的背靠背电容器，可以使用 MSC 功率（转子功率）和 GSC 功率作为子系统的输入，而电容器电压作为子系统输出。

3.2.2.6　机器侧变频控制器

控制器模型接收对应于电压、电流和发电机转子速度的电气量信号，并向变频器的电力电子器件发出开关控制指令。变频器采用矢量控制方法，从而实现有功功率（或电磁转矩）与无功功率（或电压）的解耦控制。然而，只有将同步坐标系的 d 轴或 q 轴定向在电压矢量上，才能进行独立控制。本章中亦遵循将发电机 q 轴定向在无穷大母线电压矢量的基本假设，即电流和电压的测量值必须定向于控制器内的参考坐标系。本小节使用由两个级联 PI 控制器组成的控制架构。

MSC 控制器在 d 轴和 q 轴上有两个级联 PI 控制回路，框架如图 3-50 所示。其中，*OL* 代表外环控制模块，*IL* 代表内环控制模块；数字 1 代表有功功率/电磁转矩控制回路，数字 2 代表无功功率/电压控制回路；k_p、k_i 则为 PI 控制增益。例如，*MSC_OL1_kp* 即为 MSC 外环电磁转矩控制模块的比例参数。

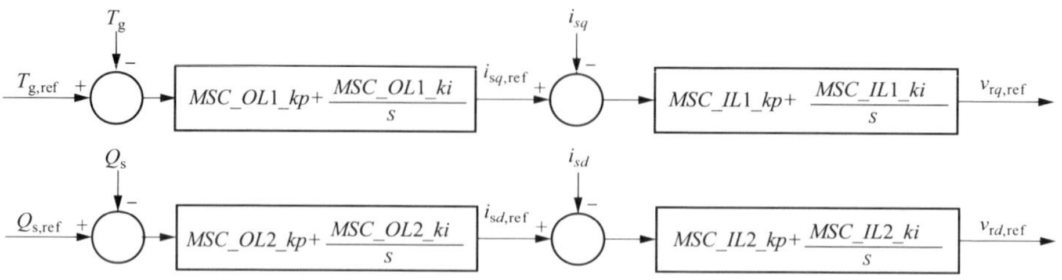

图 3-50　机器侧转换器（MSC）的框图表示

可根据电网要求选择无功功率参考值 $Q_{s,ref}$。在仿真中，无功功率输出参考值是根据潮流解得到的，以保证电网电压合格率；对于转矩参考值，当 DFIG 在额定工况下运行时，扭矩参考值可以设置为 1（标幺值）。然而，在低于额定工况下，可以设置参考转矩以提取最大风力，称为最大功率点跟踪（maximum power point tracking，MPPT）。具体而言，可通过将俯仰角设置为零并控制涡轮转速，使叶尖速比 $\lambda=\lambda_{opt}$，从而实现 MPPT。假设 $P_t=P_{t,rated}T_t\omega_t$，$\nu_w=\omega_{t,rated}\omega_t R/\lambda_{opt}$，$C_p(\beta,\lambda)=C_{pmax}$，则

$$P_{t,rated}T_t\omega_t=0.5\rho\pi R^2C_{pmax}\left(\frac{\omega_{t,rated}\omega_t R}{\lambda_{opt}}\right)^3 \tag{3-64}$$

根据式（3-64），在额定工况下，扭矩参考值为 $T_t=K_{opt}\omega_t^2$，其中 $K_{opt}=0.5\rho\pi R^5C_{pmax}\omega_{t,rated}^3/(\lambda_{opt}^3P_{t,rated})$。根据 3.2.2.2 中给出的风力涡轮机参数集，计算得到 $K_{opt}=1$。

MSC 模块的 Simulink 表示如图 3-51 所示。如前所述，控制器内部的电流 i'_{rq}、i'_{rd}和电压ν'_{rq}、ν'_{rd}位于新的 dq 参考系中，其中 q 轴与定子电压对齐。在目前开发的模型中，电流 i'_{rq}、i'_{rd}和电压ν'_{rq}、ν'_{rd}位于 dq 参考系中，其中 q 轴与无穷大母线电压对齐。为了实现坐标系的统一，可通过将相量旋转至角度 θ，即定子电压（DFIG 母线电压）的角度，实现两个参考系之间的转换。图 3-51 中，通过 $i'_{rq}+\mathrm{j}i'_{rd}=(i_{rq}+\mathrm{j}*i_{rd})e^{-j\theta}$旋转电流，通过 $\nu_{rq}+\mathrm{j}\nu_{rd}=(\nu'_{rq}+\mathrm{j}*\nu'_{rd})e^{j\theta}$旋转电压。

在图 3-51 中，以 input 作为输入的子模块为 PI 控制器，图 3-52 示出了内部结构。对于它们的赋值已在【程序代码 3-10】中给出，其区别仅在于变量名不同。

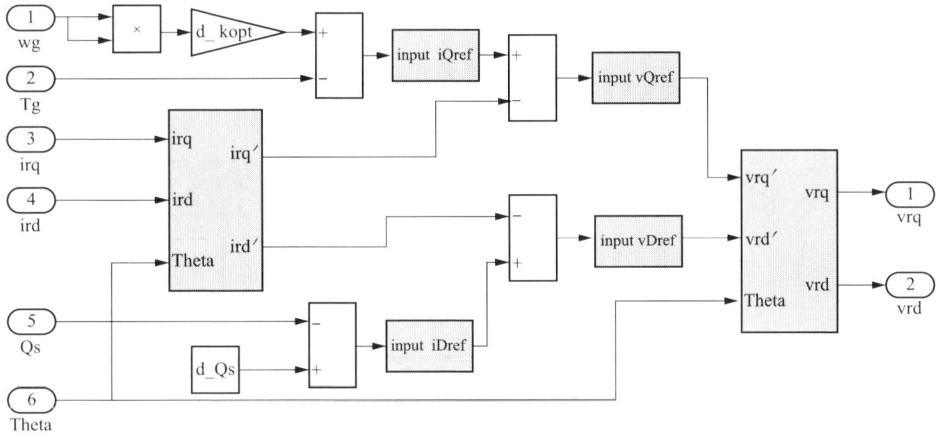

图 3-51　机侧变流器 Simulink 仿真实现

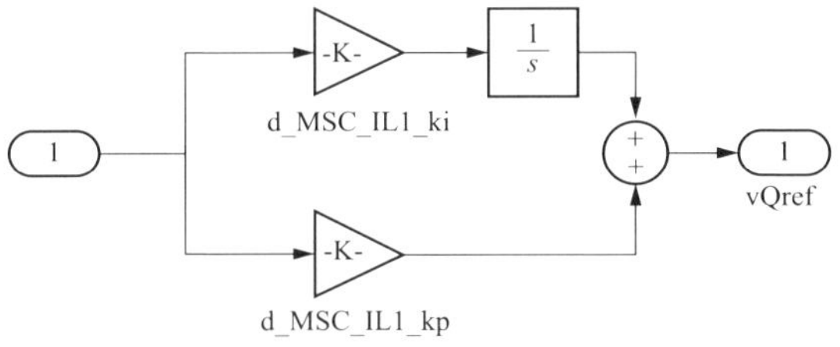

图 3-52　PI 控制器结构

3.2.2.7　电网侧变频器控制器

图 3-53 显示了 GSC 控制器的框图结构。与 MSC 控制器一样，它也有两个级联 PI 控制器，用于调节 GSC 的电容电压和无功功率。在图 3-53 中，*OL* 代表外环控制模块，*IL* 代表内环控制模块；数字 1 代表直流侧电压控制回路，数字 2 代表无功功率/电压控制回路；*kp*、*ki* 则为 PI 控制增益。例如，*GSC_OL1_kp* 即为 *GSC* 直流侧外环电压控制模块的比例参数。通过将电容器电压调节至其参考值可将转子功率传输至电网，即 $P_r = P_{gsc}$。本节仿真中，假定没有无功功率通过 GSC 传输到电网，因此，无功功率基准被设置为零。图 3-54 显示了 GSC 控制器的 Simulink 实现流程，它可以像 MSC 控制器一样构建。PI 控制器的结构同样采用图 3-52 所示结构，区别在于增益和初始条件名称必须更改。如前所述，电压和电流相量与控制器内部的新 *dq* 参考系对齐，以满足有功和无功功率解耦控制的要求。

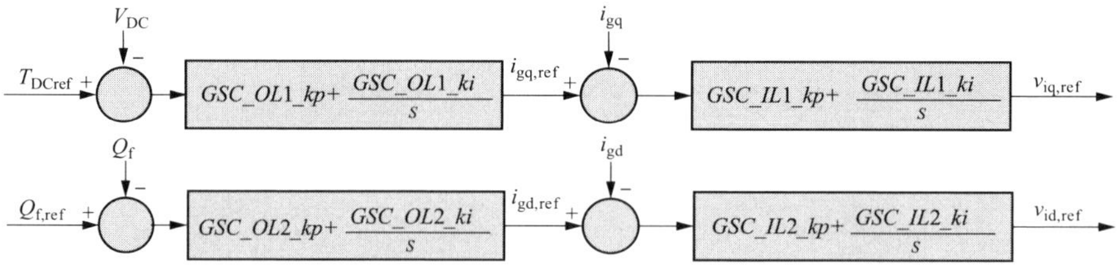

图 3-53　电网侧变流器（GSC）控制器的框图结构

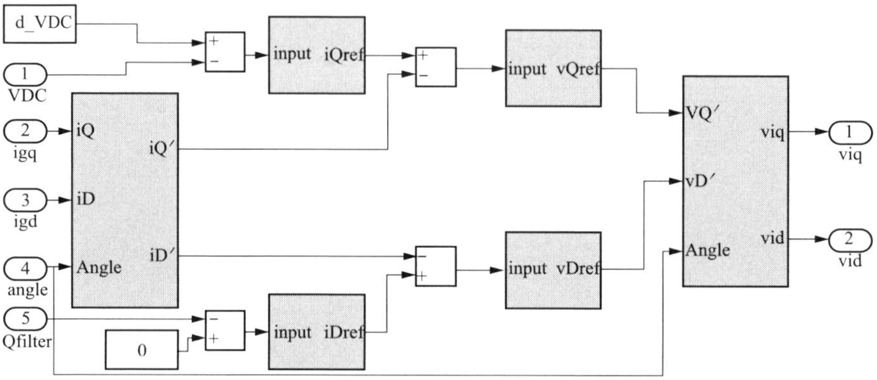

图 3-54　网侧变流器（GSC）控制器的 Simulink 实现流程

3.2.2.8　单机无穷大总线模型集成与测试

上文讨论了 DFIG-SMIB 各模块的 Simulink 实现过程。本节给出集成化的测试流程。图 3-55 为连接搭建好的所有子模块。使用 linmod 命令可将模型线性化，并使用 eig 函数计算特征值。表 3-4 给出了 SMIB 系统的特征值。

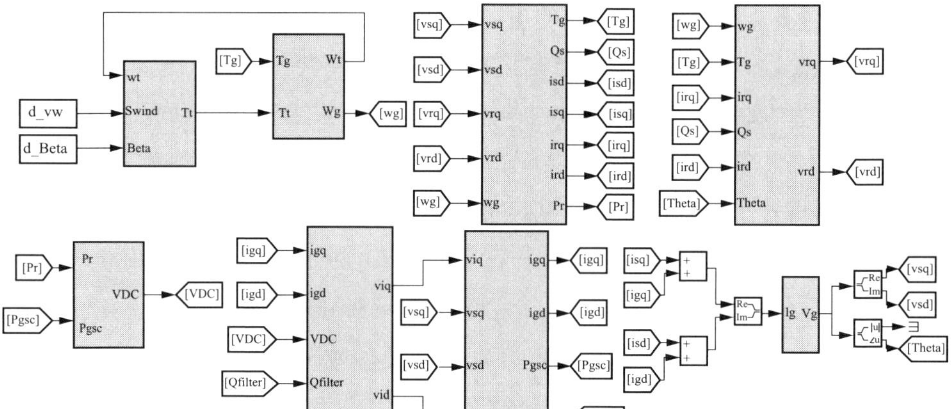

图 3-55　双馈感应发电机—单机无穷大母线系统仿真模型

表 3-4　　　　双馈感应发电机—单机无穷大母线系统的特征值

特征值	频率（Hz）	阻尼比
−58581±62892i	10010	68.15%
−16564±17901i	2849.1	67.92%
−674.3±1979.9i	315.11	32.23%
−322.3±645.5i	102.73	44.67%
−211.4±335.4i	53.37	53.32%
−79.40±97.15i	15.46	63.28%
−62.12	0	100%
−37.76+74.71i	11.89	45.1%
−4.15±16.91i	2.69	23.87%
−12.91	0	100%
−11.54	0	100%
−2.94±11.01i	1.75	25.85%
−0.33	0	100%

模型仿真测试：

（1）将 d_vw 常量模块替换为阶跃响应模块。打开块参数对话框并进行更改：将阶跃时间设置为 1s，初始值为 d_vw 和最终值为 d_vw-2。这些更改意味着在时间 t=1s 时，风速将从初始值降低 2m/s。

（2）将 vinf 替换为阶跃响应模块。将阶跃时间为 10s，初始值为 vinf，最终值为 vinf+0.02。现在将仿真时间设置为 20s，然后运行模型。图 3-56 示出了测试系统的一些响应曲线。

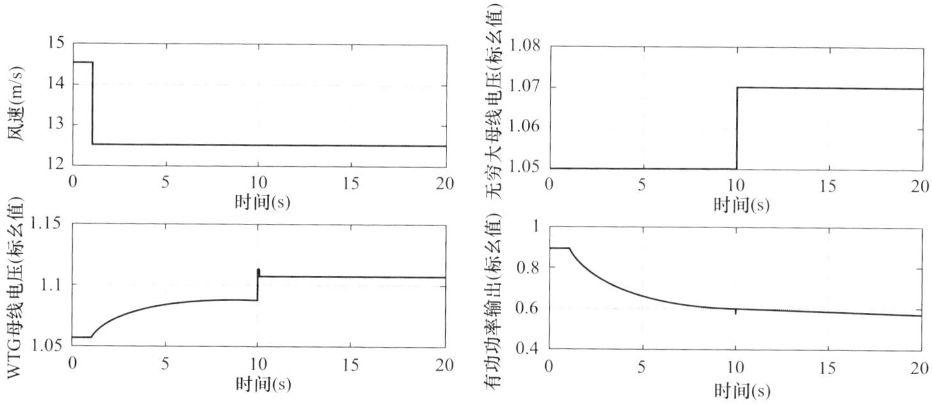

图 3-56　双馈感应发电机—单机无穷大总线系统的动态仿真结果（一）

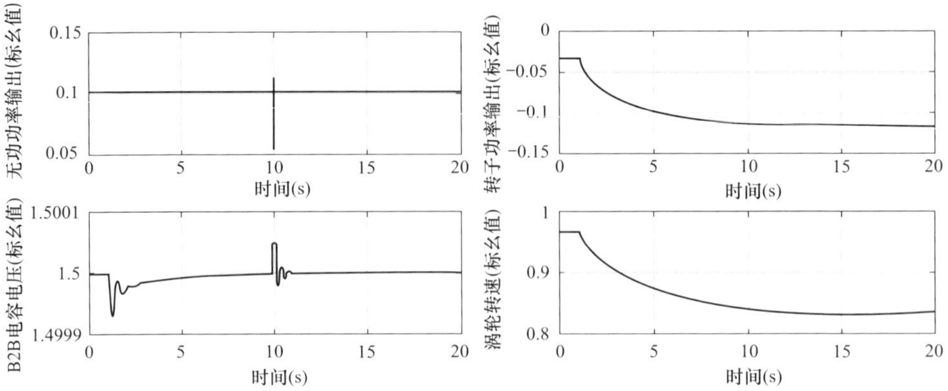

图 3-56　双馈感应发电机—单机无穷大总线系统的动态仿真结果（二）

事实上，为了便于更大规模风电场仿真模型的测试，可以将 DFIG 和电力网络模块分别创建子系统，如图 3-57 所示。电力网络模块获取 DFIG 输出电流的复数形式，并输出 DFIG 母线电压。

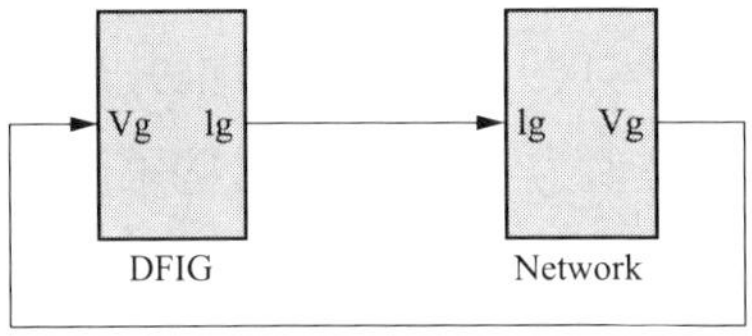

图 3-57　完整的双馈感应发电机—单机无穷大总线系统仿真模型

3.2.2.9　DFIG-SMIB 系统初始化

本节讨论在任何操作条件下 DFIG-SMIB 系统设置状态变量初始值所需的步骤。【程序代码 3-11】～【程序代码 3-13】中给出了 DFIG 初始化程序。该程序可分为以下简单步骤：

（1）运行潮流计算程序以确定 WTG 母线上的电压和注入功率，【程序代码 3-11】包含此步骤的程序。

（2）收集风机参数。发电机和涡轮机参数指定为 data_DF 向量。data_DF 的每一列表示指定风机编号、母线序号、L_m、R_s、R_r、L_s、L_r、k_{opt}、k_{tg}、c_{tg}、H_t、H_g 和基准功率（MVA）。LCL 滤波器参数指定为 FLTR 矢量，其中的元素表示 R_i、R_g、R_c、L_i、L_g 和 C_f。

（3）初始化发电机、变频器和 LCL 滤波器的状态变量。基于发电机和 LCL 滤波器的微分方程可知，通过设置微分项（d/dt）方程为零，可以得到模型的稳态方程，称其为稳态条件（steady-state conditions，SSC），并将定义其中的 15 个方程为额定工况。

SSC1～SSC4：前四个条件表示 DFIG 稳态电压方程，即

$$\nu_{sq} = -R_s i_{sq} + \omega_s (L_{ss} i_{sd} + L_m i_{rd}) \tag{3-65}$$

$$\nu_{sd} = -R_s i_{sd} - \omega_s (L_{ss} i_{sq} + L_m i_{rq}) \tag{3-66}$$

$$\nu_{rq} = -R_r i_{rq} + s\omega_s (L_{rr} i_{rd} + L_m i_{sd}) \tag{3-67}$$

$$\nu_{rd} = -R_r i_{rd} - s\omega_s (L_{rr} i_{rq} + L_m i_{sq}) \tag{3-68}$$

$$\omega_r = (1-s)\omega_s$$

式中：L_{ss}为定子的自感；L_{rr}为转子的自感；ν_{sq}、ν_{sd}为定子电压；i_{sd}、i_{sq}为定子电流；ν_{rq}、ν_{rd}为转子电压；i_{rd}、i_{rq}为转子电流。

SSC5：在稳定状态下，机器在额定工况下产生的电磁转矩等于 $K_{opt}\omega_t^2$。在额定工况时，$K_{opt}\omega_t^2=1$。

SSC6：通过定子和转子绕组的有功功率输出之和（P_s+P_r）等于风电机组母线处的有功注入功率。

SSC7：假设没有无功功率通过滤波器传输给电网，定子产生的无功功率等于风电机组母线处的无功注入功率。

SSC8：通过滤波器的风电机组母线无功功率注入为零，即$-\nu_{sq}i_{gd}+\nu_{sd}i_{gq}=0$。

SSC9：假设无转换器损耗，转子输出功率（$\nu_{rq}i_{rq}+\nu_{rd}i_{rd}$）等于 GSC 输出功率（$\nu_{iq}i_{iq}+\nu_{id}i_{id}$）。

SSC10～SSC15：通过设置式（3-55）～式（3-60）中等式左侧为 0 可以得到 LCL 滤波器的稳态方程。此时可以使用 MATLAB 中的 fsolve 函数求出当前 LCL 滤波器的稳态状态向量。类似的，可以通过式（3-43）和式（3-44）计算 e'_{sq}和 e'_{sd}。

（4）初始化变频器控制器和涡轮机参数。计算变频器控制器和涡轮机的初始值。在亚额定条件下，设置 $\beta=0$ 和 $\lambda=\lambda_{opt}$，并通过公式（3-32）计算额定风速。

最终，上述初始状态将保存为 m 文件以便于仿真运行工况的调整。初始条件计算所需的程序可归纳如下：

（1）制作 form_Ymatrix. m 和 power_flow. m。

（2）通过组合【程序代码 3-10】和【程序代码 3-12】编写 dfig_smib_main. m。

（3）从【程序代码 3-13】制作 find_dfig_state_initial_conditions. m。

（4）使用【程序代码 3-14】制作 init_dfig_mpt. m。

确保所有代码都保存在一个文件夹中。要模拟不同的网络或 DFIG 操作条件，可以通过更改母线或线路矩阵参数来实现。例如，要更改 DFIG 的输出，可以更改母线 3 和母线 4 中的相关元素。

【程序代码 3-13】双馈感应发电机(DFIG)初始化

```
%dfig_smib_main.m
Dmachs=[3];%DFIG 接入母线序号
Omega=2*pi*50;%同步角频率
if size(Pmachs,1)
find_dfig_state_initial_conditions
end
```

【程序代码 3-14】DFIG 初始化子程序

```
%find_dfig_state_initial_conditions.m
d_welb=2*pi*50;%电网同步频率参考
d_ws=1.0;%标幺制表示

%DFIG 参数
%data_DF=[mach# bus# d_Lm d_Rs d_Rrd_Lss d_Lrr d_Kopt d_ktg d_ctg
%d_Ht d_Hg BaseMVA]
data_DF=[1 5 4 0.005 0.0055 4.04 4.0602 1 0.3 0.01 4 0.4 5];

%DFIG-滤波器参数
%FLTR=[d_Ri,d_Rg,d_Rc,d_Li,d_Lg,d_Cf];
d_FLTR=[0.000,0.000,0.7333,0.1667,0.0033,0.0150];
d_Cdc=2;%电容器

%DFIG-机侧变频器 PI 控制器参数
d_MSC_IL1_kp=-0.23;d_MSC_IL1_ki=-3;
d_MSC_IL2_kp=-0.23;d_MSC_IL2_ki=-3;
d_MSC_OL1_kp=0;d_MSC_OL1_ki=-60;
d_MSC_OL2_kp=0;d_MSC_OL2_ki=90;
```

```
%DFIG-网侧变频器PI控制器参数
d_GSC_IL1_kp=0.3;d_GSC_IL1_ki=200;
d_GSC_IL2_kp=0.3;d_GSC_IL2_ki=200;
d_GSC_OL1_kp=-22;d_GSC_OL1_ki=-870;
d_GSC_OL2_kp=0;d_GSC_OL2_ki=-60;

%从FLTR中获取滤波器参数
d_Ri=0.0;
d_Rg=0.0;
d_Rc=d_FLTR(3);
d_Li=d_FLTR(4);
d_Lg=d_FLTR(5);
d_Cf=d_FLTR(6);

%从data_DF中获取发电机参数
d_Lm=data_DF(3);
d_Xm=d_Lm;
d_Rs=data_DF(4);%定子电阻
d_Rr=data_DF(5);%转子电阻
d_Lss=data_DF(6);%定子自感
d_Lrr=data_DF(7);%转子电感
d_kopt=data_DF(8);
d_ktg=data_DF(9);
d_ctg=data_DF(10);
d_Ht=data_DF(11);
d_Hg=data_DF(12);
d_base=data_DF(13);

d_bl=40.05;%叶片长度
d_wtrated=3.0337;%额定涡轮机速度
rho=1.225;%空气密度
```

```
d_Ls_d=d_Lss-(d_Lm^2/d_Lrr);
d_Kmrr=d_Lm/d_Lrr;
d_R2=d_Kmrr^2*d_Rr;
d_R1=d_Rs+d_R2;
d_Tr=d_Lrr/d_Rr;

%初始化发电机、变频器和滤波器状态变量
Vdfig=bus_sln(Dmachs,2).*exp(1i*bus_sln(Dmachs,3)*pi/180)
Pdfig=bus_sln(Dmachs,4);
Qdfig=bus_sln(Dmachs,5);
d_vsq=real(Vdfig);d_vsd=imag(Vdfig);
d_Theta=angle(Vdfig);

xdfig=zeros(size(Dmachs,1),15);
for d_index=1:size(Dmachs,1)
xdfig0=ones(1,15);
if   Pdfig(d_index)<1   %若低于额定风速

%函数 fsolve 用于求解函数 init_dfig_mpt 中描述的一组 SSC
%输出存储在 xdfig 变量中

xdfig(d_index,:)=fsolve(@(x)init_dfig_mpt(x,Vdfig(d_index),Pdfig(d_index),Qdfig(d_index),data_DF,d_FLTR),xdfig0,optimset('TolFun',1e-16,'TolX',1e-16));
else
%函数 fsolve 用于求解函数 init dfig cpt 中描述的一组 SSC
%输出存储在 xdfig 变量中

xdfig(d_index,:)=fsolve(@(x)init_dfig_cpt(x,vdfig(d_index),Pdfig(d_index),Qdfig(d_index),data_DF,d_FLTR),xdfig0,optimset('TolFun',1e-16,
```

```
'TolX',1e-16));
end
end
d_isq=xdfig(:,1);
d_isd=xdfig(:,2);
d_irq=xdfig(:,3);
d_ird=xdfig(:,4);
d_vrq=xdfig(:,5);
d_vrd=xdfig(:,6);
d_iiq=xdfig(:,7);
d_iid=xdfig(:,8);
d_iga=xdfig(:,9);
d_igd=xdfig(:,10);
d_viq=xdfig(:,11);
d_vid=xdfig(:,12);
d_vcq=xdfig(:,13);
d_vcd=xdfig(:,14);
d_wg=xdfig(:,15);

%根据(3-42)和(3-43)计算 d_esq 和 d_esd
d_esq=d_Kmrr.*d_ws.*(d_Lrr.*d_ird+d_Lm.*d_isd);
d_esd=-d_Kmrr.*d_ws.*(d_Lrr.*d_irq+d_Lm.*d_isq);

%初始化机侧变频器控制器和涡轮机
d_vr_dash=(d_vrq+1i*d_vrd).*exp(-1i*d_Theta);
d_ir_dash=(d_irq+1i*d_ird).*exp(-1i*d_Theta);
d_MSC_IL1_iv=real(d_vr_dash);
d_MSC_IL2_iv=imag(d_vr_dash);
d_MSC_OL1_iv=real(d_ir_dash);
d_MSC_OL2_iv=imag(d_ir_dash);
```

```
d_Qs=Qdfig;%机侧变频器无功功率参考值

%背靠背电容器
d_VDC=1.5;

%网络变频器控制模型参数
d_vi_dash=(d_viq+1i*d_vid).*exp(-1i*d_Theta);
d_ii_dash=(d_igq+li*d_igd).*exp(-1i*d_Theta);

d_GSC_IL1_iv=real(d_vi_dash);
d_GSC_IL2_iv=imag(d_vi_dash);
d_GSC_OL1_iv=real(d_ii_dash);
d_GSC_OL2_iv=imag(d_ii_dash);

d_Qfilter=0;%网侧变频器控制器无功功率参考值

%涡轮机初始化
d_Tg=d_esq.*d_isq+d_esd.*d_isd;
d_Ts=d_Tg;
d_wt=d_wg;
d_Pt=d_Ts.*d_wt;

for d_index=1:size(Dmachs,1)

if d_wg(d_index)>=1   %高于额定风速
d_Sw(d_index)=15;....
d_Lambda=3.0337*d_wg(d_index).*d_bl/d_Sw(d_index);
Cp_req=(d_base*d_Pt(d_index)*1e6)/(0.5*1.225*pi*d_bl^2*d_Sw(d_
index)^3);
d_Beta(d_index)=find_beta(Cp_req,d_Lambda);
```

```
else  %低于额定风速
d_Lambda=8.1;
d_Beta=0;
d_Sw(d_index,1)=(d_Pt(d_index)*d_base*1e6/(0.5*1.225*pi*d_bl^2*
0.48))^(1/3);
end
end
```

【程序代码 3-15】额定工况下双馈感应发电机(DFIG)初始化函数

```
function F=init_dfig_mpt(x,Vdfig,Pg,Qg,data_DF,FLTR)
%获取 DFIG 电压与功率
Get voltage,and power from Vdfig
vqs=real(Vdfig);
vds=imag(Vdfig);
ws=1.0;%同步速度

%从 DFIG 参数矩阵中获取发电机信息
Lm=data_DF(:,3);
Rs=data_DF(:,4);%定子电阻
Rr=data_DF(:,5);%转子电阻
Lss=data_DF(:,6);%定子自感
Lrr=data_DF(:,7);%转子电感
kopt=data_DF(8);

%从 FLTR 矩阵中获取滤波器参数
R1f=FLTR(1);R2f=FLTR(2);Rcf=FLTR(3);
L1f=FLTR(4);L2f=FLTR(5);Cf=FLTR(6);

%稳态方程
F=[-Rs*x(1)+ws*(Lss*x(2)+Lm*x(4))-vqs;%SSC 1
```

```
-Rs*x(2)-ws*(Lss*x(1)+Lm*x(3))-vds;%SSC 2
-Rr*x(3)+(ws-x(15))*(Lrr*x(4)+Lm*x(2))-x(5);%SSC 3
-Rr*x(4)-(ws-x(15))*(Lrr*x(3)+Lm*x(1))-x(6);%SSC 4
Lm*(x(1)*x(4)-x(2)*x(3))-kopt*x(15)^2;%SSC 5
vqs*x(1)+vds*x(2)+vqs*x(9)+vds*x(10)-Pg;%SSC 6
-vqs*x(2)+vds*x(1)-Qg;%SSC 7
-vqs*x(10)+vds*x(9);%SSC 8
x(5)*x(3)+x(6)*x(4)-x(11)*x(7)-x(12)*x(8);%SSC 9
x(7)*(R1f+Rcf)-x(8)*Llf-x(9)*Rcf+x(13)-x(11);%SSC 10
x(8)*(R1f+Rcf)+x(7)*Llf-x(10)*Rcf+x(14)-x(12);%SSC 11
-x(7)*Rcf+x(9)*(Rcf+R2f)-x(10)*L2f+vqs-x(13);%SSC 12
-x(8)*Rcf+x(10)*(Rcf+R2f)+x(9)*L2f+vds-x(14);%SSC 13
x(7)-x(9)+Cf*x(14);%SSC 14
x(8)-x(10)-Cf*x(13)];%SSC 15
```

3.2.2.10 DFIG-WTG 模型的优化方法

本节介绍 DFIG-WTG 模型的一些改进之处。

（1）MSC 和 GSC 控制器：在 MSC 和 GSM 控制器中添加前馈路径可以提高其性能。

（2）俯仰角控制器：添加一个俯仰角度控制器以模拟额定工作条件。俯仰角控制器框图如图 3-58 所示。

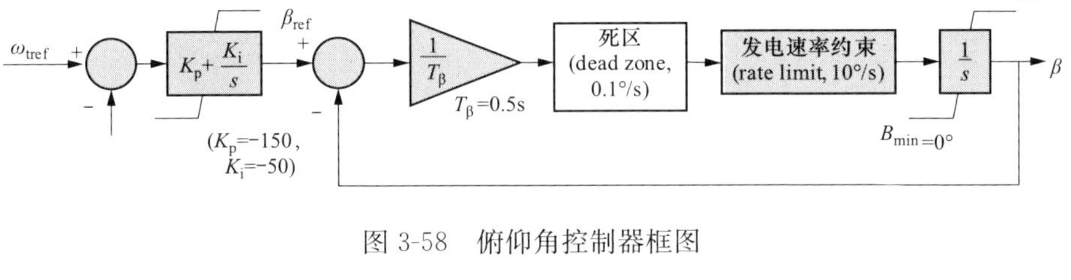

图 3-58 俯仰角控制器框图

3.2.3 永磁同步发电机—单机无穷大母线系统

本节进一步介绍永磁同步发电机——单机无穷大母线（PMSG—SMIB）系

统，并且给出了其 Simulink 程序的实现步骤，结构如图 3-59 所示。

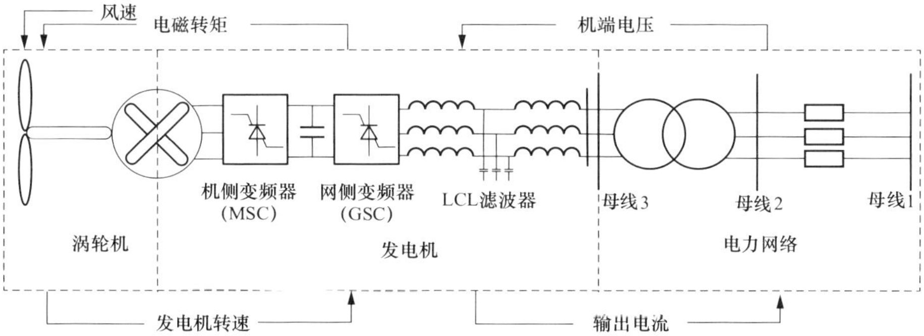

图 3-59 永磁同步发电机—单机无穷大母线系统示意图

PMSG 使用永久磁铁来产生转子磁场。它们可能带有或不带有齿轮箱。无齿轮直接驱动结构被广泛用于海上风力发电。通过增加发电机极数，其运行转速可与涡轮转速匹配从而减少齿轮箱机构。PMSG 的频率与电网频率无关。背靠背变频器实现功率输出，该变频器被设计用来承载额定输出功率。它还包含一个滤波器以消除电流中的开关频率成分。与 DFIG-SMIB 模型一样，PMSG-SMIB 模型可以分为涡轮机、发电机、MSC、B2BC、GSC、滤波器和网络七个模块。下面将介绍该系统的 Simulink 模型。

3.2.3.1 涡轮机模型

为了保持 DFIG 模型的连续性，假设 DFIG-SMIB 和 PMSG-SMIB 系统的风机参数相同。然而，由于没有齿轮机构，传动系统使用单质量模型描述。

对于风力涡轮机的空气动力学模型，其一阶惯性环节描述为

$$\frac{\mathrm{d}\omega_{\mathrm{t}}}{\mathrm{d}t}=\frac{1}{2H}(T_{\mathrm{m}}-T_{\mathrm{e}}) \tag{3-69}$$

式中：ω_{t} 为涡轮机速度；H 为惯性常数；T_{m} 为机械扭矩；T_{e} 为电扭矩。

因此，Simulink 仿真时，可将风速和电磁转矩作为输入，而风力涡轮机的转速作为输出。

3.2.3.2 永磁同步发电机模型

式（3-70）～式（3-75）示出了同步旋转坐标系下的 PMSG 电气模型，即

$$v_d=\frac{\mathrm{d}}{\mathrm{d}t}\psi_d-\psi_q\omega_{\mathrm{re}}-R_{\mathrm{a}}i_d \tag{3-70}$$

$$v_q = \frac{\mathrm{d}}{\mathrm{d}t}\psi_q + \psi_d\omega_{\mathrm{re}} - R_{\mathrm{a}}i_q \tag{3-71}$$

$$\psi_d = -L_d i_d + \phi_{\mathrm{pm}}$$

$$\psi_q = -L_q i_q$$

式（3-70）和式（3-71）可改写为

$$L_d\frac{\mathrm{d}}{\mathrm{d}t}i_d = -v_d + L_q i_q\omega_{\mathrm{re}} - R_{\mathrm{a}}i_d \tag{3-72}$$

$$L_q\frac{\mathrm{d}}{\mathrm{d}t}i_q = -v_q - L_d i_d\omega_{\mathrm{re}} + \phi_{\mathrm{pm}}\omega_{\mathrm{re}} - R_{\mathrm{a}}i_q \tag{3-73}$$

产生的电磁转矩可表示为

$$T_{\mathrm{e}} = -L_d i_d i_q + \phi_{\mathrm{pm}}i_q + L_q i_q i_d \tag{3-74}$$

PMSG 产生的有功功率输出可表示为

$$P_{\mathrm{pmsg}} = v_d i_d + v_q i_q \tag{3-75}$$

式中：v 为电压；ψ 为磁通量；ω_{re}为电气角速度；R_{a} 为定子电阻；L 为电感；i 为电流；ϕ_{pm}为永磁通量。

通过式（3-72）～式（3-75）可以建立发电机模型子系统。该模型的输入是由 MSC 模块得到的电压 v_q、v_d 和由涡轮机模块得到的涡轮机转速（ω_{t}），而发电机模块的输出则为 i_d、i_q、T_{e} 和 P_{pmsg}。

3.2.3.3　机器侧转换器控制器

与 DFIG 模型中的控制器一样，PMSG 中的 MSC 控制器也采用了解耦控制策略，其中 q 轴调节电磁转矩，d 轴调节无功功率。一般的，假设 MSC 输出的无功功率（$-v_q i_d + v_d i_q$）为零。相应的，d 轴电流参考值设为零。此外，在 DFIG-SMIB 建模中已经讨论了 MPPT 的工作原理，同样可作为 PMSG 的电磁转矩参考值设置原则。对于 $i_d=0$，从式（3-74）中可知电扭矩 $T_{\mathrm{e}}=k_{\mathrm{opt}}\omega_{\mathrm{t}}^2=\phi_{\mathrm{pm}}i_{\mathrm{q}}$。因此，$i_q$ 参考值为 $i_q=K_{\mathrm{opt}}\omega_{\mathrm{t}}^2/\phi_{\mathrm{pm}}$。MSC 控制器 Simulink 模型表示如图 3-60 所示。它与 DFIG-SMIB 模型一样，有两个 PI 控制器，在仿真时需要各自指定相应的控制器参数。

3.2.3.4　背靠背电容器、GSC 控制器、LCL 滤波器和网络

DFIG 中搭建的 B2BC、GSC 和滤波器模型可以直接复制到 PMSG 仿真中使用。原因在于这些模块的工作原理是相同的。但需要在 Simulink 仿真时注意区分 PMSG 和 DFIG 的参数与状态变量名称的序号。表 3-5 中列出了 PMSG 的 LCL 滤波器参数。

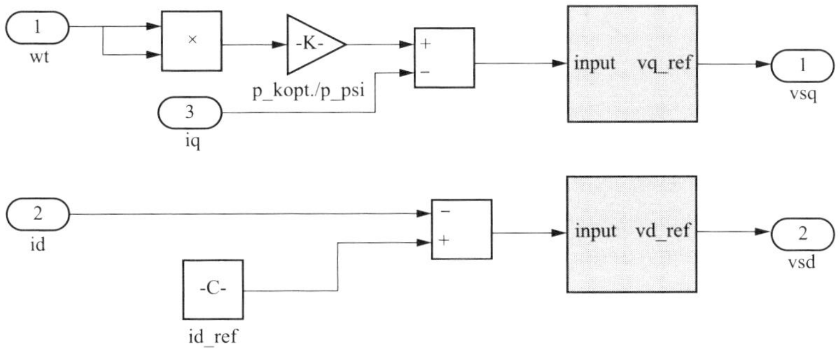

图 3-60 永磁同步发电机（PMSG）中机侧变流器（MSC）Simulink 模型表示

表 3-5 永磁同步发电机（PMSG）型风力涡轮发电机（WTG）中的 LCL 滤波器参数

参数	符号（变量名称）	数值（标幺值）
逆变器侧电感	L_i	0.1667
逆变器侧电阻	R_i	0.0
网侧电感	L_g	0.0033
网侧电阻	R_g	0.0
滤波电容	C_f	0.0150
滤波器支路电阻	R_c	0.7333

在 DFIG 模型中，定子电流和滤波器电流之和被送入网络模型。然而需要注意的是，在 PMSG_SMIB 中，只有 LCL 滤波器输出的电流被送入电力网络模块。DFIG-SMIB 系统的网络模块可以被复制，以适应并用于 PMSG-SMIB 系统。

到目前为止，已经讨论了建立 PMSG-IMB 系统仿真程序所需的所有模块。如图 3-61 所示，所有模块整合到一起便可实现 PMSG-SMIB 的测试工作。

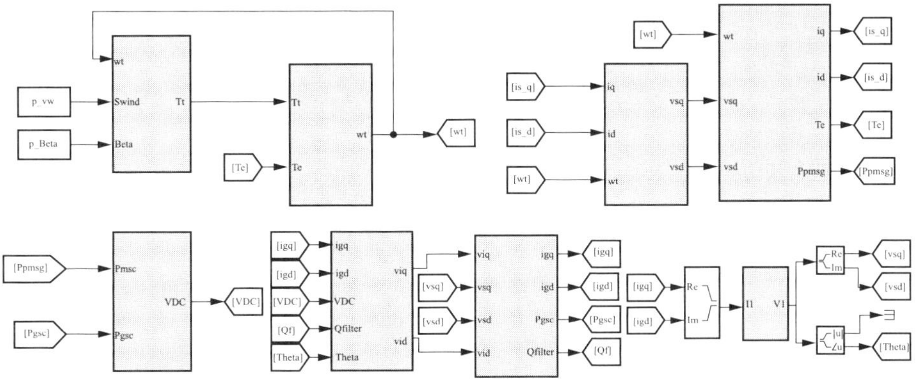

图 3-61 永磁同步发电机（PMSG）单机无穷大母线（SMIB）系统 Simulink 框图

【程序代码 3-16】和【程序代码 3-17】给出了 PMSG-SMIB 系统的初始化程序。

【程序代码 3-16】永磁同步发电机(PMSG)初始化

```
Pmachs=[3];%PMSG 所连接的母线序号
Omega=2 * pi * 50;
if size(Pmachs,1)
find_pmsg_state_initial_conditions
end
```

【程序代码 3-17】程序代码 3-15 中 PMSG 初始化子程序

```
%find_pmsg_state_initial_conditions.m
%PMSG 参数
p_ra=0.0025;
p_Lq=0.7;
p_Ld=0.7;
p_H=2;
p_psi=1.222;
p_kopt=1;
p_bl=40.05;
p_lambda_opt=8.1;
p_wt_rated=3.0337;
p_base=5;

%LCL 滤波器参数
p_FLTR=[0.000,0.000,0.7333,0.1667,0.0033,0.0150];
p_Cdc=0.3;%变频器电容


p_Ri=0.0;
p_Rg=0.0;
```

```
p_Rc=p_FLTR(3);
p_Li=p_FLTR(4);
p_Lg=p_FLTR(5);
p_Cf=p_FLTR(6);

%LCL 滤波器初始化

%发电机母线上 WTG 的输出功率
Spmsg=bus_sln(Pmachs,4)+1i*bus_sln(Pmachs,5);
%PMSG 母线电压
vpmsg=bus_sln(Pmachs,2).*exp(1i*bus_sln(Pmachs,3)*pi/180);
%WTG 的输出电流或通过 LCL 滤波器电网侧电感的电流

ipmsg=conj(Spmsg./vpmsg);
%发电机母线电压相角
p_Theta=angle(vpmsg);

%滤波电容支路电压
vnode=vpmsg+ipmsg.*(p_Rg+1i*p_Lg);
%滤波电容支路电流
icf=vnode./(p_Rc-1i/(p_Cf));
%滤波电容电压
vcf=icf.*(-1i/(p_Cf));
%通过逆变器侧电感器的电流
iLi=ipmsg+icf;
%网侧变频器电压
vLi=vnode+iLi*(p_Ri+1i*p_Li);

%PMSG 状态变量
p_iiq=real(iLi);
```

```
p_iid=imag(iLi);
p_igq=real(ipmsg);
p_igd=imag(ipmsg);
p_vcq=real(vcf);
p_vcd=imag(vcf);
p_viq=real(vLi);
p_vid=imag(vLi);

%初始化网侧变频器参数

%新参考坐标系下的电流、电压转换,以及PI控制器参数
p_vi_dash=(p_viq+1i*p_vid).*exp(-1i*p_Theta);
p_ii_dash=(p_igq+1i*p_igd).*exp(-1i*p_Theta);

p_GSC_IL1_iv=real(p_vi_dash);p_GSC_IL1_kp=0.3;p_GSC_IL1_ki=200;
p_GSC_IL2_iv=imag(p_vi_dash);p_GSC_IL2_kp=0.3;p_GSC_IL2_ki=200;
p_GSC_OL1_iv=real(p_ii_dash);p_GSC_OL1_kp=-22;p_GSC_OL1_ki=-870;
p_GSC_OL2_iv=imag(p_ii_dash);p_GSC_OL2_kp=0;p_GSC_OL2_ki=-60;

%无功功率参考
p_Qfilter=imag(Spmsg);

%背靠背电容器
p_VDC=1.5;

%初始化发电机状态以及风力涡轮机
%设变频器无能量损耗,发电机输出即等于网侧变频器输出

Pg=real(vLi.*conj(iLi));
```

```
%风速
p_vw=(Pg * p_base * 1e6. /(0. 5 * 1. 225 * pi * p_bl^2 * 0. 48)). ^(1/3);

%风力涡轮机速度
p_wt=p_Sw * p_lambda_opt/(p_bl * p_wt_rated);
p_beta=0;

%q 轴电流与电压
p_isq=Pg. /(p_wt. * p_psi);
p_vsq=Pg. /p_isq;

%d 轴电流与电压
p_isd=0;
p_vsd=p_Lq. * p_isq. * p_wt-p_ra * p_isd;

%初始化机侧变频器
p_MSC_IL1_kp=-90;
p_MSC_IL1_ki=-1000;
p_MSC_IL1_iv=p_vsq;
p_MSC_IL2_kp=-90;
p_MSC_IL2_ki=-1000;
p_MSC_IL2_iv=p_vsd;
```

表 3-6 则列出了使用上述参数的 PMSG 测试系统的特征值。类似于 DFIG-SMIB 算例，通过在 1s 时风速的阶跃变化和 10s 时无穷大母线阶跃变化，显示了相应的动态模拟结果（见图 3-62）。

表 3-6 【程序代码 3-10】和【程序代码 3-16】中给出的测试系统特征值

特征根	频率（Hz）	阻尼比
−58837±62318i	9918	68.65%
−16236±17285i	2751	68.46%

续表

特征根	频率（Hz）	阻尼比
−517.78±805.68i	128	54.06%
−50.23±386.62i	61.5	12.88%
−64.27	0	100.0%
−23.65±35.28i	5.61	55.68%
−378.37±2.90i	0.46	99.99%
−0.69	0	100.0%
−11.45±0.09i	0.014	99.99%

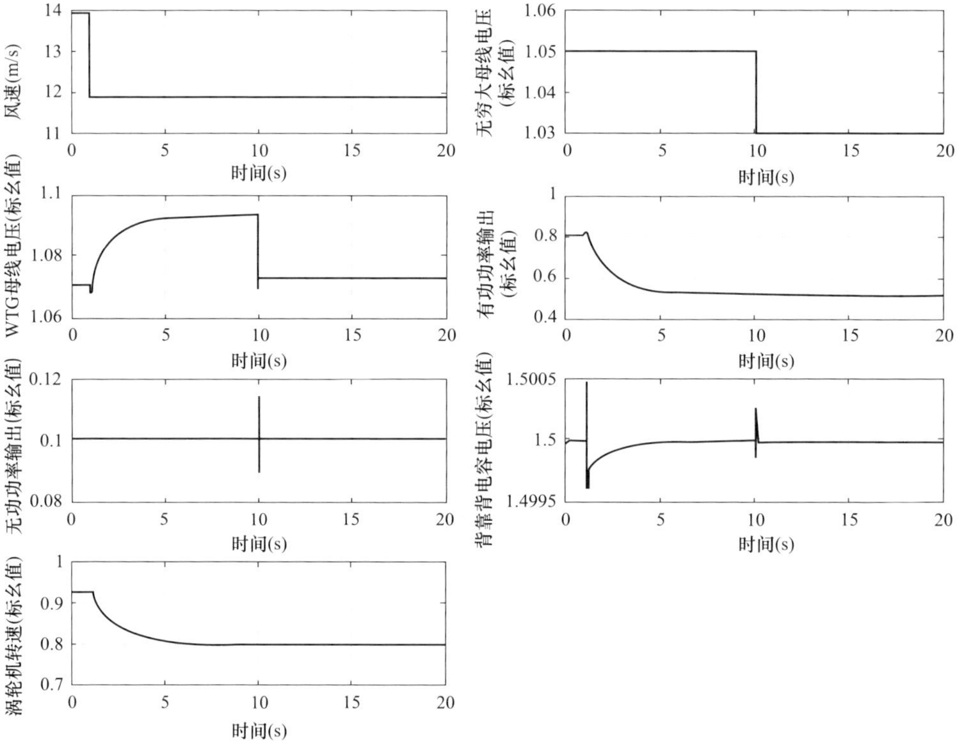

图 3-62　PMSG—SMIB 系统的动态仿真结果

同样的，可以将上述除电力网络模块外的其余模块分布封装为整体的 PMSG 模块，在下一节中，将使用 PMSG 和 DFIG 模块共同构建混合风电场仿真测试系统。

3.2.4 混合风电场仿真实现

至此已经讨论了 DFIG-SMIB 系统以及 PMSG-SMIB 系统，并介绍了其建模方法。然而，一个实际的风电场通常包含几十或几百台连接到中压网络的风电机组。本节将讨论如何使用目前开发的模型来建立一个大型实际风电场的仿真模型。

以图 3-63 所示的风电场为例。它包含六台风电机组，其中三台（在母线 1、2、3 处）是 DFIG 型，另外三台（在母线 4、5、6 处）是 PMSG 型。系统中共有 13 个总线。考虑将 13 号母线作为固定的母线。【程序代码 3-18】中给出了初始化模型的程序。在程序的初始部分，指定了母线和线路矩阵，并获得了负载流解决方案和导纳矩阵。在之前讨论的仿真程序中，只有一个 WTG 通过网络连接到一个无限总线。然而，在这个系统中，六个 WTG 通过网络连接到一个无限总线上。本节将详细讨论在这种情况下如何表示整个混合风电场测试系统。

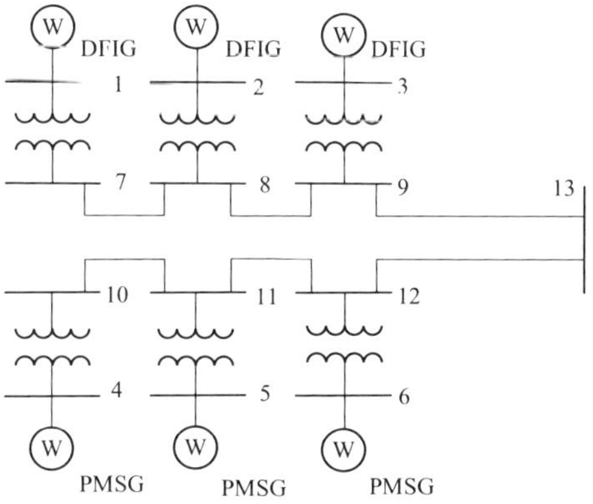

图 3-63　风电场示例示意图

【程序代码 3-18】风电场模型初始化

```
clea rall
bus=[...
01 1.00 0.00 0.80 0.26 0.00 0.00 0.00 0.00 3;
02 1.00 0.00 0.95 0.31 0.00 0.00 0.00 0.00 3;
03 1.00 0.00 0.90 0.29 0.00 0.00 0.00 0.00 3;
04 1.00 0.00 0.85 0.28 0.00 0.00 0.00 0.00 3;
05 1.00 0.00 0.90 0.29 0.00 0.00 0.00 0.00 3;
06 1.00 0.00 0.95 0.21 0.00 0.00 0.00 0.00 3;
07 1.00 0.00 0.00 0.00 0.00 0.00 0.00 0.00 3;
```

```
08 1.00 0.00 0.00 0.00 0.00 0.00 0.00 0.00 3;
09 1.00 0.00 0.00 0.00 0.00 0.00 0.00 0.00 3;
10 1.00 0.00 0.00 0.00 0.00 0.00 0.00 0.00 3;
11 1.00 0.00 0.00 0.00 0.00 0.00 0.00 0.00 3;
12 1.00 0.00 0.00 0.00 0.00 0.00 0.00 0.00 3;
13 1.00 0.00 0.00 0.00 0.00 0.00 0.00 0.00 1];

line=[
01 07 0.010 0.10 0.000 0.0 0.0;
02 08 0.010 0.10 0.000 0.0 0.0;
03 09 0.010 0.10 0.000 0.0 0.0;
04 10 0.010 0.10 0.000 0.0 0.0;
05 11 0.010 0.10 0.000 0.0 0.0;
06 12 0.010 0.10 0.000 0.0 0.0;
07 08 0.0048 0.080 0.0010 0.0 0.0;
08 09 0.0048 0.080 0.0010 0.0 0.0;
09 13 0.0048 0.080 0.0010 0.0 0.0;
10 11 0.0048 0.080 0.0010 0.0 0.0;
11 12 0.0048 0.080 0.0010 0.0 0.0;
12 13 0.0048 0.080 0.0010 0.0 0.0];

Y=form_Ymatrix(bus,line);
[bus_sln,flow]=power_flow(Y,bus,line);
Znet=inv(Y);
vinf=bus_sln(13,2)*exp(1i*bus_sln(13,3)*pi/180);
ZA=Znet(1:end-1,1:end-1);   ZB=Znet(1:end-1,end);
ZC=Znet(end,1:end-1);   ZD=Znet(end,end);%Znet=[Za Zb;Zc Zd]

Pmachs=[1,2,3]';%PMSG 所连接母线
Dmachs=[4,5,6]';%DFIG 所连接母线
```

```
Omega=2 * pi * 50;
if size(Pmachs,1)

find_pmsg_state_initial _conditions
pmsg_mult=zeros(size(bus_sln,1)-1,size(Pmachs,1));p
msg_mult(Pmachs,:)=eye(size(Pmachs,1));
end

if  size(Dmachs,1)

find_dfig_state_initial_conditions
dfig_mult=zeros(size(bus_sln,1)-1,size(Dmachs,1));
dfig_mult(Dmachs,:)=eye(size(Dmachs,1));
end
```

3.2.4.1 混合风电场的网络拓扑表示

母线电压向量（13×1）$\boldsymbol{V}_{\mathrm{b}}$、阻抗矩阵（13×13）$\boldsymbol{Z}_{\mathrm{net}}$和母线上的电流注入$\boldsymbol{I}_{\mathrm{b}}$，三者之间的关系为

$$\boldsymbol{V}_{\mathrm{b}}=\boldsymbol{Z}_{\mathrm{net}}\boldsymbol{I}_{\mathrm{b}} \tag{3-76}$$

$$\begin{bmatrix}\boldsymbol{V}_1\\ \vdots\\ \boldsymbol{V}_{12}\\ \boldsymbol{V}_{13}\end{bmatrix}=\begin{bmatrix}\boldsymbol{Z}_{1,1} & \cdots & \boldsymbol{Z}_{1,12} & \boldsymbol{Z}_{1,13}\\ \vdots & \cdots & \vdots & \vdots\\ \boldsymbol{Z}_{12,1} & \cdots & \boldsymbol{Z}_{12,12} & \boldsymbol{Z}_{12,13}\\ \boldsymbol{Z}_{13,1} & \cdots & \boldsymbol{Z}_{13,12} & \boldsymbol{Z}_{13,13}\end{bmatrix}\begin{bmatrix}\boldsymbol{I}_1\\ \vdots\\ \boldsymbol{I}_{12}\\ \boldsymbol{I}_{13}\end{bmatrix} \tag{3-77}$$

母线1～母线6的注入电流可以从风电机组模型中获得。母线7～母线12没有注入电流。由于母线13是一个无限的母线，不知道母线13的电流注入（$\boldsymbol{I}_{13}$），但电压可知。因此，式（3-77）可以改写为

$$\begin{bmatrix}\boldsymbol{V}_{\mathrm{b}}\\ \boldsymbol{V}_{13}\end{bmatrix}=\begin{bmatrix}\boldsymbol{Z}_{\mathrm{A}} & \boldsymbol{Z}_{\mathrm{B}}\\ \boldsymbol{Z}_{\mathrm{C}} & \boldsymbol{Z}_{\mathrm{D}}\end{bmatrix}\begin{bmatrix}\boldsymbol{I}_{\mathrm{b}}\\ \boldsymbol{I}_{13}\end{bmatrix} \tag{3-78}$$

$$\boldsymbol{V}_{\mathrm{b}}=\begin{bmatrix}\boldsymbol{V}_1\\ \vdots\\ \boldsymbol{V}_{12}\end{bmatrix},\quad \boldsymbol{I}_{\mathrm{b}}=\begin{bmatrix}\boldsymbol{I}_1\\ \vdots\\ \boldsymbol{I}_{12}\end{bmatrix},\quad \boldsymbol{Z}_{\mathrm{A}}=\begin{bmatrix}\boldsymbol{Z}_{1,1} & \cdots & \boldsymbol{Z}_{1,12}\\ \vdots & \ddots & \vdots\\ \boldsymbol{Z}_{12,1} & \cdots & \boldsymbol{Z}_{12,12}\end{bmatrix},$$

$$\boldsymbol{Z}_B = \begin{bmatrix} \boldsymbol{Z}_{1,13} \\ \vdots \\ \boldsymbol{Z}_{12,13} \end{bmatrix}, \quad \boldsymbol{Z}_C = [\boldsymbol{Z}_{13,1} \cdots \boldsymbol{Z}_{13,12}], \quad \boldsymbol{Z}_D = \boldsymbol{Z}_{13,13}$$

从式（3-78）可得

$$\boldsymbol{I}_{13} = \boldsymbol{Z}_D^{-1}(\boldsymbol{V}_{13} - \boldsymbol{Z}_C \boldsymbol{I}_b) \tag{3-79}$$

使用式（3-79），可以写出

$$\boldsymbol{V}_b = (\boldsymbol{Z}_A - \boldsymbol{Z}_B \boldsymbol{Z}_D^{-1} \boldsymbol{Z}_C) \boldsymbol{I}_b + \boldsymbol{Z}_B \boldsymbol{Z}_D^{-1} \boldsymbol{V}_{13} \tag{3-80}$$

该风电场的线路阻抗矩阵 $\boldsymbol{Z}_{net}$ 被划分为 $\boldsymbol{Z}_A$、$\boldsymbol{Z}_B$、$\boldsymbol{Z}_C$ 和 $\boldsymbol{Z}_D$ 四个子矩阵。在 Simulink 中可以很方便地根据式（3-80）搭建出各母线电压的分布信息计算模块，如图 3-64 所示。

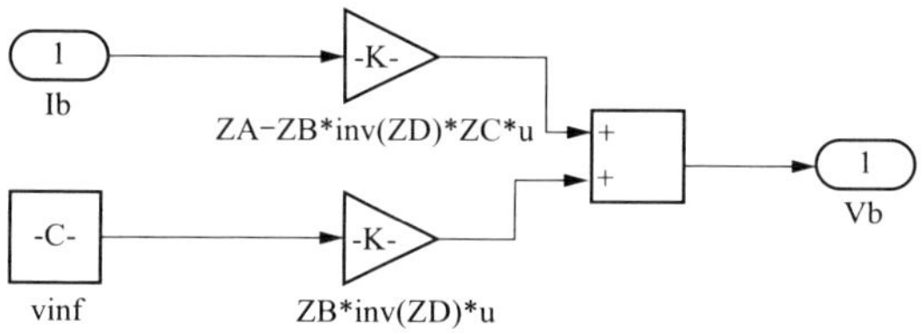

图 3-64　风电场网络的 Simulink 表示

3.2.4.2　混合风电场 Simulink 模型

风电场仿真的 Simulink 模型如图 3-65 所示。电力网络模块的输出是维度为 12 的向量，表示母线 1～母线 12 的母线电压。Simulink "Signal Routing" 库中的 "Selector" 模块用于为 DFIG 和 PMSG 块指定合适的电压。变量 Dmachs 和 Pmachs 用于指定总线编号。

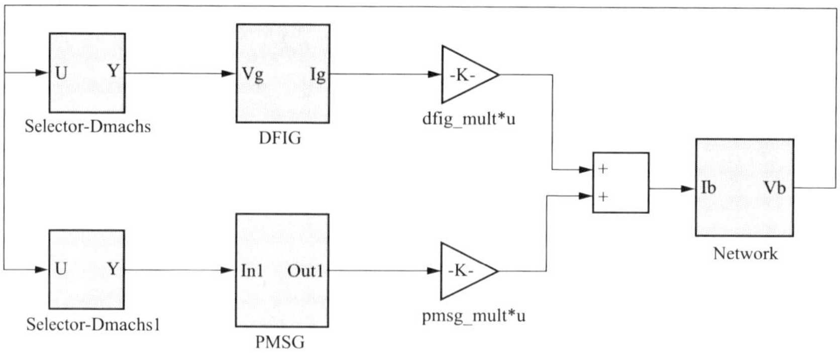

图 3-65　风电场的模拟表示

DFIG 和 PMSG 模块的输出是电流向量，其向量维度等于风电场中 DFIG 和 PMSG 的数量。需要将其转换为一个由 12 个元素组成的向量，代表母线 1～母线 12 的电流注入。图 3-65 中增益模块的 dfig_mult 和 pmsg_mult 被用来修改电流向量。在 dfig_mult 和 pmsg_mult 的“块参数”对话中，选择“Matrix（K * u)”选项。图 3-66 显示了在 $t=1s$ 时，无穷大母线电压的标幺值从 1.0 到 1.05 的阶跃变化的响应曲线。

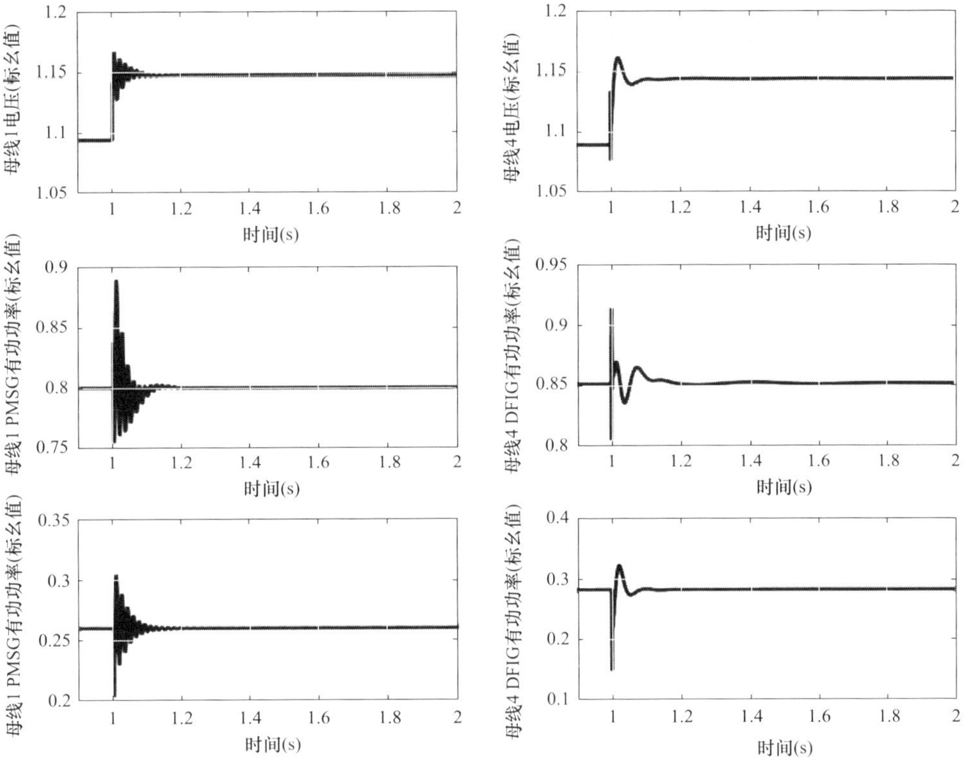

图 3-66 风电场时域仿真结果

3.3 光伏发电系统

在许多国家，风力发电和光伏发电是最重要的两种可再生能源发电技术。光伏发电是利用半导体界面的光生伏特效应而将光能直接转变为电能的一种技术，主要由太阳电池板（组件）、控制器和逆变器三大部分组成，主要部件由电子元器件构成。太阳能电池经过串联后进行封装保护可形成大面积的太阳电池组件，再配合上功率控制器等部件就形成了光伏发电装置。本节将详细介绍分布式光伏发电的模型以及相关的 MATLAB/Simulink 建模方法。

3.3.1 光伏发电原理

光伏的安装方式有很多，例如家庭安装的光伏板和大型光伏发电站。与所有其他发电类型不同，光伏发电没有类似于同步发电机的旋转部件，因此光伏发电一般对电网不具有惯性量支撑。事实上，所有纯直流的发电设备都缺乏惯性响应。一些直流发电技术已经配备了快速控制响应能力，以响应频率变化率或者由频率变化引起的功率输出变化，从而模拟惯性响应行为。

光伏发电将呈现午间高、晨昏低的“钟形曲线”，即随着太阳升起，光伏电池板吸收阳光产生越来越多的电力；而随着太阳的落山，发电量也将逐步减少。此外，当云层掠过太阳能电池板时，光伏电池板无法接收到太阳辐射，功率输出也较小。

3.3.2 光伏发电建模

光伏系统可以分为不同的组件进行建模，构成如图 3-67 所示。光伏系统包含一个逆变器子系统，根据预设计的控制方案和逆变器拓扑，可以将产生的直流电转换为交流电。此外，光伏系统最主要的组件是光伏阵列模型，可以将太阳能转换为直流输出功率，电流输出为 I_{DC}。产生的直流功率与太阳辐照度相关。随后，功率流进入逆变器。在任何环境下，逆变器都可以在特定的直流电压下工作。光伏阵列产生的总功率 P_{DC} 不仅取决于太阳辐照度，还取决于电压和温度。

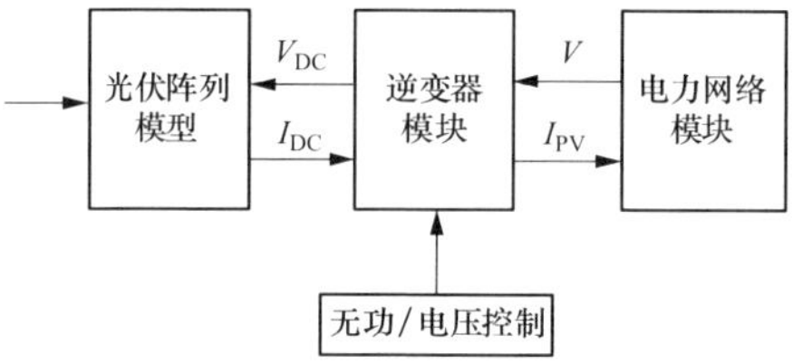

图 3-67 光伏发电机系统模型架构

光伏发电特性曲线通常指的是电流和功率与电压关系的曲线，如图 3-68 所示。虽然可用功率 P_{DC} 是可用太阳辐照度的间歇函数，但在无功功率、功率因数或电压控制模式下，逆变器可以控制产生的无功功率。在交流侧，PV 连接点处的电网具有一定的电压。逆变器注入电流 I_{PV}，将光伏阵列产生的电力输送至电网。

PV 电池的工作原理可以用等效电路表示。电池的光电流可以通过反并联二极管、并联电阻和串联电阻与电池的端电压和端电流相连。

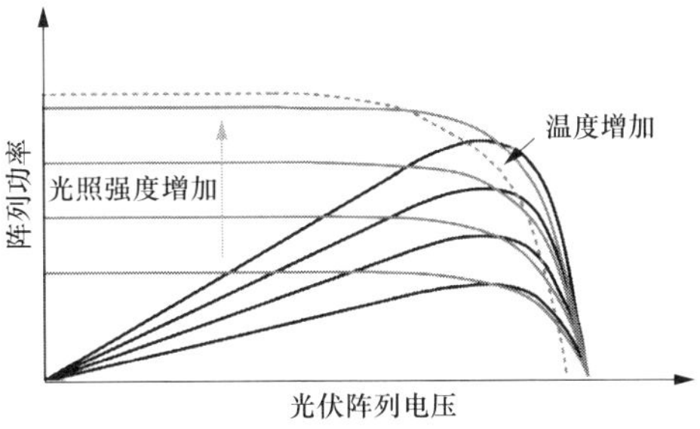

图 3-68 光伏阵列特性曲线

光伏发电系统建模与风电场建模一样，可以选择多种方式。光伏发电场的建模包含三种：①对每个单独的光伏发电系统进行详细建模，而光伏电场由通过光伏电场电网连接的光伏机发电阵列表示；②假设将具有相似操作行为的光伏发电系统集成到等效机器中，以减少建模的光伏发电系统的数量；③通过一个动态等效模型对整个光伏发电场进行建模，第三种模型的建模简单，是最常用的模型，也是在本节中详细研究的模型。

3.3.3 光伏发电系统的 Simulink 仿真实现

尽管光伏阵列的输出功率与太阳辐射强度、电压以及温度等有关，但本小节主要关注光伏发电对电力系统的影响，因此可以将光伏阵列的发电功率视为一个某个确定的值。此外，本节同样以双区四机系统为基础，引入光伏发电系统。如图 3-69 所示，分布式光伏发电通过隔离变压器、等效馈线阻抗以及升压变压器接入母线 7。与上一小节的区别在于，本小节是在四台同步发电机母线以及线路参数中添加了另外的三条母线，即母线 12～母线 14（见【程序代码 3-19】）。

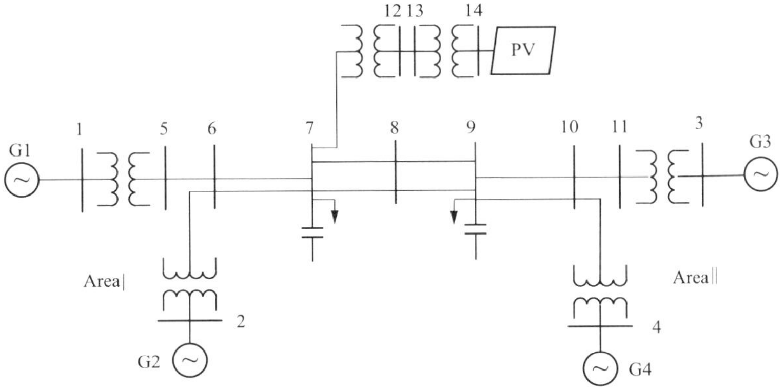

图 3-69 分布式光伏发电双区四机系统案例研究

【程序代码 3-19】包含光伏的四机系统

```
bus=[...
%as before %母线 1-11 的参数信息
12 1.0 0.0 0.0 0.0        0.0 0.0 0.0 0.0 3;
13 1.0 0.0 0.0 0.0        0.0 0.0 0.0 0.0 3;
14 1.0 0.0 0.2 0.0125     0.0 0.0 0.0 0.0 3];
line=[...
%as before %线路 1-6、8-11 的参数信息
07 12 0        0.05    0     1.0 0.0;
12 13 0.0075   0.0125  0.02  1.0 0.0;
13 14 0        0.025   0     1.0 0.0];
```

仿真前，首先运行【程序代码 3-20】，其包含了光伏发电系统 Simulink 仿真模型所需要的所有参数。

【程序代码 3-20】光伏发电系统参数

```
Pqflag=1;%无功电流(0)或有功电流(1)标志
Xc=0;%线路压降补偿电抗
Qmx=0.328;%最大无功功率
Qmn=-0.328;%最小无功功率
V0=0.9;%电压跌落响应死区下限
V1=1.1;%电压跌落响应死区上限
Dqdv=0;%电压下垂系数
fdbd=-99;%调速器死区
Ddn=0;%频率下垂系数
Imax=1.1;%视在电流上限
Vt0=0.88;%电压跳闸响应曲线点 0(pu)
Vt1=0.9;%电压跳闸响应曲线点 1(pu)
Vt2=1.1;%电压跳闸响应曲线点 2(pu)
Vt3=1.2;%电压跳闸响应曲线点 3(pu)
vrrecov=0;%电压跳闸闭锁(0)或部分闭锁(大于 0 并小于等于 1)
```

```
Ft0=59.5;%频率跳闸响应曲线点 0(Hz)
Ft1=59.7;%频率跳闸响应曲线点 1(Hz)
Ft2=60.3;%频率跳闸响应曲线点 2(Hz)
Ft3=60.5;%频率跳闸响应曲线点 3(Hz)
frrecov=0;%Frequency tripping is latching(0)or partially
%self-resetting(>0 and <=1)
Tg=0.02;%逆变器电流滞后时间常数(s)
p_ext=0;%辅助有功功率(默认为零)
Freq_ref=50;%初始端电压频率

Vt_set=abs(vol(14));
%其他参数
Mbase=25;%MVA
Sbase=100;%MVA
SelectPV=zeros(1,14);
SelectPV(1,14)=1;
ExpandPV=zeros(14,1);
ExpandPV(14,1)=1;
Baseconv=Mbase./Sbase;

Q_ref=0.05;%初始无功功率,根据潮流解
P_ref=0.8;%初始有功功率,根据潮流解

I_init=conj(P_ref+1i*Q_ref)/vol(14);
Iq_init=imag(I_init);
Id_init=real(I_init);
```

当加入光伏线路的参数信息后，双区四机十四母线系统便完成了初始化。图 3-70 显示了光伏模型如何与上一节最后建立的包含同步发电机的三相故障 Simulink 仿真模型进行集成的。其中，光伏模型以来自电力网络模型的电压和

来自同步发电机的电网频率作为输入。而光伏发电的输出电流则与同步发电机的输出电流求和后，共同作为电力网络模块的输入。

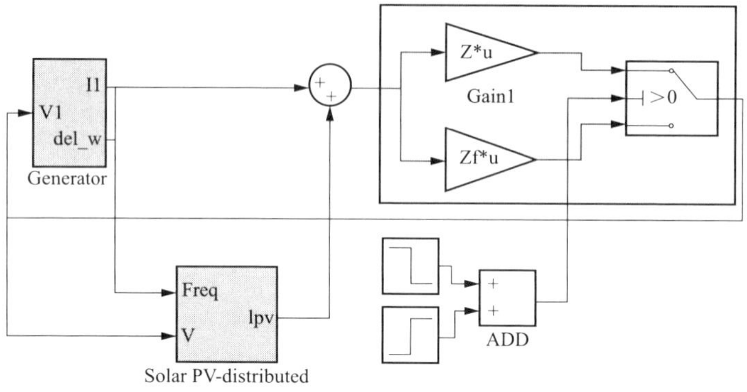

图 3-70　具有分布式光伏发电的四机系统 Simulink 实现

图 3-71 示出了光伏发电系统的内部结构。该模型包含了下垂控制模块，通过改变光伏系统的实际输出有功功率以及无功功率从而分别实现频率和电压支撑。在光伏发电系统中的参考系设置为与终端电压对齐，从而可以分别根据电压幅值、有功功率和无功功率计算参考电流。由于光伏发电的参考电流受到运行工况的限制，这里需要将光伏发电系统的电流首先转换为系统基准值的标幺制表示，并进行相应的控制。此外，图 3-71 还包括了标志位输入模块，用于仿真在频率或电压过高或过低的情况下的光伏模块跳闸情形。

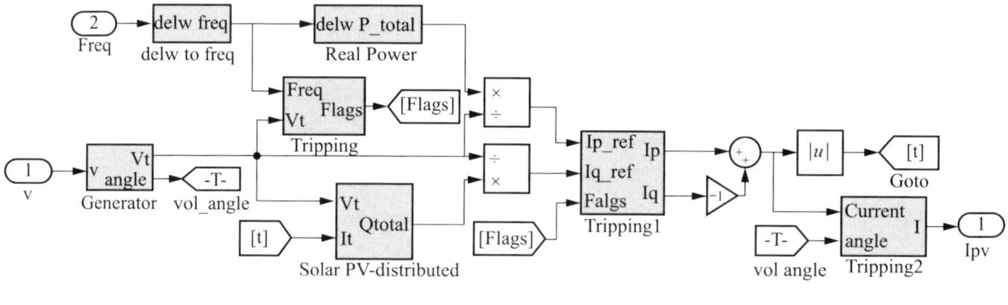

图 3-71　分布式光伏发电模型

下面讨论图 3-71 光伏系统中 7 个子模块的 Simulink 仿真实现过程。如图 3-72 所示，由于第二台同步发电机的位置更加靠近光伏系统，因此将第二台同步发电机的频率偏差先进行求和运算以得到当前以标幺制表示的发电机转速，并进而得到以赫兹（Hz）为单位的电网频率。

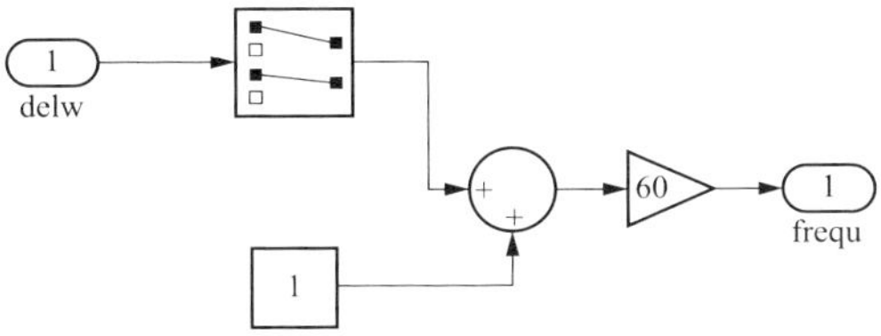

图 3-72　第二台同步发电机的频率（Hz）

图 3-73 显示了光伏发电系统终端电压子系统的 Simulink 仿真实现。需要说明的是，在 Simulink 仿真过程中，当输入信号直接取决于输出信号，同时输出信号也直接取决于输入信号时，由于数字计算的时序性，而出现的由于没有输入无法计算输出，没有输出也无法得到输入的“死循环”，称之为代数环。为了避免代数环问题，在电压计算模块中加入一个一阶延迟模块。

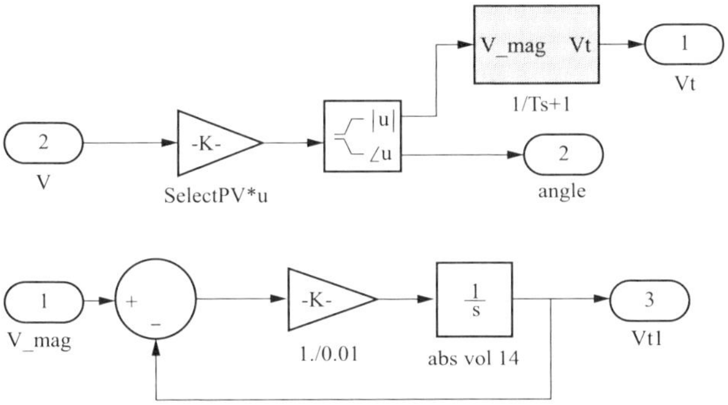

图 3-73　光伏模型的终端电压

如图 3-74 所示，光伏发电系统生成的总有功功率由参考功率、附加下垂控制以及补充有功功率 P_ext（默认为零）三部分构成。下垂控制模块则包含了死区模块，起始值视为 fdbd，而终止则设置为一个相当大的正数，例如 10^{20}。

无功功率控制模块中对电压参考值的设定包含了下垂控制与线路压降补偿功能。其中 XC 表示线路电抗值。死区模块的起始值设置为 V0 * Dqdv，终止值则设置为 V1 * Dqv。此外，由于光伏发电系统容量的限制，在 Simulink 建模是引入了非线性饱和模块，上限设置为 Qmx Qmx-Q_ref，下限设置为 Qmn-Q_ref。无功功率指令如图 3-75 所示。

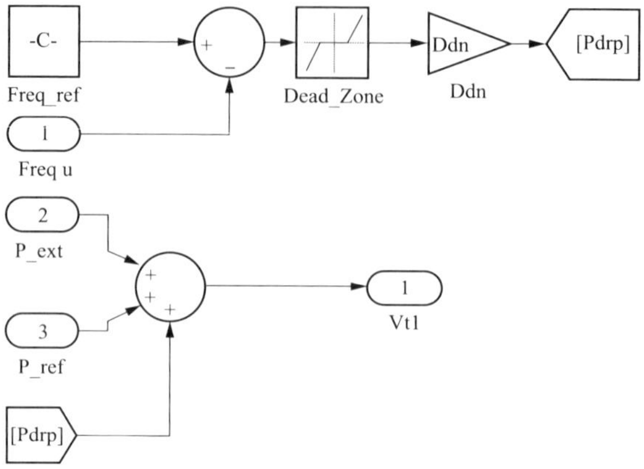

图 3-74　实际功率指令

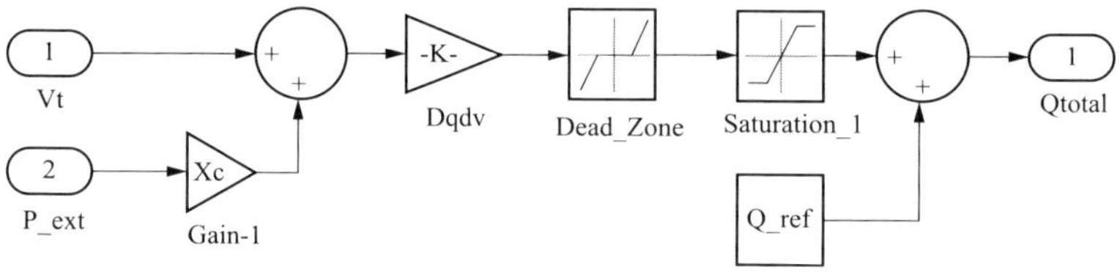

图 3-75　无功功率指令

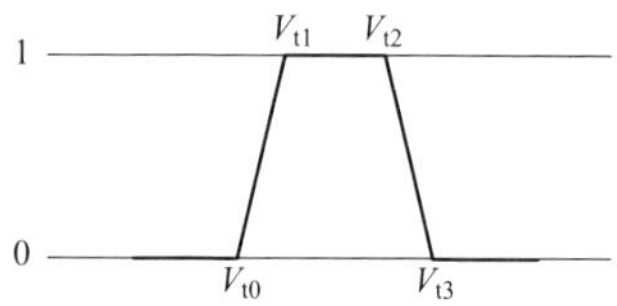

图 3-76　低压和高压跳闸限值 V_{t0} 至 V_{t3}

由于光伏发电系统采用电力电子化器件，其对电力系统电压和频率的变化较为敏感。在过低或过高的电压以及频率场景下，光伏发电系统将逐渐降低其输出功率直至从电力系统中切除以保证运行安全性，即跳闸。例如图 3-76 中，低压跳闸从低于 V_{t1} 的电压开始，在 V_{t0} 的电压水平下完全断开，而高压跳闸从 V_{t2} 的电压水平开始，在从 V_{t3} 的电压水平完全断开。每个低频/高频、低压/高压都有自己的标志（flag）与跳闸逻辑，如图 3-77 所示。

低压跳闸子系统内部的逻辑如图 3-78～图 3-82 所示。图 3-78 显示了如何将 V_{min} 确定为 V_t 随时间达到的最低点，饱和块将 V_{min} 限制在 V_{t0} 的下限，上限则可设置为一个相当大的正数，例如设置为 10^{10}。图 3-79 显示了由比较器级联表示的低压跳闸逻辑。如果当前电压低于低电压限制 V_{t0}，低电压标志设置为零，则停止光伏发电。如果 V_t 和 V_{min} 都大于 V_{t1}，则标志为 1，低压回路不会断开连接。如果 V_t 在 V_{t1} 和 V_{t0} 之间减小，低压跳闸标志值 FvlA 如图 3-80 所示。如果 V_t 不低于 V_{t0} 且正在向 V_{t1} 恢复，则 V_t 将大于 V_{min}，所使用的标志值

FvlB 如图 3-81 所示。如果 V_t 大于 V_{t1}，但 V_{min} 小于 V_{t1}，低压跳闸标志值 FvlC 如图 3-82 所示。

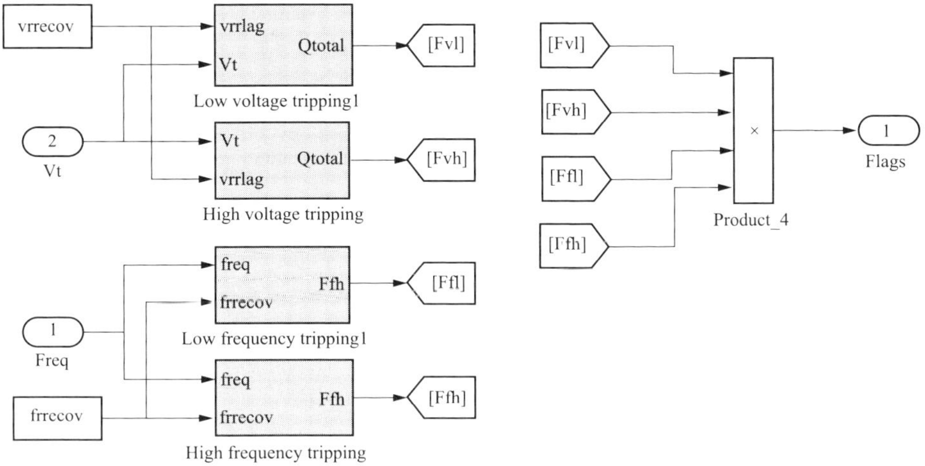

图 3-77　跳闸标志

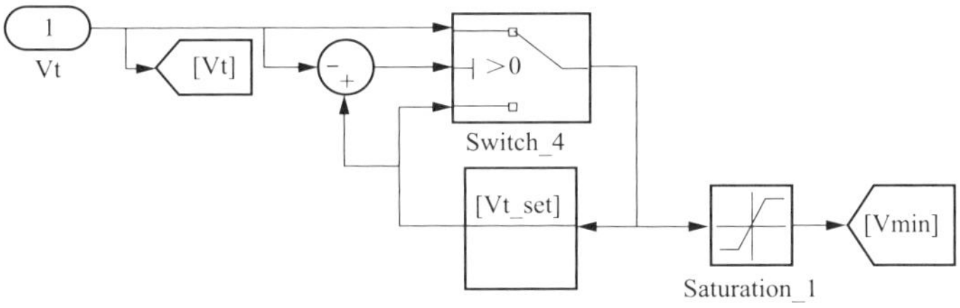

图 3-78　低压跳闸时，跟踪最低电压 V_{min}

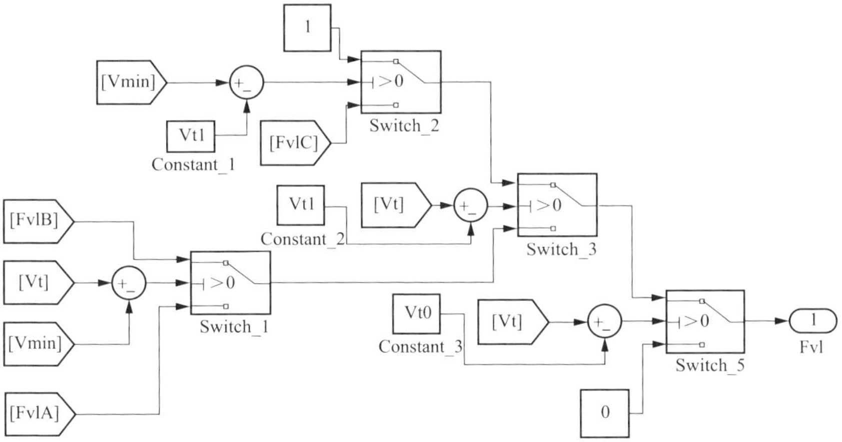

图 3-79　低压跳闸逻辑

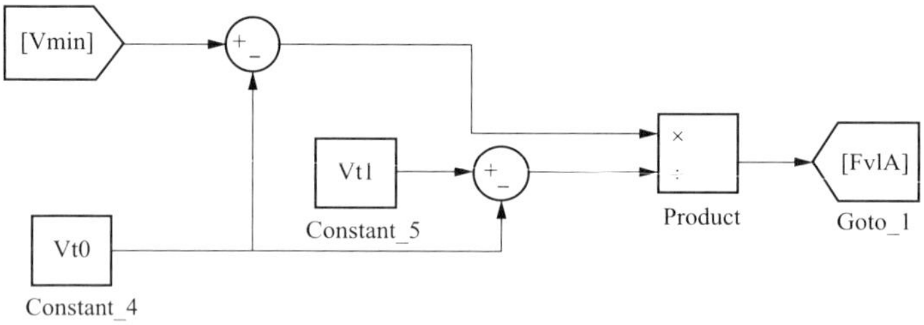

图 3-80　在 V_{t1} 和 V_{t0} 之间下降时的低压跳闸标志值

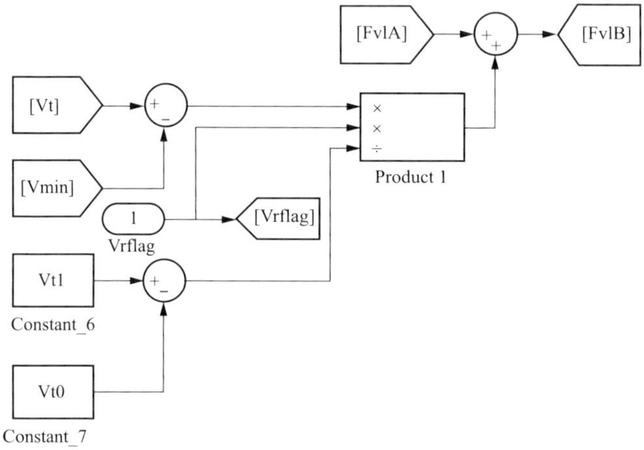

图 3-81　恢复到 V_{min} 以上时，部分重联低压跳闸标志值

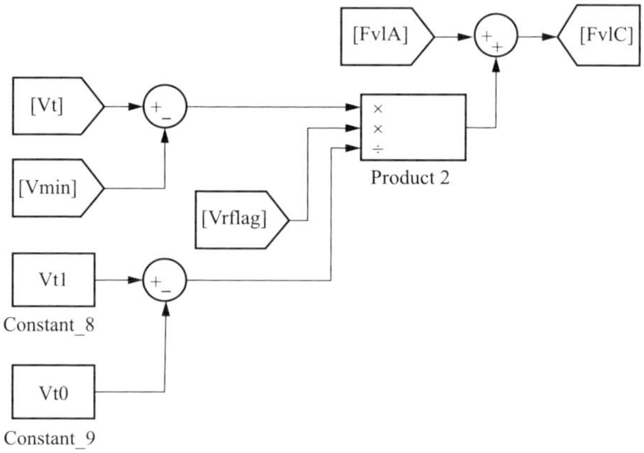

图 3-82　当 V_t 低于 V_{t1} 但已恢复时，低压跳闸标志值

图 3-83 显示了如何在仿真时中建立 V_{max}，其中上限设置为 V_{t3}，下限设置为 Vt_set。图 3-84 为高压跳闸逻辑。图 3-85 显示了当电压从 V_{t2} 向 V_{t3} 增加时，高压跳闸标志值的计算过程。图 3-86 显示了恢复到 V_{max} 以下时高压跳闸标志值的计算过程。图 3-87 显示了当 V_t 高于 V_{t2} 但已恢复时的高压跳闸标志值计算过程。

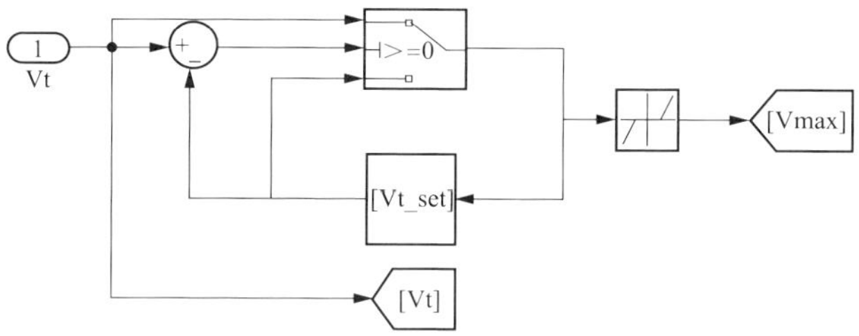

图 3-83　高压跳闸 V_{max} 与 V_{set} 设置

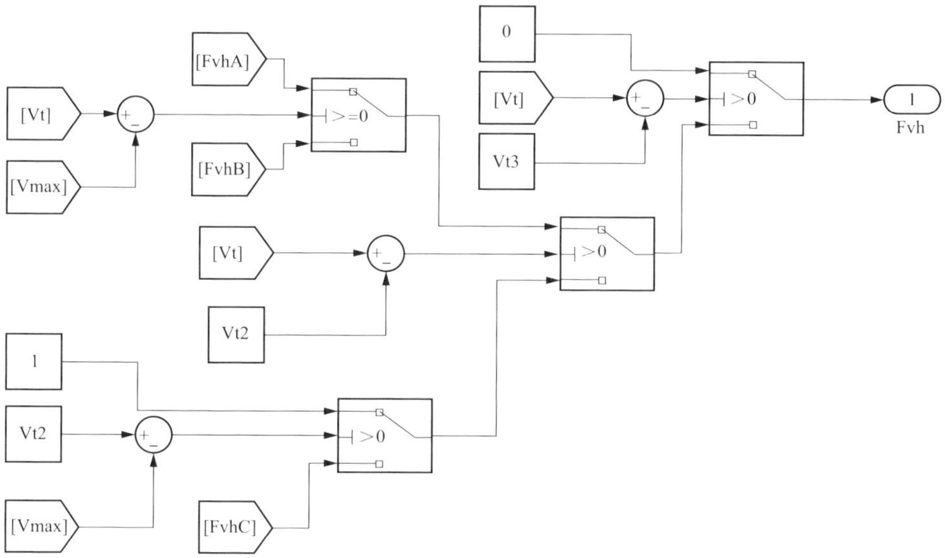

图 3-84　高压跳闸逻辑

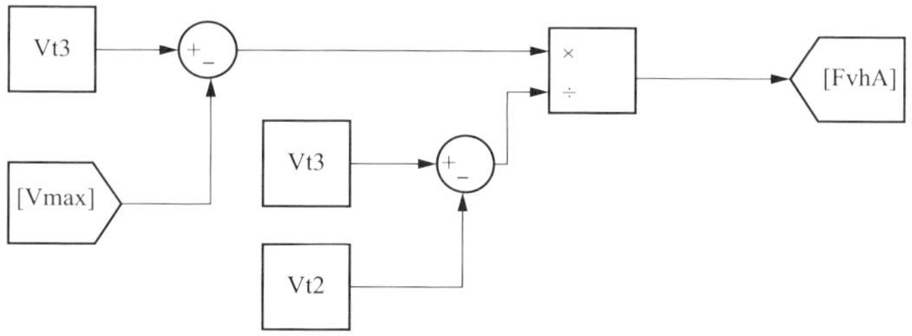

图 3-85　电压从 V_{t2} 向 V_{t3} 增加时的高电压跳闸标志计算过程

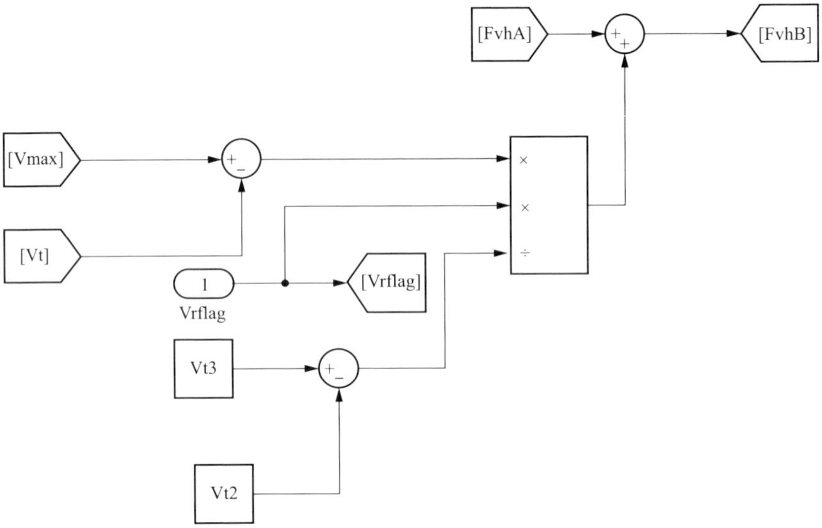

图 3-86　在恢复到 V_{max} 以下时部分光伏重连时高压跳闸标志值

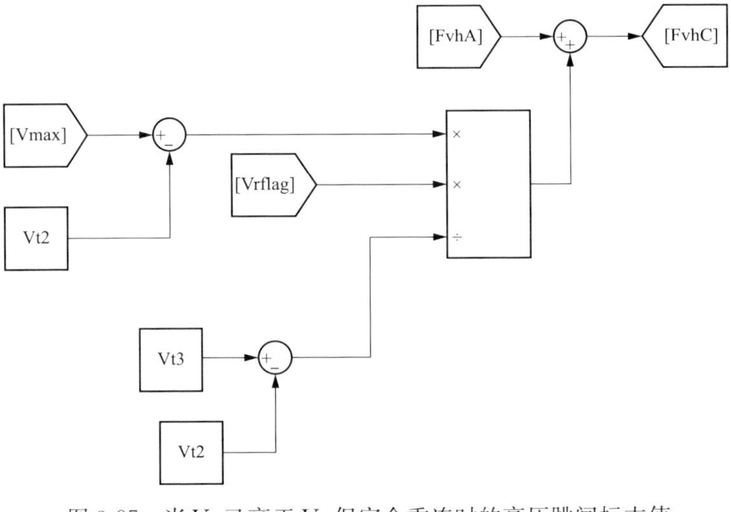

图 3-87　当 V_t 已高于 V_{t2} 但完全重连时的高压跳闸标志值

下面将通过两个示例了解跳闸逻辑功能的实现过程。如图 3-88 所示，电压跳闸是闭锁的。一旦跳闸，它不会自动恢复。如图 3-89 所示，电压跳闸完全复位。如果想要查看部分自动复位结果，可以将 vrrecov 值设置为 0 到 1 之间。将该部分与 PV 模型的其他部分分开进行测试，只需给出生成的电压输入，则可以观察所有相关的标志值。当 $t=0$s 时，标志位的下降速率为 -0.1；$t=2.15$s 时，标志位的上升速率则提升了 0.2，达到 $+0.1$。

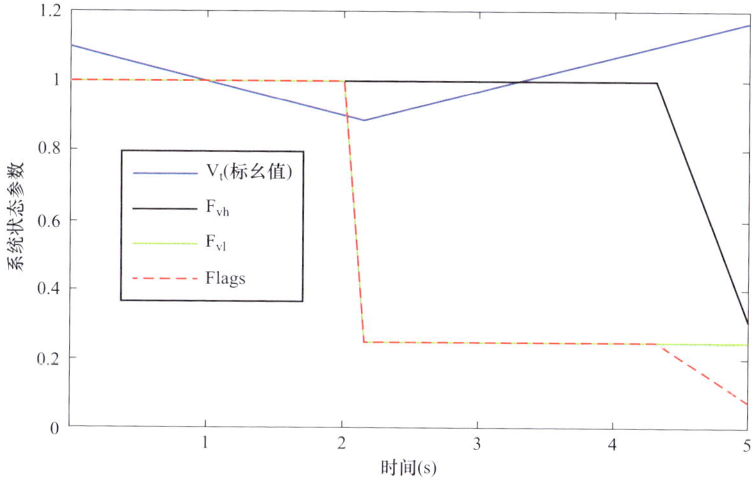

图 3-88　带有闭锁电压跳闸的跳闸标志，vrrecov 为 0

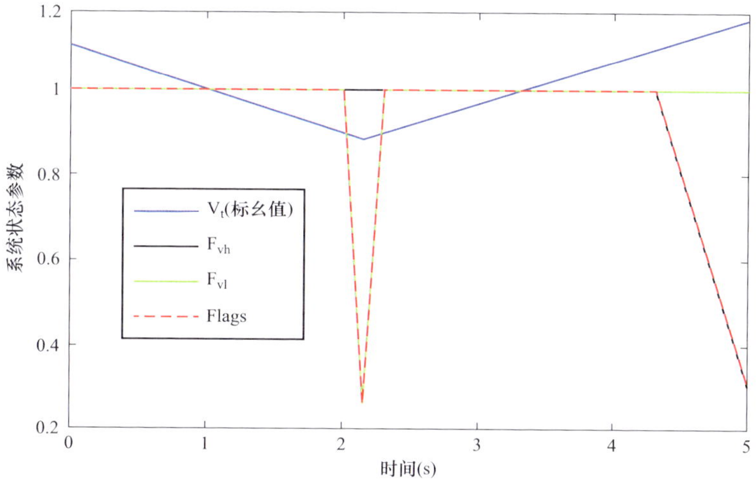

图 3-89　电压跳闸完全自复位，vrrecov 为 1

如图 3-88 所示，当末端电压下降到 V_{t1} 时，低电压标志值 Fvl 开始减小，此时部分光伏阵列将断开。当电压 V_t 恢复后，由于闭锁，所以断开的光伏发电系统不会重新连接，并且低电压标志从 V_t 改善的时刻起保持在相同的值。V_t 进一步增加，直到其超过 V_{t2}。此时，高压标志值开始降低，导致光伏发电部分断开。剩余光伏发电量的比例取决于标志值数值（用虚线表示）。

如图 3-89 所示，一旦 V_t 恢复到 V_{t1}，低电压标志以及因此标志值已经完全恢复，这意味着所有光伏发电将自动重新连接。一旦 V_t 超过 V_{t2}，高电压标志值与整体的标志值一起减小。如果 V_t 增加超过 V_{t3}，此时将自动跳闸。

在理解了高/低压跳闸的概念和实现之后，可以使用相同的逻辑创建低频和高频跳闸的子系统，但需要将变量进行重命名。

图 3-90 显示了饱和器模块是如何限制电流以保持在允许范围内的。对于低/高电压/频率事件，通过完全或部分断开标志，注入电网的电流可能进一步减少。最终，该模型中还包含一个延迟模块，以避免代数环问题。该延迟模块也可以表示来自电力电子设备的延迟。

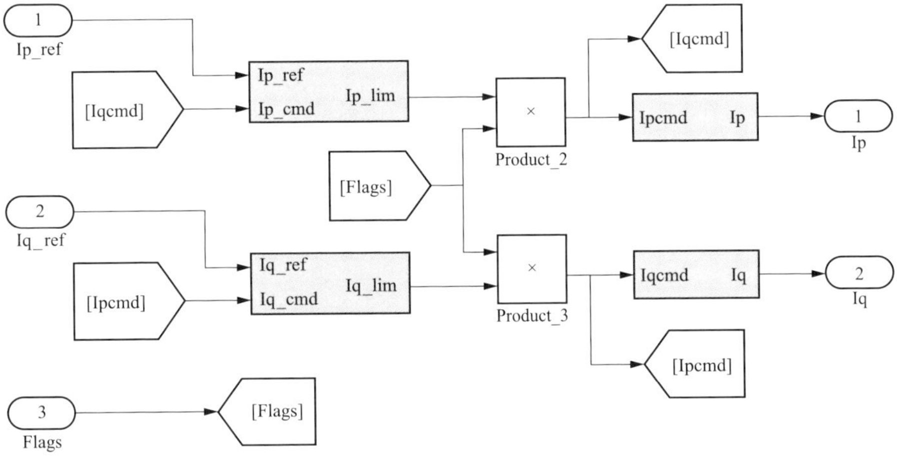

图 3-90　光伏电流参考值设定模块（包含饱和和延迟模块）

图 3-91 示出了 Ip_lim 饱和块的内部细节。Imax 是视在电流最大允许值，Pqflag 表示光伏发电系统优先考虑无功电流（0）还是有功电流（1）。

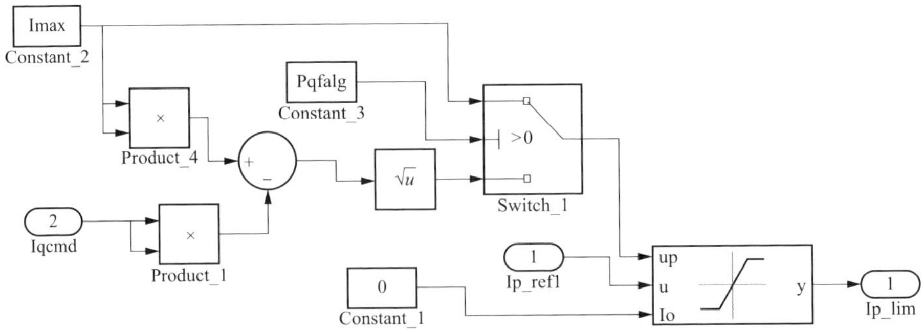

图 3-91　Ip_lim 的光伏饱和特性

图 3-92 为 Iq_lim 饱和块。Imax 是视在电流最大允许值，Pqflag 表示光伏发电系统优先考虑无功电流(0) 还是有功电流(1)。

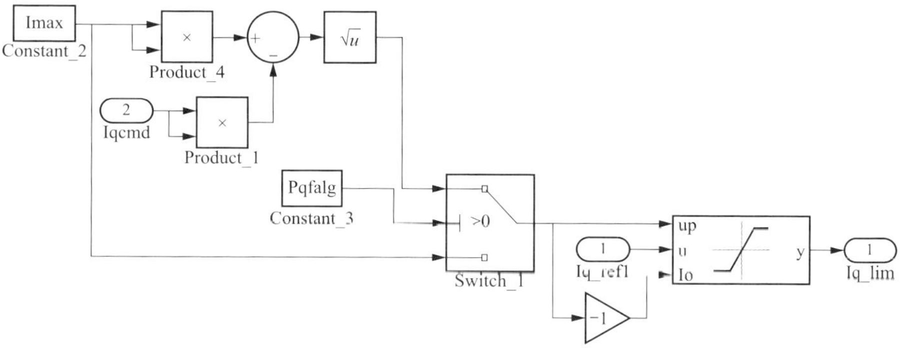

图 3-92　Iq_lim 的光伏饱和特性

图 3-93 示出了具有时间常数 Tg 的延时模块以解决 Simulink 仿真时的代数环问题。对于电流的 q 轴分量采用相同的结构。

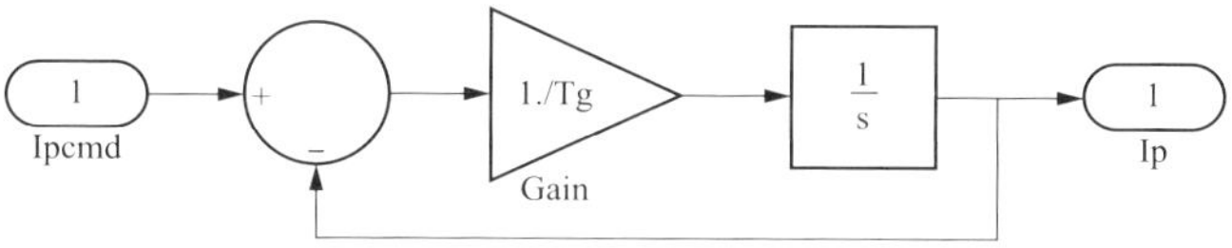

图 3-93　p 分量电流的延迟模块

最后，对于注入电力网络模块的电流，需要在相同的参考系和相同的基准参数中进行测量与计算。如图 3-94 所示，包含了三个模块，从左至右，第一个模块为角度转换模块，第二个模块为标幺制转换模块；第三个模块则为母线扩展模块。

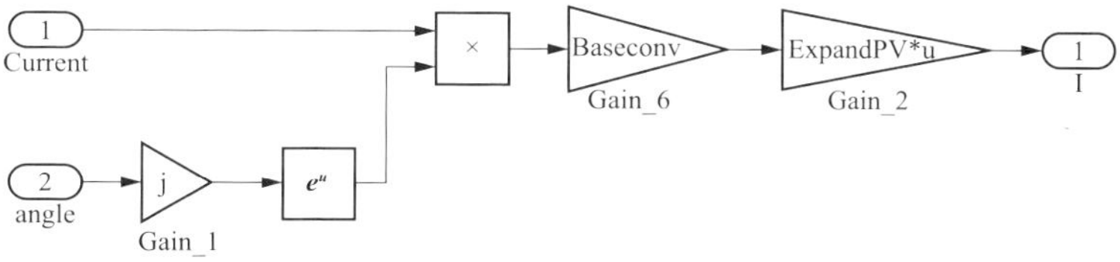

图 3-94　电流坐标系与标幺值转换以及母线扩展模块

下面介绍当母线 8 处发生三相接地故障时，进行的光伏模型仿真测试。使用 3.1 节中的母线和线路数据。设故障从 $t=0.1s$ 开始发生，故障持续时间 0.01s，仿真时长 2s。图 3-95 显示了光伏发电对母线 8 处短时三相接地故障的响应，该故障在 0.01s 后恢复。图中上部有三条曲线，其具有相似的趋势，放大视图如图 3-96 所示。这三条轨迹显示了在光伏母线（母线 14）处的末端电压。其余三条轨迹显示了三种情况下光伏发电系统当前注入电网的情况。红色轨迹为设置为闭锁的光伏发电系统，这意味着跳闸标志的值只能降低而不会上升；类似的，发电会自动断开，但不会自动重新连接。蓝色轨迹表示部分自动复位情形。在这种情况下，vrrecov 和 frrecov 设置为 0.5。最后，黑色轨迹表示完全自动复位情形。

为了更好地理解图 3-95 所示的电流响应，下面详细讨论上述三种情况下从标志位变化到输出电流变化的具体流程。

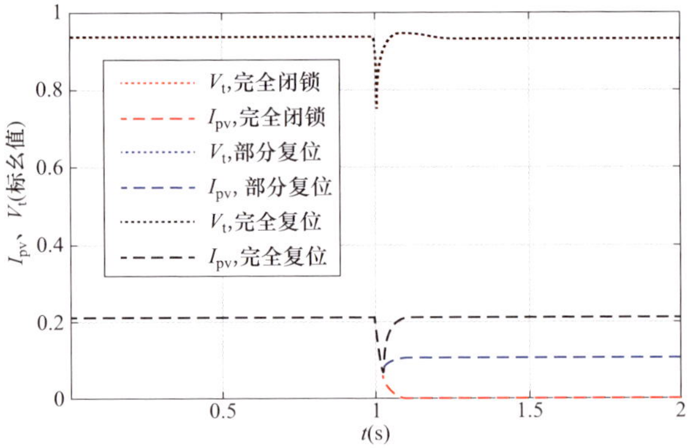

图 3-95　光伏发电对母线 8 故障的响应，该故障在 0.01s 后清除

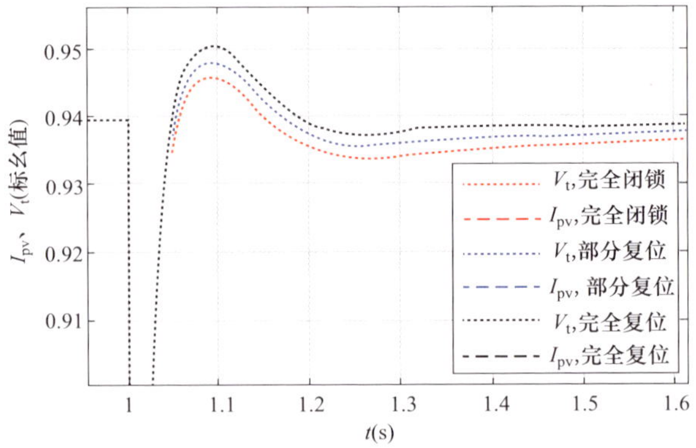

图 3-96　放大视图——母线 8 处光伏发电对故障的响应，该故障在 0.01s 后清除

图 3-97 显示了当光伏发电系统设置为闭锁时的响应，其中 I_{pv} cmd 表示光伏并网电流的参考指令。由于故障期间电压突然下降且设置为闭锁状态，标志值（Flags）几乎立即下降，不会恢复。针对当前输出的光伏发电指令几乎立即降至零。而指令值和实际电流输出之间的延迟模块则导致光伏系统的输出电流在大约 0.8s 后下降到零。即由于延迟效应，实际电流下降较慢一些。

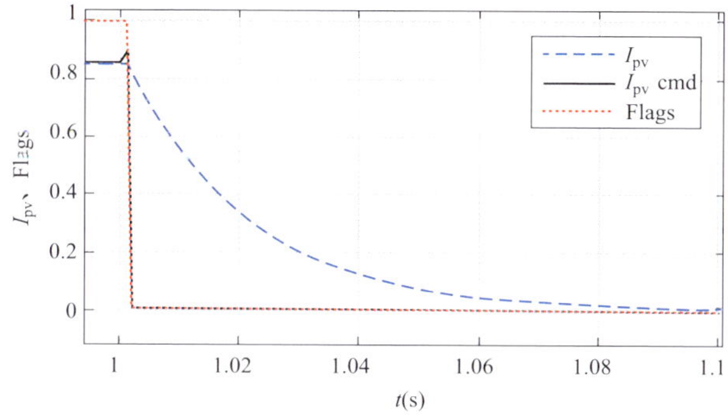

图 3-97 放大视图——光伏发电对总线 8 故障的响应，在 0.01s 后被清除，闭锁

图 3-98 中，一半的光伏发电系统自动重新并网。和前面一样，随着电压的快速下降，标志值很快降至零。随着故障被清除，标志值最终恢复到原始值的一半。与图 3-97 类似，由于延迟模块的存在，实际电流下降的速度较慢。当故障被清除时，它只比故障后参考值低一些。类似的，可以分析光伏发电系统全部重新并网的情况。此时的故障行为如图 3-99 所示。

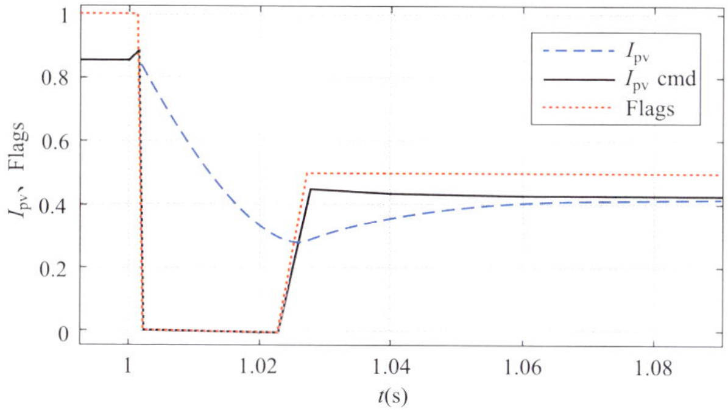

图 3-98 放大视图——母线 8 处光伏发电对故障的响应，该故障在 0.01 s 后被清除，部分自动重新连接

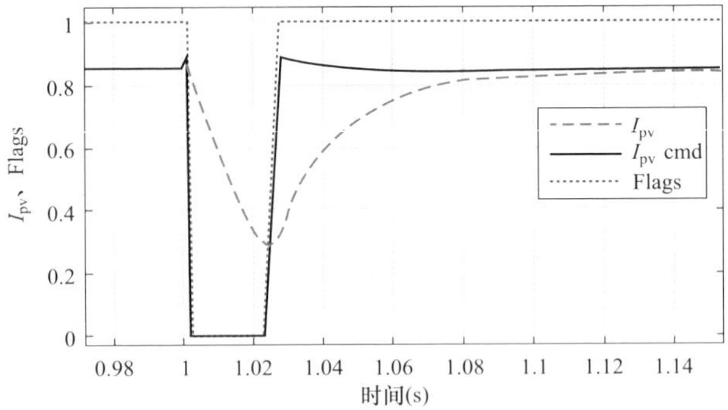

图 3-99　放大视图——光伏发电对总线 8 故障的响应，该故障在 0.01s 后清除，完全自动重新连接

4 新能源电力系统负荷建模

电力系统负荷具有不同的特性。大型负荷往往存在于工业领域，如钢铁和铝冶炼厂；在商业部门，大型商场或铁路运输的负荷也较大；而私人住宅负荷则相对较小。为了开展稳定分析，对于小型分布式发电机组，如屋顶太阳能电池板和家庭小型风力涡轮机，均被认为是负荷。随着越来越多的电力电子装置在电力负荷中的应用，电力系统的负荷特性不断发生演变，例如，随着电动汽车的大范围普及，负荷大小和负荷组合都在持续变化。电力系统建模中所包含的任务之一是在限制建模复杂性的同时，准确地捕捉这种混合负荷的行为。这可以通过对电力网络中的负荷进行简化表示。本章讨论了各种类型的负荷模型，并详细描述了常用的 ZIP（恒定阻抗/电流/功率）模型，进而利用双区四机系统进行各种负荷特性对电力系统动态行为影响的研究。在 MATLAB/Simulink 中进行动态仿真时，ZIP 负荷建模时可能存在代数环问题，而本章则提出了两种打破代数环的技术，并对这两种技术进行了验证和比较。

4.1 负荷 ZIP 模型

负荷的建模方式取决于研究对象、可用数据以及电源电压特性，一般可以分为动态负荷和 ZIP 负荷。在动态负荷中，电动机负荷的建模方法与发电机类似，采用动态方程表示。通常，将频率和电动机转差率设定为状态变量。若要研究由电动机负荷主导的电力系统，或者是研究系统的长期稳定性和电压稳定性等性质，则需要电动机负荷的动态表示和更详细的一般性负荷表示。诸多研究表明，从聚合点来看，负荷集群对电压变化的响应非常迅速，因此允许将负荷集群模型表示为 ZIP 负荷的简化模型。

对于 ZIP 负荷模型来说，负荷由与负荷母线电压变化相关的代数关系表示。Z 代表恒定阻抗，I 代表恒定电流，P 代表恒定功率。在第 3 章同步发电机的仿真建模时，使用的是纯阻抗型负荷，因此可以与网络阻抗矩阵相集成。例如，热负荷本质上通常是恒定阻抗。在 ZIP 负荷表示中，负荷的实部和虚部部分可以独立为 Z、I 或 P 类型或三种类型的混合。如果要对混合 ZIP 特性负荷的实部或虚部部分进行建模，则可以使用指数模型或多项式模型来完成。ZIP 负荷还可以进一步扩展为依赖于负荷母线频率的形式。

ZIP 参数可以通过测量确定，并以表格的形式呈现。随着连接到电力网络中负荷组合的发展，近年来已经开始对 ZIP 参数进行实时更新，并在变电站内使用实时 ZIP 参数来识别连接到电力系统的负荷类型。随着智能电表的广泛应用，电力系统也可以获得更详细的负荷动态信息，并且通过需求侧响应服务实现负荷行为的灵活性调控。当数据不充足时，通常假设有功功率是恒流负荷，无功功率是恒阻抗负荷。

如前所述，负荷的实部和虚部部分是独立建模的，以允许有功负荷和无功负荷具有不同的电压相关行为。对于恒定阻抗（Z）、恒定电流（I）和恒定功率（P）负荷，其实部 P_L 和虚部 Q_L 可通过将式（4-1）中的变量 a 设置为实数和式（4-2）中的 b 分别设置为 2、1 或 0 来建模。其中，$|V|$ 是负荷母线电压的大小；$|V_0|$、P_0 和 Q_0 是母线电压幅值和功率的初始条件（initial conditions，ICs）。

$$P_L = P_0\left(\frac{|V|}{|V_0|}\right)^a \tag{4-1}$$

$$Q_L = Q_0\left(\frac{|V|}{|V_0|}\right)^b \tag{4-2}$$

对于混合负荷，P_L 和 Q_L 都可以具有混合 ZIP 特性，a 和 b 的值可以选择为非整数，以匹配负荷 P 和 Q 值随电压变化曲线的电压特性，被称为指数模型。

此外，还可以用多项式模型来描述负荷的混合 ZIP 特性，多项式模型可以从式（4-1）和式（4-2）导出。在多项式模型中，P_L 和 Q_L 各包含三种负荷类型，即一个恒定阻抗负荷、一个恒定电流负荷和一个恒定功率负荷。三个负荷按其构成负荷的比例以 100％加权，其中比例由 $p_1 \sim p_3$ 和 $q_1 \sim q_3$ 表示。因此，负荷功率实部 P_L 和虚部 Q_L 可以表示为

$$P_L = P_0 p_1 \left(\frac{|V|}{|V_0|}\right)^2 + P_0 p_2 \left(\frac{|V|}{|V_0|}\right)^1 + P_0 p_3 \left(\frac{|V|}{|V_0|}\right)^0 \tag{4-3}$$

$$Q_L = Q_0 q_1 \left(\frac{|V|}{|V_0|}\right)^2 + Q_0 q_2 \left(\frac{|V|}{|V_0|}\right)^1 + Q_0 q_3 \left(\frac{|V|}{|V_0|}\right)^0$$

使用式（4-4）中的复数功率 S_L 的表达式可以导出负荷电流的表达式，即

$$S_L = VI_L^* \tag{4-4}$$

$$[(P_L + jQ_L)/V]^* = I_L \tag{4-5}$$

在电力系统仿真中，网络以电流作为输入并以母线电压作为输出，而所有其他电力网络模块以母线电压为输入并以电流注入作为输出。

仅当电力系统中包含恒定阻抗型负荷时，可以进行隐式的负荷建模。其中等效阻抗 Z 为网络阻抗 Z_{net} 和阻抗型负荷 Z_{load} 之和，即 $Z=Z_{net}+Z_{load}$。换言之，阻抗型负荷被表示为阻抗矩阵的一部分。在【程序代码 2-1】，可以很容易地看出阻抗型负荷是如何隐式地建模为阻抗矩阵的一部分的。若需要对负荷进行显式建模，则在构建 **Y** 矩阵时不将负荷纳入其中。阻抗矩阵中 **Z** 负荷模型的隐式建模如【程序代码 4-1】所示。

【程序代码 4-1】阻抗矩阵中 Z 负荷模型的隐式建模

```
%负荷假设为阻抗型时,可以直接包含在 Y 矩阵中
%使用 Y 矩阵求解阻抗整个电力网络与阻抗型负荷的等效阻抗矩阵
YPL=PL./V.^2;
YQL=QL./V.^2;
Y=Y+diag(YPL-j*YQL);
Z=inv(Y);
```

对于负荷模型，可以使用式（4-5），根据负荷母线电压和复数形式的负荷功率，确定初始负荷电流，如【程序代码 4-2】所示。

【程序代码 4-2】显式负荷建模参数的初始化

```
%计算所有母线的电压
vol=bus_sol(:,2).*exp(li*bus_sol(:,3)*pi/180);
%PL 和 QL 为系统中所有母线上负荷消耗的有功与无功功率
PL=bus_sol(:,6);
QL=bus_sol(:,7);
%负荷电流
```

Iload＝conj((PL＋1i * QL)．vol)；

没有代数环的隐式负荷模型如图 4-1 所示，发电机模型由动态方程组成，已在 3.1 节中详细讨论。而网络和负荷模型（如虚线所示）通常由代数方程表示。

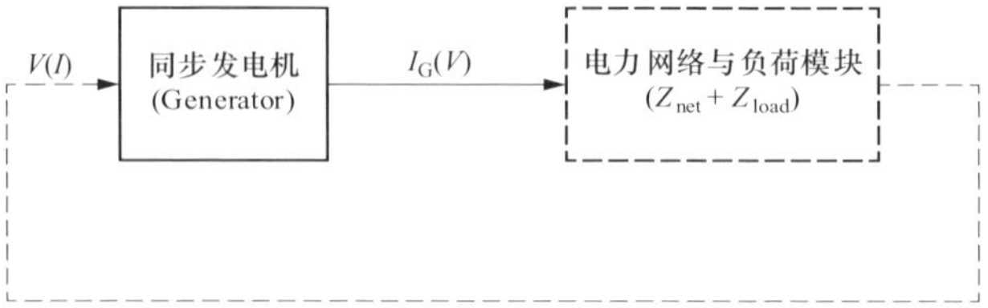

图 4-1　没有代数环的隐式负荷模型

解决代数环问题，就可以完成 ZIP 负荷方程 Simulink 实现。在时域仿真中，需要确定所有变量的初始状态。在动态方程中，这些是通过 ICs 设置的。当一个代数方程以变量 A 作为输入，变量 B 作为输出，并且第二个代数方程以变量 B 作为输入，变量 A 作为输出时，就会出现代数环问题。对于阻抗型负荷，由于可以将其与电力网络的阻抗进行合并，可以很容易地避免代数环问题。而在使用阻抗矩阵的电力网络中，对于恒电流和恒功率负荷，在 Simulink 仿真时则会存在一定的难度。图 4-2 所示为包含显式负荷的电力系统 Simulink 仿真模型。由图 4-1 可知，当负荷作为阻抗负荷集成在网络的 $\boldsymbol{Z}$ 矩阵中时，不存在代数环。然而图 4-2 中包含了非恒定阻抗类型的 ZIP 负荷，由于负荷模块和电力网络模块依赖于彼此的输出，从而存在代数环问题。

有多种方法可以消除代数环。第一种方法是使用 Simulink 中内置的 IC 块。将 IC 块插入代数环中，以确认 Simulink 变量的初始值。第二种方法是在循环中引入一个较快的时间常数。

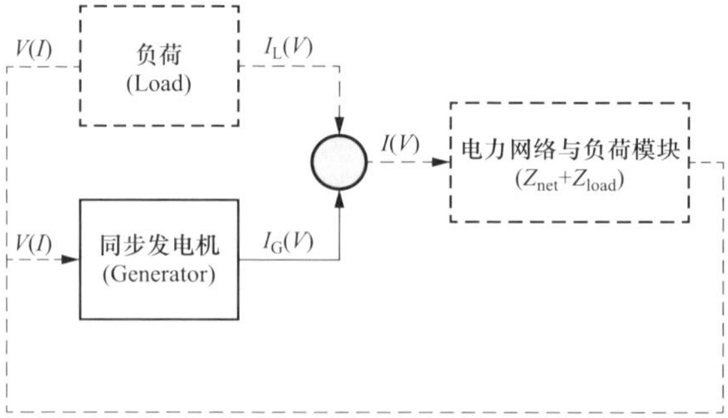

图 4-2　使用代数环的显式负荷建模

4.2 ZIP 模型 Simulink 仿真实现及分析

4.2.1 仿真案例：基于不同负荷模型的四机系统

本小节中，使用 IC 模块和延迟模块来构建和运行 Simulink 仿真，随后通过比较特征值和时间响应结果来分析它们的性能。考虑到两种实现方法都需要构建负荷模型部分，因此首先搭建负荷模型。

如【程序代码 4 1】和【程序代码 4 2】中所述，使用修改后的线路阻抗初始化程序，可以构建包含负荷的 Simulink 模型。图 4-3 展示了一个显式负荷表示的例子，其中增益参数 K 表示为

$$K=\frac{[\mathrm{PL}(7);\mathrm{PL}(9)-\mathrm{i}[\mathrm{QL}(7);\mathrm{QL}(9)]]}{(\mathrm{abs}[\mathrm{vol}(7);\mathrm{vol}(9)])^2} \tag{4-6}$$

式中：PL(7)、PL(9) 为负荷节点 7、9 的有功功率；QL(7)、QL(9) 为相应的无功功率；vol(7)、vol(9) 则为节点电压。

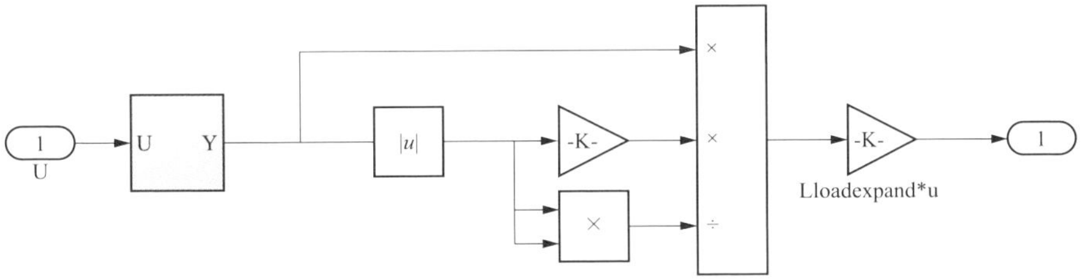

图 4-3 显式负荷 Simulink 实现架构

根据式（4-6）可以确定此模型具体是表示的恒流、恒功率还是恒阻抗型负荷。搭建如图 4-3 所示的显式负荷表示块，并将其包含在第 3.1 节开发的双区四机系统模型中。需要注意的是，需要将三相接地故障从同步发电机仿真模块中移除。最终包含显式负荷模块的电力系统仿真模型如图 4-4 所示。用于显式负荷表示的四机系统如【程序代码 4-3】所示。

【程序代码 4-3】显式负荷表示的四机系统

```
clear all
%获取负荷潮流解
```

```
[Y]=form_Ymatrix(bus,line);
%计算潮流解
[bus_sol,line_flow]=power_flow(Y,bus,line);
%同步发电机初始化
Smachs=[1;2;3;4];%同步发电机母线
%初始化同步发电机
Synch_parameter_sys_base_fourmach
generic_Sync_Ini_t
%计算每条母线上同步发电机注入的视在功率向量
PQ=bus_sol(:,4)+1i*bus_sol(:,5);
%计算所有母线上的电压
vol=bus_sol(:,2).*exp(1i*bus_sol(:,3)*pi/180);
%计算每条母线上同步发电机注入的电流
Icalc=conj(PQ./vol);
%PL、QL 为系统母线上负荷消耗的有功与无功功率
PL=bus_sol(:,6);
QL=bus_sol(:,7);
%V 为系统母线上的电压幅值
V=bus_sol(:,2);
%计算电力网络阻抗矩阵
Z=inv(Y);
%Implicit matrix when loads are assumed to be impedance type
%loads here and are included in the Y matrix.
YPL=PL./V.^2;
YQL=QL./V.^2;
Ytotal=Y+diag(YPL-j*YQL);
Ztotal=inv(Ytotal);
%电压幅值
Volabs=abs(vol);
%Expand Y matrix.
```

```
Y=full(Y);
%负荷功率
PLload=PL;
QLload=QL;
%时间常数 Tconst 以避免代数环问题
Tconst=0.0001;
%负荷电流
Iload=conj((PL+1i*QL)./vol);
%将负荷电流从带有负荷的母线扩展到所有的母线
Iloadexpand=zeros(11,2);
Iloadexpand(7,1)=1;
Iloadexpand(9,2)=1;
%IC 模块配置
set_param(bdroot,'AnalyticLinearization','on')
set_param(bdroot,'BufferReuse','off')
set_param(bdroot,'RTWIlineParameters','on')
```

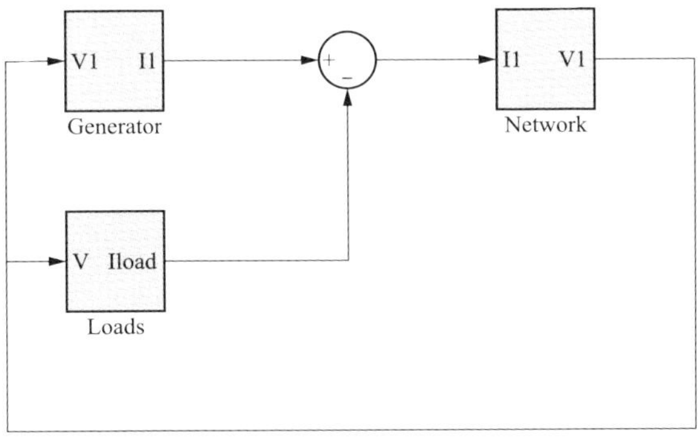

图 4-4 Simulink 模型中的代数环

4.2.2 模型初始化方法

首先，构建 IC 块。如图 4-5 所示，使用库浏览器中的 IC 块。由于 IC 块只能处理实数，因此需要在 IC 子系统中首先将电流分为实部和虚部，如图 4-6 所示。为了从线性化模型中获得准确的结果，需要严格遵循以下几个步骤：

（1）打开 Simulink 模型，然后运行【程序代码 4-4】。

（2）点击两次 Simulink 菜单栏“仿真”选项中的“步进”按钮将仿真模型移动到第一个非零仿真步长，而不是直接运行并编译模型（见图 4-7）。其中，通过将最大仿真步长设置为 10^{-5} 以确保第一个时间步长接近起始时间（0s）。

（3）然后，运行【程序代码 4-4】的两行代码。第一行定义初始状态向量，第二行围绕第一个非零时间步对模型进行线性化。此后，通过 eig（sys. a）来显示所研究系统的特征值。

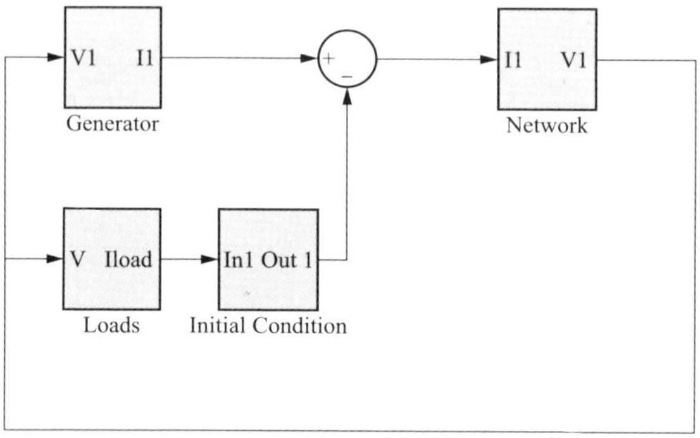

图 4-5　使用初始条件模块（IC）解决代数环问题

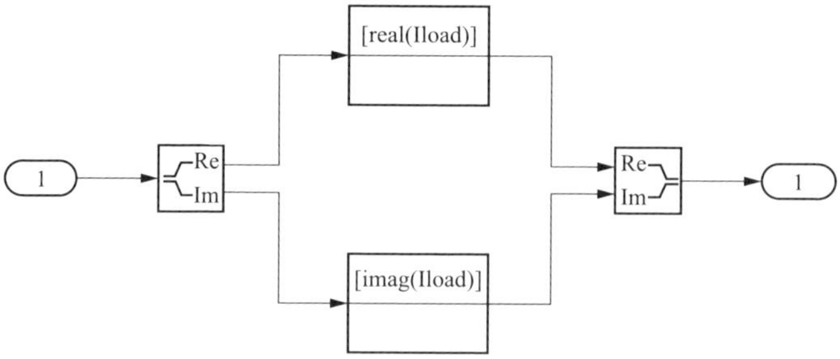

图 4-6　IC 模块内部架构

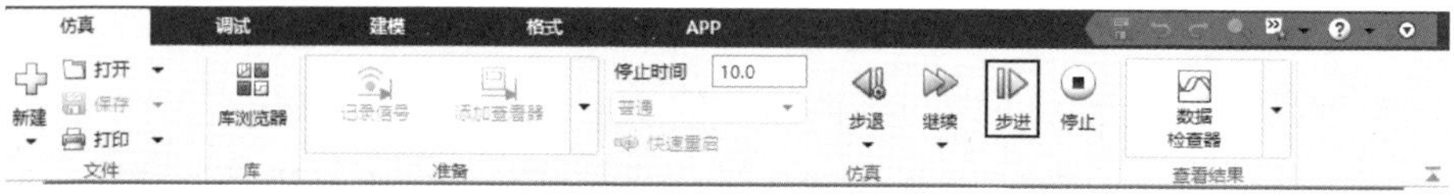

图 4-7　步进方式运行 Simulink 仿真模型

【程序代码 4-4】IC 模块方法的线性化

```
xstates=[s_Eqd;s_delta;s_Psild;s_Psi2q;s_Edd;s_Efd./s_Ka;s_ws;s_ws;s_ws;s_ws;s_Tm];
sys=linmod('IC_block_fourmach_withcontrol_sys_base',xstates,[],[1e-5 0.001 0])
```

当运行带有 IC 模块的显式负荷电力系统时,可以通过如下命令查看当前所仿真的电力系统状态空间模型。

```
sys=linmod('IC_block_fourmach_withcontrol_sys_base')
```

运行上述命令后,工作区中将返回 sys 变量,可以按照 sys 的顺序建立当前的状态向量。

使用延迟模块解决代数环问题时采用图 4-8 所示的 Simulink 仿真架构。其内部结构如图 4-9 所示。

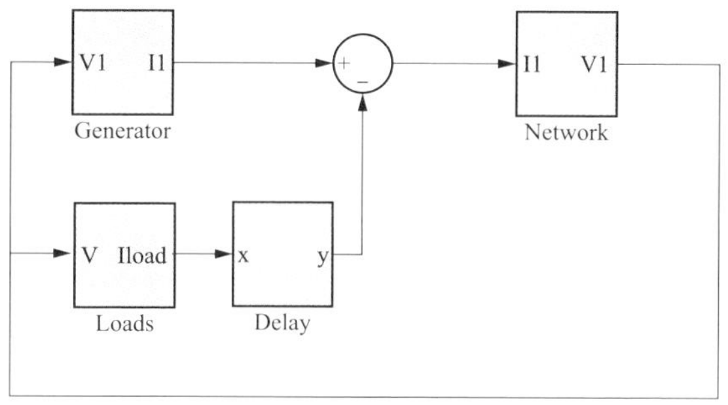

图 4-8 使用延时模块解决代数环问题

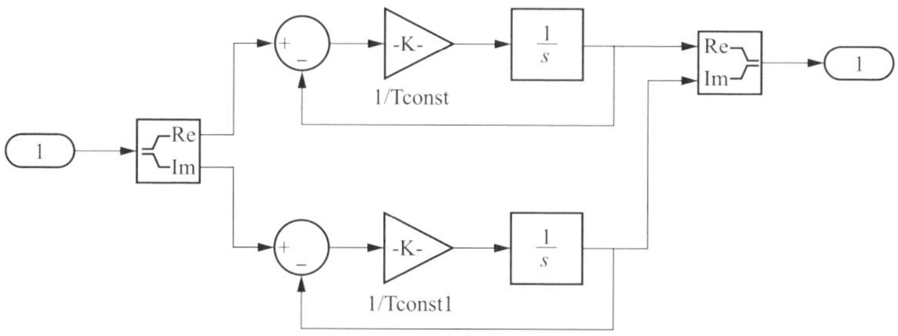

图 4-9 延迟模块内部架构

在延迟模块中，首先将负荷电流分解为实部和虚部，而延迟模块通过积分器和反馈通道构成的一阶惯性延时环节实现。Tconst 设置为 0.001s。分析时，具有极短时间常数的动态过程简化为代数过程，而较长时间常数的动态过程则可简化为常数环节。

4.2.3 建模精度比较

对于 IC 模块和延迟模块这两种方法，通过运行【程序代码 4-5】可以获得特征值。对其数值结果进行比较，结果如图 4-10 所示。

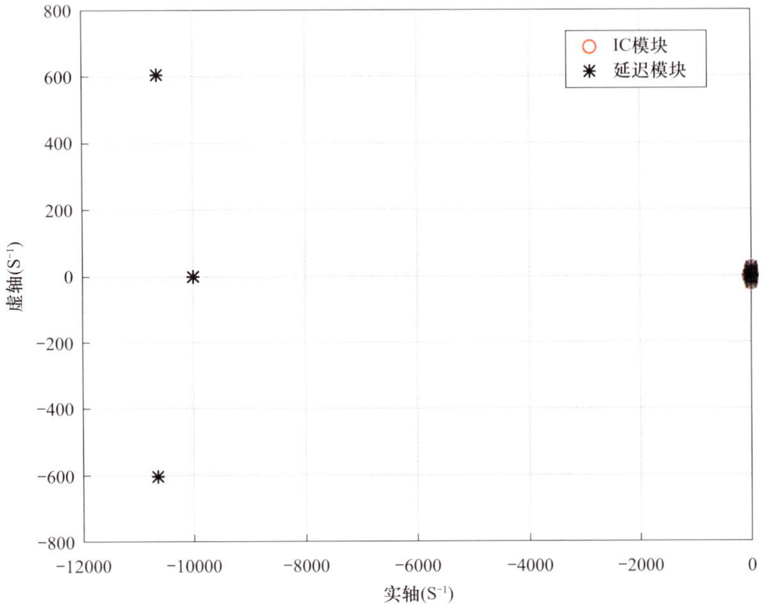

图 4-10　延迟模块和 IC 模块方法的极点位置分布

【程序代码 4-5】使用 IC 模块和延迟模块的特征值比较

```
xstates=[s_Eqd;s_delta;s_Psild;s_Psi2q;s_Edd;s_Efd./s_Ka;s_ws;s_ws;s_ws;s_ws;s_Tm];
sys=linmod('IC block fourmach withcontrol sys base',xstates,[],[1e−5 0.001 0]);
eig(sys.a)
Atest=eig(sys.a);
scatter(real(eig(sys.a)),imag(eig(sys.a)),'ro');
hold on
sys=linmod('delay_block_fourmach_withcontrol_sys_base')
```

```
eig(sys.a)
Btest=eig(sys.a);
scatter(real(eig(sys.a)),imag(eig(sys.a)),'k*')
grid on
```

可以看到延迟模块通过引入额外的极点来实现，然而在物理层面该极点是没有实际意义的，这是因为这些极点位于图像的左侧远端，属于非主导极点，从而可以忽略不计。这些极点很容易识别。当我们放大极点时，如图 4-11 所示，可以看到延迟块和 IC 块实现的极点之间有很好的一致性。

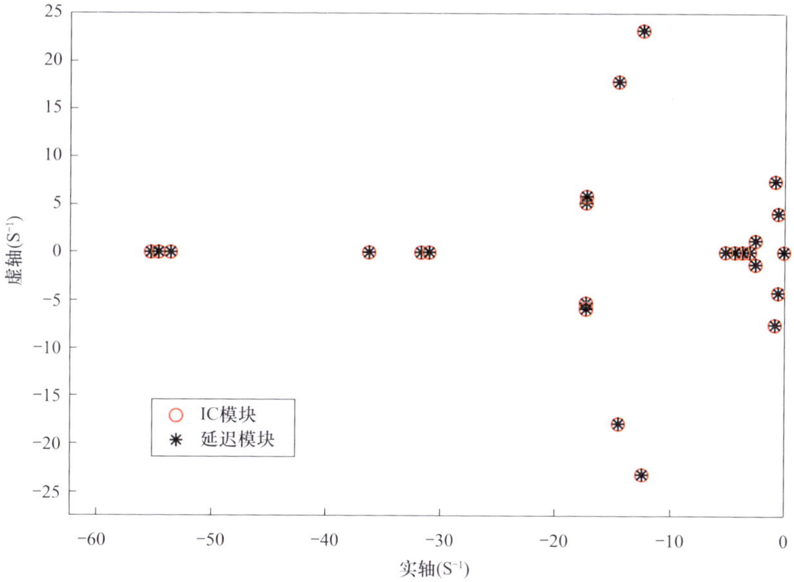

图 4-11　延迟模块和 IC 模块方法的极点位置分布（细节图）

下面计算两组结果之间的不匹配度。可以重新排列特征值的顺序，这样就可以比较相应的极点。如程序代码 4-6 所示，使用 Atestsort 和 Btestsort 函数分别进行视觉检查，相应地重新排序。

【程序代码 4-6】IC 模块和延迟模块 Simulink 实现对比(极点重新排序后)

```
Ctest=zeros(54,2);
Btestsort=cplxpair(Btest);
Atestsort=cplxpair(Atest);
```

```
Ctest(1:54,1)=Btestsort;
Ctest(3:22,2)=cplxpair(Atestsort(1:20));
Ctest(43:54,2)=cplxpair(Atestsort(21:32));
Ctest(:,3)=Ctest(:,1)-Ctest(:,2);
scatter(real(Ctest(:,3)),imag(Ctest(:,3)));
grid on
```

通过【程序代码 4-6】可以清晰地获取相关匹配极点的差异，并绘制 IC 模块方法和延迟模块方法之间特征值结果差异的大小，从而确定每个极点结果的准确性。从图 4-12 可以看出，在 10^{-3} 的尺度下，虚部的最大误差与极点数值大小相比可忽略不计，而实部的最大误差则小于 0.04，误差相对合理。

到目前为止，已经证明恒流型负荷可以使用延迟块实现或 IC 块实现来建模。现在将其扩展到其他两种类型的负荷。通过比较隐式方法和显式方法（IC 块和延迟块）的恒定阻抗类型负荷的特征值，进一步验证在本节中打破代数环的方法。最后，可以通过特征值比较三种负荷类型。

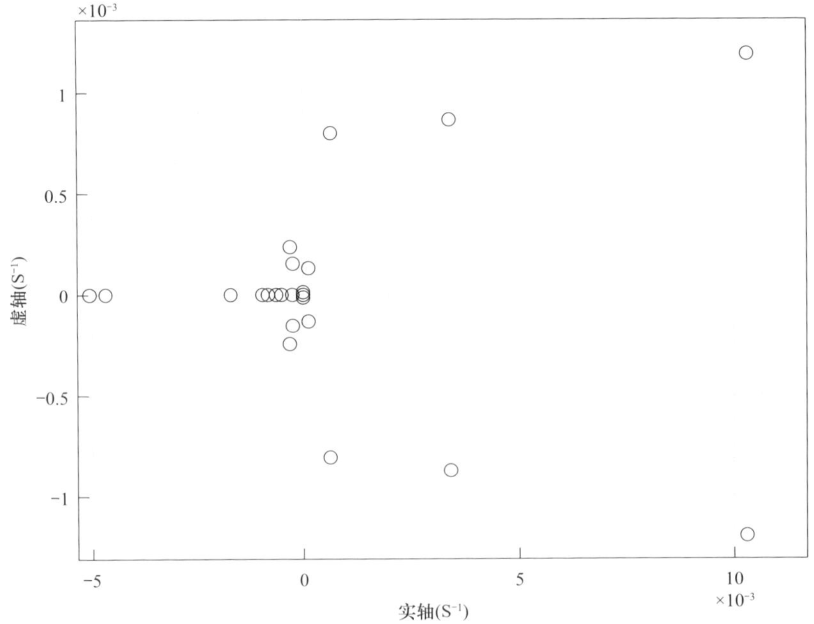

图 4-12 延迟模块和 IC 模块方法的极点分布差异

图 4-13 和图 4-14 分别显示了恒功率负荷和恒阻抗型负荷的显式表示。图 4-3 中的负荷模型适用于恒流负荷类型，可表示为

$$\frac{1}{V^*}=\frac{V}{|V|^2} \tag{4-7}$$

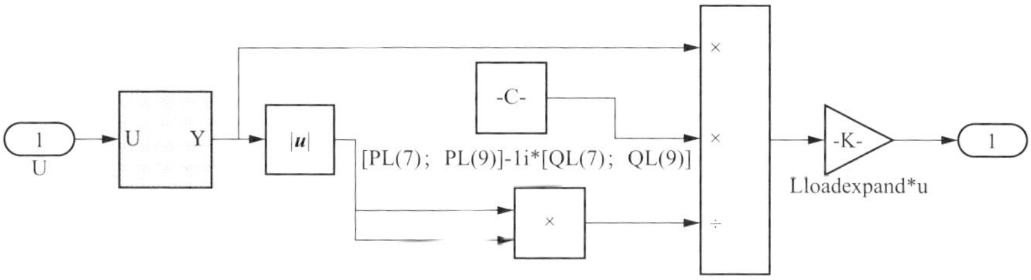

图 4-13　恒功率负荷的显式化建模

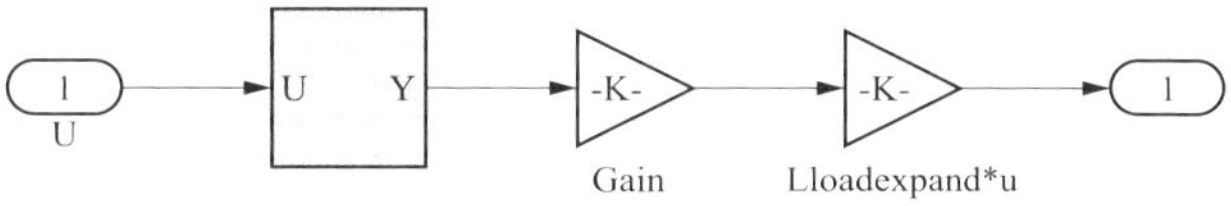

图 4-14　恒定阻抗负荷的显式化建模

图 4-14 中恒定阻抗的增益 K 表示为

$$K=\frac{[PL(7);PL(9)-i[QL(7);QL(9)]]}{(abs[vol(7);vol(9)])} \tag{4-8}$$

然后，构建四个新的 Simulink 模型：第一个用于恒功率负荷，带有一个延迟模块；第二个同样为恒功率负荷，但带有一个 IC 模块；第三个模型用于恒阻抗模块，使用的是延迟模块；第四个模型为带有 IC 模块的恒定阻抗负荷。

总体而言，本章搭建了 7 种不同的负荷模型，每种类型都有两种实现方法。即恒定 Z、I 或 P，以及 Z 负荷的隐式实现。【程序代码 4-7】可以实现在一个特征值图上查看所有七个负荷。现依次查看恒功率和恒阻抗负荷的极点。

【程序代码 4-7】7 种负荷模型实现方法的仿真实现对比

```
xstates=[s_Eqd;s_delta;s_Psild;s_Psi2q;s_Edd;s_Efd./s_Ka;s_ws;
s_ws;s_ws;s_ws;s_Tm];
%恒电流负荷
sys=linmod('IC_block_fourmach_withcontrol_sys_base',xstates,[],[1e-5
0.001 0])
```

```
eig(sys.a)
scatter(real(eig(sys.a)),imag(eig(sys.a)),'ro');
hold on
sys=linmod('delay_block_fourmach_withcontrol_sys_base')
eig(sys.a)
scatter(real(eig(sys.a)),imag(eig(sys.a)),'r*');
%恒功率负荷
sys=linmod('IC_block_fourmach_withconrol_sys_base_ConstP',xstates,[],
[1e-5 0.001 0])
eig(sys.a)
scatter(real(eig(sys.a)),imag(eig(sys.a)),'bo');
sys=linmod('delay_block_fourmach_withcontrol_sys_base_ConstP')
eig(sys.a)
scatter(real(eig(sys.a)),imag(eig(sys.a)),'b*');
%恒阻抗负荷
sys=linmod('IC_block_fourmach_withcontrol_sys_base_ConstZ',xstates,[],
[1e-5 0.001 0])
eig(sys.a)
scatter(real(eig(sys.a)),imag(eig(sys.a)),'ko');
sys=linmod('delay_block_fourmach_withcontrol_sys_base_ConstZ')
eig(sys.a)
scatter(real(eig(sys.a)),imag(eig(sys.a)),'k*');
sys=linmod('Impicit_method')
eig(sys.a)
scatter(real(eig(sys.a)),imag(eig(sys.a)),'k^')
grid on
```

图 4-15 显示了当负荷（P 和 Q）被建模为恒功率负荷时，四机系统的相关极点。与恒流负荷的情况类似，可以看到两种代数环处理方法下极点一致性很高。

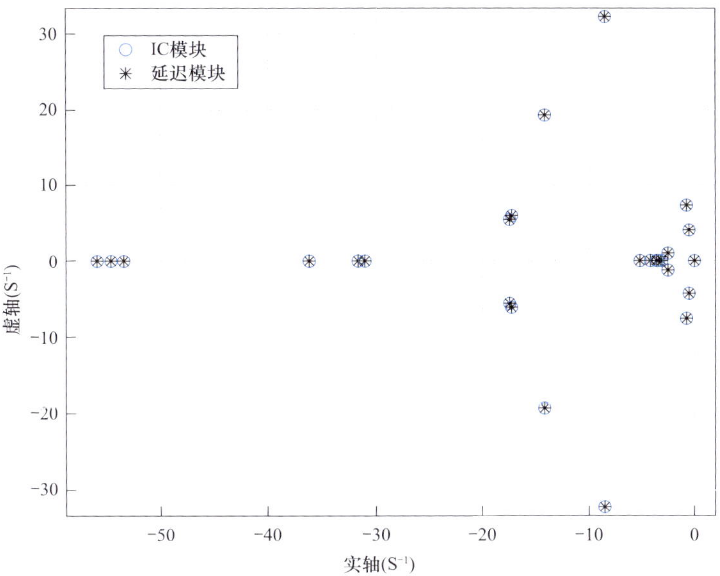

图 4-15　使用延迟模块和 IC 模块进行恒功率负荷 Simulink 仿真时极点分布

图 4-16 显示了系统只有恒定阻抗负荷时的极点。隐式方法是对此类系统建模的最佳方法，因为它不包含任何代数环，从而更有助于得出精确的结果。

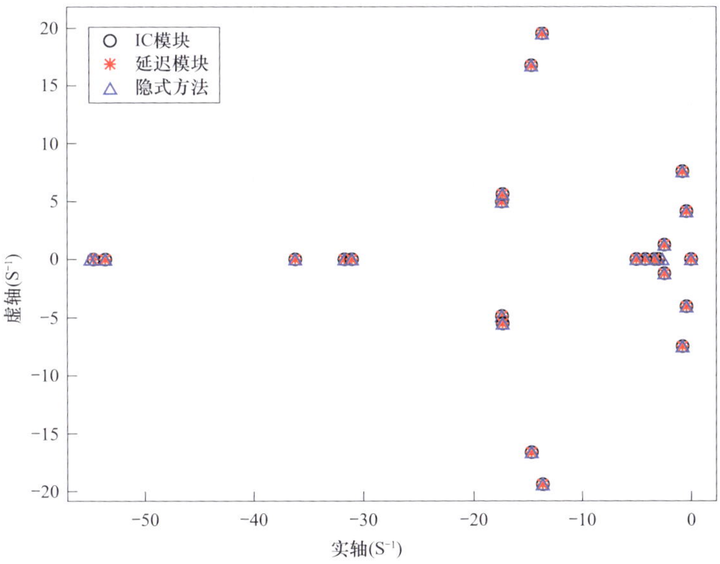

图 4-16　使用延迟模块、IC 模块和隐式方法进行恒阻抗负荷 Simulink 仿真时极点分布

然而，使用带有 IC 模块或延迟模块的显式方法给出的结果非常接近隐式建模方法。从而表明 IC 模块或延迟模块这两种方法可以用于其他的负荷类型仿真。

现在已经绘制出所有三种类型负荷（恒定 Z、I 和 P）的特征值图，可以比较一个特征值图上的所有结果，以了解不同负荷类型是如何影响极点的。图 4-17 显示了所有相关极点的放大视图。可以看出，所有负荷类型之间的许多极点都非常相似，图中的标记重叠。越远离虚轴的极点，其极点位置出现了显著的差异性，但由于属于非主导极点可以忽略不计。放大位于最靠近右侧的极点，如图 4-18 所示。该组中的极点位置分布几乎没有差异。

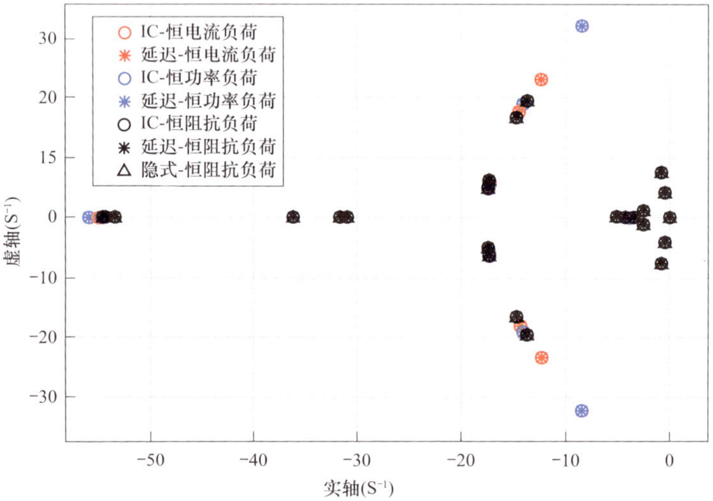

图 4-17　七种负荷 Simulink 仿真时的极点分布

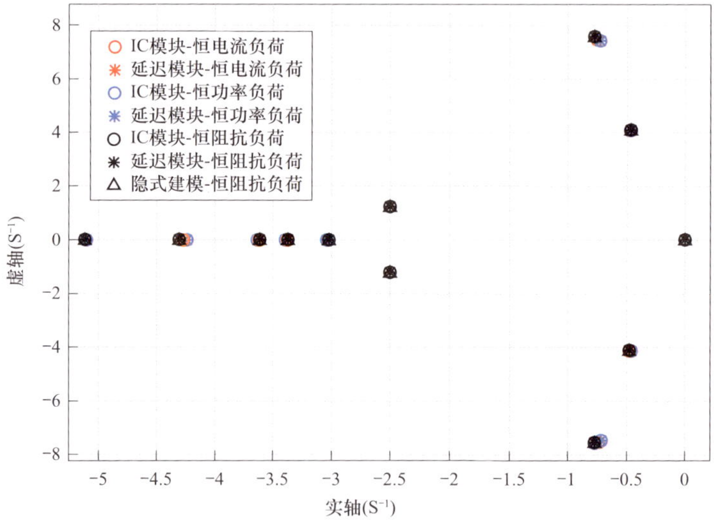

图 4-18　七种负荷 Simulink 仿真时的极点分布细节

在对特征值进行详尽的讨论之后，可以通过负荷类型的变化来检查时域分析中的差异。图 4-19 显示了两个负荷母线之一（例如母线 7）的电压响应，当发电机励磁电压参考值在稳态仿真 1s 后增加 1%时。差异清晰可见，在这种情况下，使用【程序代码 4-8】，所有三种情况都稳定在一个新的稳定状态，如图 4-19 所示。

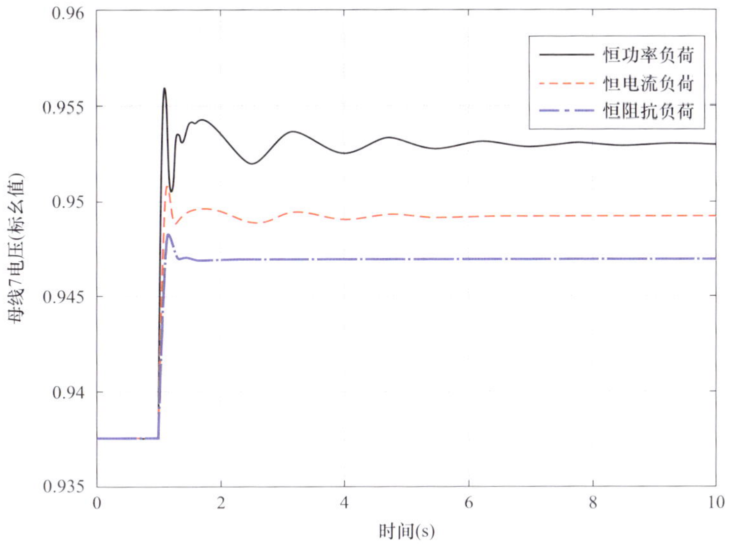

图 4-19　发电机励磁电压参考值变化 1%时，母线 7（负荷母线）的电压幅值在三种负荷类型下的时域仿真结果

【程序代码 4-8】三种负荷类型的电压响应曲线

```
load('ConstP. mat')
plot(ans,'k')
hold on
load('ConstI. mat')
plot(ans,'r --')
load('Constz. mat')
plot(ans,'b -. ')
grid on
```

5 MATLAB/Simulink 辅助新能源电力系统设计基础

新能源电力系统本质上是控制系统在电力行业中的具体表现形式。因而对电力系统的数学描述可以采用控制系统中的相关描述方法。此外，对于新能源电力系统诸多控制应用场景的设计问题，同样可以在确定被控对象的动力学特性的基础上，采用控制系统中相关的设计理论与方法进行控制策略的设计。本章首先介绍了新能源电力系统建模、分析过程中涉及的相关理论基础，并结合 MATLAB/Simulink 仿真分析工具给出具体的仿真实现例程。

5.1 电力系统线性化模型描述

5.1.1 时域模型描述方法

微分方程模型是数学模型的一种主要形式。当采用一阶微分方程的数值积分法进行数值计算时，应把高阶微分方程变换成 n 个一阶微分方程的形式。对于微分方程而言，除了少数可以得到解析解外，大多数只能采用数值解法。

设线性定常系统由 n 阶线性常微分方程描述为

$$\begin{aligned} & a_0 \frac{\mathrm{d}^n}{\mathrm{d}t^n}c(t) + a_1 \frac{\mathrm{d}^{n-1}}{\mathrm{d}t^{n-1}}c(t) + \cdots + a_{n-1} \frac{\mathrm{d}}{\mathrm{d}t}c(t) + a_n c(t) \\ & = b_0 \frac{\mathrm{d}^m}{\mathrm{d}t^m}r(t) + b_1 \frac{\mathrm{d}^{m-1}}{\mathrm{d}t^{m-1}}r(t) + \cdots + b_{m-1} \frac{\mathrm{d}}{\mathrm{d}t}r(t) + b_m r(t) \end{aligned} \tag{5-1}$$

式中：$c(t)$ 是系统输出量；$r(t)$ 是系统输入量；$a_i(i=1, 2, \cdots, n)$ 和 $b_j(j=1, 2, \cdots, m)$ 是与系统结构和参数有关的常系数。在 MATLAB 软件中，使用 ode 函数建立微分方程模型。

【范例分析】创建微分方程

在 RC 低通滤波器电路（见图 5-1）中，电阻 R 为 5Ω，理想电压源 V_i 为 20V，电容为 70μF。分析电路元件电容的时域特性。

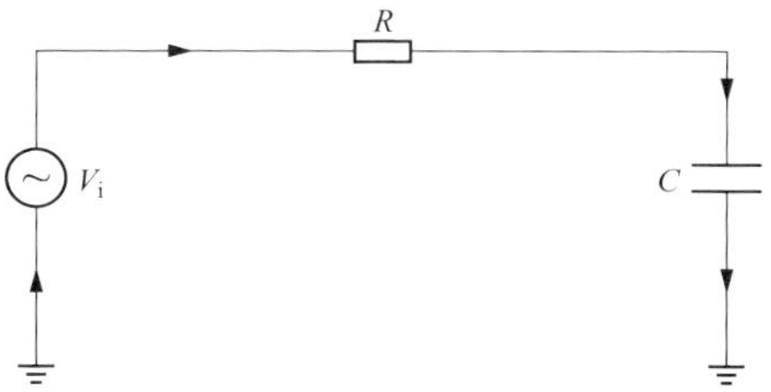

图 5-1　RC 低通滤波器电路

先讨论电容的特性：电容是以聚集电荷的形式来存储电能的一种元件。常用的电容器由两个金属箔作为极板，在两极上聚集等量的异性电荷。电容的特点是两端的瞬时电压只决定于其中聚集的瞬时电量。因此对于电容而言，其电压和电流的关系为

$$V(t) = \frac{1}{C}\int I(t)\mathrm{d}t \tag{5-2}$$

$$I(t) = C\frac{\mathrm{d}V(t)}{\mathrm{d}t} \tag{5-3}$$

因此根据基尔霍夫定律，可得出微分方程为

$$RI(t) + V_c(t) = V_i(t) \tag{5-4}$$

$$I(t) = C\frac{\mathrm{d}V_c(t)}{\mathrm{d}t} \tag{5-5}$$

在利用 ode 函数时必须对微分方程作出以下假设，即

$$\begin{cases} y(1) = V_c(t) \\ \dfrac{\mathrm{d}y(1)}{\mathrm{d}t} = \dfrac{V_i(t) - y(1)}{RC} \end{cases} \tag{5-6}$$

创建如下 function 文档：

```
function dy=cir1(t,y);
%定义理想电压源为 Vi=20V
Vi=20;
%定义电阻 R 为 5Ω
R=5;
%定义电容为 70μF
C=70e-06;
%定义微分方程
dy=zeros(1,1);
```

```
dy(1)=(Vi-y(1))/(R*C);
```

在命令行窗口输入如下代码：

```
[t,y]=ode23(@cir1,[0 0.006],[0]);
%绘制电容电压 Vc 与时间的曲线图
plot(t,y(:,1));
%定义名称和轴标记
title('Vc—Time');
xlabel('Time(sec)');
ylabel('Vc(v)');
```

运行上述命令，即可完成电容电压 V_c 与时间曲线图的绘制，如图 5-2 所示。当电压源为直流电压源时，加载在电容上的电压随时间呈抛物线增大，在大约 0.5s 时达到稳态，稳态值为 20.01V。电容电压在 $t=0$s 时取得最小值，最小值为 0；电容电压在 $t=0.5$s 时达到最大值，最大值为 20.01V。此电路为 RC 低通滤波器。

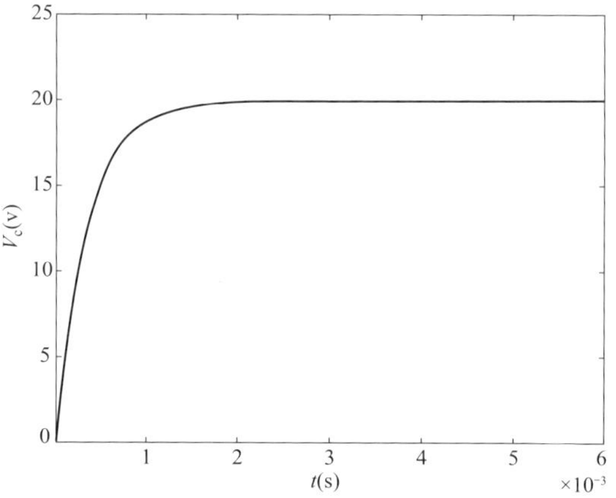

图 5-2　电容电压的时间曲线图

5.1.2　频域模型

控制系统的微分方程是在时间域描述系统动态性能的数学模型，在给定外作用及初始条件下，求解微分方程可以得到系统的输出响应。这种方法比较直观，特别是借助于电子计算机可以迅速而准确地求得结果。但是如果系统的结构改变或某个参数变化时，就要重新列写并求解微分方程，不便于对系统进行分析和设计。

用拉氏变换法求解线性系统的微分方程时，可以得到控制系统在复数域中的数学模型——传递函数。传递函数不仅可以表征系统的动态性能，而且可以用来研究系统的结构或参数变化对系统性能的影响。经典控制理论中广泛应用的频率法和根轨迹法，就是以传递函数为基础建立起来的，传递函数是经典控制理论中最基本和最重要的概念。线性定常系统的传递函数定义为：零初始条件下，系统输出量的拉氏变换与输入量的拉氏变换之比。

设线性定常系统由 n 阶线性常微分方程描述为

$$\begin{aligned} &a_0\frac{\mathrm{d}^n}{\mathrm{d}t^n}c(t)+a_1\frac{\mathrm{d}^{n-1}}{\mathrm{d}t^{n-1}}c(t)+\cdots+a_{n-1}\frac{\mathrm{d}}{\mathrm{d}t}c(t)+a_nc(t)\\ &=b_0\frac{\mathrm{d}^m}{\mathrm{d}t^m}r(t)+b_1\frac{\mathrm{d}^{m-1}}{\mathrm{d}t^{m-1}}r(t)+\cdots+b_{m-1}\frac{\mathrm{d}}{\mathrm{d}t}r(t)+b_mr(t)\end{aligned} \tag{5-7}$$

式中：$c(t)$ 是系统输出量；$r(t)$ 是系统输入量；$a_i(i=1,2,\cdots,n)$ 和 $b_j(j=1,2,\cdots,m)$ 是与系统结构和参数有关的常系数。

设 $r(t)$ 和 $c(t)$ 及其各阶导数在 $t=0$ 时的值均为零，即零初始条件，对上式中各项分别求拉氏变换，并令 $C(s)=\mathcal{L}[c(t)]$，$R(s)=\mathcal{L}[r(t)]$，可得 s 的代数方程为

$$\begin{aligned} &[a_0s^n+a_1s^{n-1}+\cdots+a_{n-1}s+a_n]C(s)\\ &=[b_0s^m+b_1s^{m-1}+\cdots+b_{m-1}s+b_m]R(s)\end{aligned} \tag{5-8}$$

于是，由定义得系统传递函数为

$$G(s)=\frac{C(s)}{R(s)}=\frac{b_0s^m+b_1s^{m-1}+\cdots+b_{m-1}s+b_m}{a_0s^n+a_1s^{n-1}+\cdots+a_{n-1}s+a_n}=\frac{M(s)}{N(s)} \tag{5-9}$$

$$M(s)=b_0s^m+b_1s^{m-1}+\cdots+b_{m-1}s+b_m$$

$$N(s)=a_0s^n+a_1s^{n-1}+\cdots+a_{n-1}s+a_n$$

【范例分析】创建传递函数

根据如下传递函数绘制零点极点图。

$$H(s)=\frac{s^2+4s+3}{s^5+18s^4+132s^3+498s^2+971s+780} \tag{5-10}$$

在 MATLAB 命令行窗口中输入如下命令：

```
%输入传递函数的分子系数向量 num
num=[1,4,3];
```

```
%输入传递函数的分母系数向量 den
den=[1,18,132,498,971,780];
%%利用 tf2zp 函数求解零点、极点和增益
[z,p,k]=tf2zp(num,den);
%%显示零点向量 z
disp('zeros:');z
%%显示极点向量 p
disp('poles:');p
%%显示增益 k
disp('gains:');k
%绘制零点极点图
zplane(z,p)
%%定义仿真曲线图的名称和坐标轴标注
title('Zero-Pole Plane');
xlabel('Real Part');
ylabel('Imaginary Part');
```

直接运行上述命令，在命令行窗口将显示如下内容：

%输出传递函数的零点向量 z

```
zeros:
z=   -3
     -1
poles:
p=          -5+0i
            -3+2i
            -3-2i
            -4+0i
            -3+0i
gains:
k=
      1
```

由此得到的传递函数的零点极点增益形式为

$$H(s)=\frac{(s+3)(s+1)}{(s+5)[s-(-3+i2)][s-(-3-i2)](s+4)(s+3)} \tag{5-11}$$

同时，绘制出传递函数的零点极点图，如图 5-3 所示。

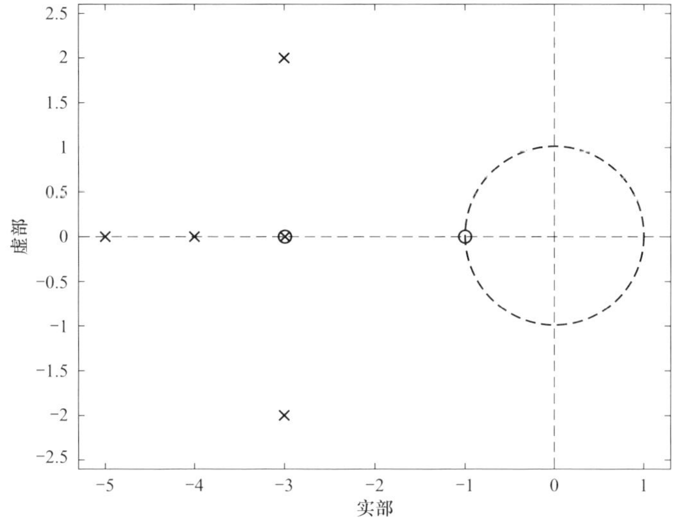

图 5-3　零点极点图

5.1.3　状态空间模型

经典线性系统理论对于单输入一单输出线性定常系统的分析和综合是比较有效的，但其显著的缺点是只能揭示输入一输出之间的外部特性，难以揭示系统内部的结构特性，也难以有效处理多输入一多输出系统。在 20 世纪 50 年代蓬勃兴起的航天技术的推动下，1960 年前后开始了从经典控制理论到现代控制理论的过渡，其中一个重要标志就是卡尔曼系统地将状态空间概念引入到控制理论中来。现代控制理论正是在引入状态和状态空间概念的基础上发展起来的。

状态方程模型通过选择合适的状态变量对系统进行状态方程的描述，即

$$\frac{\mathrm{d}^n x(t)}{\mathrm{d}t^n}+a_{n-1}\frac{\mathrm{d}^{n-1}x(t)}{\mathrm{d}t^{n-1}}+\cdots+a_2\frac{\mathrm{d}^2x(t)}{\mathrm{d}t^2}+a_1\frac{\mathrm{d}x(t)}{\mathrm{d}t}+a_0x(t)=u(t) \tag{5-12}$$

$$y(t)=Cx(t)+Du(t) \tag{5-13}$$

式中：$x(t)$ 表示系统的状态变量；$u(t)$ 表示系统的输入量；$y(t)$ 表示系统的

输出量。状态方程的模型根据不同的状态变量有所不同。在工程领域，常选择的状态变量的表示方法为

$$\begin{cases} x_1 = x(t) \\ x_2 = \dfrac{\mathrm{d}x(t)}{\mathrm{d}t} \\ \qquad \vdots \\ x_n = \dfrac{\mathrm{d}^{n-1}x(t)}{\mathrm{d}t^{n-1}} \end{cases} \tag{5-14}$$

将其代入方程，可以表示 $x(t)$ 的各阶导数，即

$$\begin{cases} x_1 = x(t) \\ \dfrac{\mathrm{d}x_1}{\mathrm{d}t} = x_2 \\ \dfrac{\mathrm{d}x_2}{\mathrm{d}t} = x_3 \\ \qquad \vdots \\ \dfrac{\mathrm{d}x_{n-1}}{\mathrm{d}t} = x_n \\ \dfrac{\mathrm{d}x_n}{\mathrm{d}t} = -a_{n-1}x_n - \cdots - a_2x_3 - a_1x_2 - a_0x_1 + \boldsymbol{u}(t) \end{cases} \tag{5-15}$$

将状态方程可以写出矩阵形式，即

$$\begin{bmatrix} \dfrac{\mathrm{d}x_1}{\mathrm{d}t} \\ \dfrac{\mathrm{d}x_2}{\mathrm{d}t} \\ \vdots \\ \dfrac{\mathrm{d}x_{n-1}}{\mathrm{d}t} \\ \dfrac{\mathrm{d}x_n}{\mathrm{d}t} \end{bmatrix} = \begin{bmatrix} 0 & 1 & 0 & \cdots & 0 \\ 0 & 0 & 1 & \cdots & 0 \\ \vdots & \vdots & \vdots & \ddots & \vdots \\ 0 & 0 & 0 & \cdots & 1 \\ -a_0 & -a_1 & -a_2 & \cdots & -a_n \end{bmatrix} \begin{bmatrix} x_1 \\ x_2 \\ \vdots \\ x_{n-1} \\ x_n \end{bmatrix} + \begin{bmatrix} 0 \\ 0 \\ \vdots \\ 0 \\ 1 \end{bmatrix} u(t) \tag{5-16}$$

$$\boldsymbol{A} = \begin{bmatrix} 0 & 1 & 0 & \cdots & 0 \\ 0 & 0 & 1 & \cdots & 0 \\ \vdots & \vdots & \vdots & \ddots & \vdots \\ 0 & 0 & 0 & \cdots & 1 \\ -a_0 & -a_1 & -a_2 & \cdots & -a_n \end{bmatrix} \tag{5-17}$$

$$B=\begin{bmatrix}0\\0\\\vdots\\0\\1\end{bmatrix} \tag{5-18}$$

其中，矩阵 ***A*** 的行数与状态变量的个数相同，列数与状态变量的个数相同；矩阵 ***B*** 的行数与状态变量的个数相同，列数与输入量的个数相同。

此外，矩阵 ***C*** 的行数应与输出量的个数相同，列数应与状态变量的个数相同；矩阵 ***D*** 的行数应与输出量的个数相同，列数应与输入量的个数相同。由此可得出状态方程，即

$$\begin{cases}\dfrac{\mathrm{d}x}{\mathrm{d}t}=Ax+Bu\\ y=Cx+Du\end{cases} \tag{5-19}$$

在 MATLAB 中，利用 ss 函数创建连续系统的状态方程，ss 函数的表达式为

$$\text{sys}=\text{ss}(\boldsymbol{a},\boldsymbol{b},\boldsymbol{c},\boldsymbol{d})$$

式中：sys 为状态方程的系统名称；***a*** 表示输入矩阵 ***A***；***b*** 表示输入矩阵 ***B***；***c*** 表示输入矩阵 ***C***；***d*** 表示输入矩阵 ***D***。

同时在 MATLAB 中利用 ssdata 函数显示系统的状态矩阵，ssdata 函数的表达式为

$$[\boldsymbol{a},\boldsymbol{b},\boldsymbol{c},\boldsymbol{d}]=\text{ssdata}(\text{sys})$$

式中：sys 为状态方程的系统名称；***a*** 表示矩阵 ***A***；***b*** 表示矩阵 ***B***；***c*** 表示矩阵 ***C***；***d*** 表示矩阵 ***D***。

【范例分析】创建状态空间方程

在命令行窗口输入以下指令：

```
%输入矩阵 A
a=[-4,-6,-8;1,0,0;0,1,0];
%输入矩阵 B
b=[1;0;0];
%输入矩阵 C
c=[0,1,2];
```

```
%输入矩阵 D
d=[0];
%构造状态方程
sys=ss(a,b,c,d)
```

运行上述程序，命令行窗口将显示如下内容

```
sys=
  A=
       x1   x2   x3
  x1   -4   -6   -8
  x2   1    0    0
  x3   0    1    0
  B=
       u1
  x1   1
  x2   0
  x3   0
  C=
       x1   x2   x3
  y1   0    1    2
  D=
       u1
  y1   0
Continuous-time state-space model.
```

进一步在命令行窗口键入如下句柄以显示系统的状态方程信息

```
[a,b,c,d]=ssdata(sys)
```

命令行创后将显示如下内容

```
a=
     -4     -6     -8
     1      0      0
     0      1      0
```

```
b=
      1
      0
      0
c=
      0      1      2
d=
      0
```

由以上程序，可以得出状态方程

$$\begin{cases} \dfrac{\mathrm{d}x}{\mathrm{d}t} = \begin{bmatrix} -4 & -6 & -8 \\ 1 & 0 & 0 \\ 0 & 1 & 0 \end{bmatrix} \begin{bmatrix} x_1 \\ x_2 \\ x_3 \end{bmatrix} + \begin{bmatrix} 1 \\ 0 \\ 0 \end{bmatrix} u(t) \\ y(t) = \begin{bmatrix} 0 & 1 & 2 \end{bmatrix} \begin{bmatrix} x_1 \\ x_2 \\ x_3 \end{bmatrix} \end{cases} \tag{5-20}$$

5.1.4 三个模型间的转化

控制系统中，不同的数学模型适用范围不同。各种数学模型之间的转换主要包括传递函数和状态方程模型的转换、零点极点和状态方程模型的转换。

传递函数的模型为

$$H(s) = \frac{G(s)}{F(s)} = \frac{b_0 s^m + b_1 s^{m-1} + \cdots + b_{m-1} s + b_m}{a_0 s^n + a_1 s^{n-1} + \cdots + a_{n-1} s + a_n} \tag{5-21}$$

状态方程模型为

$$\begin{cases} \dfrac{\mathrm{d}x}{\mathrm{d}t} = Ax + Bu \\ y = Cx + Du \end{cases} \tag{5-22}$$

在 MATLAB 软件中，利用 tf2ss 函数将传递函数模型转换为状态方程模型，tf2ss 函数的表达式为

$$[\boldsymbol{A},\boldsymbol{B},\boldsymbol{C},\boldsymbol{D}] = \mathrm{tf2ss}(\boldsymbol{b},\boldsymbol{a})$$

式中：$\boldsymbol{b}$ 为传递函数的分子系数向量；$\boldsymbol{a}$ 为传递函数的分母系数向量；$\boldsymbol{A}$ 为状态方程的矩阵 $\boldsymbol{A}$；$\boldsymbol{B}$ 为状态方程的矩阵 $\boldsymbol{B}$；$\boldsymbol{C}$ 为状态方程的矩阵 $\boldsymbol{C}$；$\boldsymbol{D}$ 为状态方程的矩阵 $\boldsymbol{D}$。

在MATLAB软件中，利用ss2tf函数将状态方程模型转换为传递函数模型，ss2tf函数的表达式为：

$$(\boldsymbol{b},\boldsymbol{a}) = \mathrm{ss2tf}(\boldsymbol{A},\boldsymbol{B},\boldsymbol{C},\boldsymbol{D},iu)$$

式中，$\boldsymbol{A}$ 为状态方程的矩阵 $\boldsymbol{A}$；$\boldsymbol{B}$ 为状态方程的矩阵 $\boldsymbol{B}$；$\boldsymbol{C}$ 为状态方程的矩阵 $\boldsymbol{C}$；$\boldsymbol{D}$ 为状态方程的矩阵 $\boldsymbol{D}$；$\boldsymbol{b}$ 为传递函数的分子系数向量；$\boldsymbol{a}$ 为传递函数的分母系数向量；iu 为第 iu 个输入。

【范例分析】将传递函数模型转换为状态方程模型

将如下传递函数转换为状态方程描述。

$$H(s) = \frac{s^3 + 10s^2 + 31s + 30}{s^5 + 13s^4 + 65s^3 + 155s^2 + 174s + 72} \tag{5-23}$$

在命令行窗口输入如下代码

```
%输入传递函数的分子系数向量 num
num=[1,10,31,30];
%输入传递函数的分母系数向量 den
den=[1,13,65,155,174,72];
%将传递函数模型转换为状态方程模型
[A,B,C,D]=tf2ss(num,den);
%输出状态方程模型矩阵 A
disp('Matrix A:');
A
%输出状态方程模型矩阵 B
disp('Matrix B:');
B
%输出状态方程模型矩阵 C
disp('Matrix C:');
C
%输出状态方程模型矩阵 D
disp('Matrix D:');
D
```

运行上述代码，命令行窗口将显示如下内容：

Matrix A：

A＝

－13	－65	－155	－174	－72
1	0	0	0	0
0	1	0	0	0
0	0	1	0	0
0	0	0	1	0

Matrix B：

B＝

1

0

0

0

0

Matrix C：

C＝

0	1	10	31	30

Matrix D：

D＝

0

从而等价的状态空间描述为

$$\frac{\mathrm{d}x}{\mathrm{d}t}=\begin{bmatrix}-13 & -65 & -155 & -174 & -72\\ 1 & 0 & 0 & 0 & 0\\ 0 & 1 & 0 & 0 & 0\\ 0 & 0 & 1 & 0 & 0\\ 0 & 0 & 0 & 1 & 0\end{bmatrix}x+\begin{bmatrix}1\\0\\0\\0\\0\end{bmatrix}u \tag{5-24}$$

5.2 稳定性分析方法

5.2.1 经典稳定性判据

5.2.1.1 闭环特征根（极点）判据

设闭环传递函数如式（5-25）所示，且设 $s_i(i=1, 2, \cdots, n)$ 为特征方程

$D(s)=0$ 的根，而且彼此不相等，即

$$\Phi(s)=\frac{C(s)}{R(s)}=\frac{M(s)}{D(s)}=\frac{K\prod_{i=1}^{m}(s-z_i)}{\prod_{i=1}^{n}(s-s_i)} \tag{5-25}$$

则由于单位脉冲函数 $\delta(t)$ 的拉氏变换为 1，所以单位脉冲下系统输出增量的拉氏变换为

$$\begin{aligned}C(s)&=\frac{M(s)}{D(s)}=\sum_{i=1}^{n}\frac{A_i}{s-s_i}\\&=\frac{K\prod_{i=1}^{m}(s-z_i)}{\prod_{j=1}^{q}(s-s_j)\prod_{k=1}^{r}(s^2+2\zeta_k\omega_k s+\omega_k^2)}\\&\quad q+2r=n\end{aligned} \tag{5-26}$$

将式（5-26）展成部分分式，并设 $0<\zeta_k<1$，可得

$$C(s)=\sum_{j=1}^{q}\frac{A_j}{s-s_j}+\sum_{k=1}^{r}\frac{B_k s+C_k}{s^2+2\zeta_k\omega_k s+\omega_k^2} \tag{5-27}$$

式中：A_j 是 $C(s)$ 在闭环实数极点 s_j 处的留数，B_k 和 C_k 是与 $C(s)$ 在闭环复数极点 $s=-\zeta_k\omega_k\pm j\omega_k\sqrt{1-\zeta_k^2}$ 处的留数有关的常系数。

A_j 可表示为

$$A_j=\lim_{s\to s_j}(s-s_j)C(s),j=1,2,\cdots,q \tag{5-28}$$

将式（5-27）进行拉氏反变换，并设初始条件全部为零，可得系统的脉冲响应为

$$k(t)=\sum_{j=1}^{q}A_j e^{s}f+\sum_{k=1}^{r}B_k e^{-\zeta_k\omega_k k^2}\cos(\omega_k\sqrt{1-\zeta_k^2})t+\sum_{k=1}^{r}\frac{C_k-B_k\zeta_k\omega_k}{\omega_k\sqrt{1-\zeta_k^2}}$$
$$e^{-\zeta_k\omega'_k t}\sin(\omega_k\sqrt{1-\zeta_k^2})t,t\geqslant 0 \tag{5-29}$$

式（5-29）表明，当且仅当系统的特征根全部具有负实部时，式子才能成立；若特征根中有一个或一个以上正实部根，则 $\lim_{t\to\infty}k(t)\to\infty$，表明系统不稳定；若特征根中具有一个或一个以上零实部根，而其余的特征根均具有负实部，则脉冲响应 $k(t)$ 趋于常数，或趋于等幅正弦振荡，按照稳定性定义，此时系统不是渐近稳定的。顺便指出，这最后一种情况处于稳定和不稳定的临界状态，常称为临界稳定情况。在经典控制理论中，只有渐近稳定的系统才称为

稳定系统；否则，称为不稳定系统。

由此可见，线性系统稳定的充分必要条件是：闭环系统特征方程的所有根均具有负实部；或者说，闭环传递函数的极点均位于 s 左半平面。

5.2.1.2 劳斯-赫尔维茨稳定判据

（1）赫尔维茨稳定判据设线性系统的特征方程为

$$D(s)=a_0s^n+a_1s^{n-1}+\cdots+a_{n-1}s+a_n=0, a_0>0 \tag{5-30}$$

则使线性系统稳定的必要条件是：在特征方程（5-30）中，各项系数为正数。

上述判断稳定性的必要条件是容易证明的，因为根据代数方程的基本理论，下列关系式成立，即

$$\frac{a_1}{a_0}=-\sum_{i=1}^{n}s_i \qquad \frac{a_2}{a_0}=\sum_{\substack{i,j=1\\ i\neq j}}^{n}s_is_j$$

$$\frac{a_3}{a_0}=-\sum_{\substack{i,j,k=1\\ (i\neq j\neq k)}}^{n}s_is_js_k, \quad \cdots, \quad \frac{a_n}{a_0}=(-1)^n\prod_{i=1}^{n}s_i$$

式中：s_i、s_j、s_k 表示系统特征方程的根。

在上述关系式中，所有比值必须大于零，否则系统至少有一个正实部根。然而，这一条件是不充分的，因为各项系数为正数的系统特征方程，完全可能拥有正实部的根。

根据赫尔维茨稳定判据，线性系统稳定的充分且必要条件应是：由系统特征方程（5-30）各项系数所构成的主行列式为

$$\boldsymbol{\Delta}_n=\begin{vmatrix} a_1 & a_3 & a_5 & \cdots & 0 & 0\\ a_0 & a_2 & a_4 & \cdots & 0 & 0\\ 0 & a_1 & a_3 & \cdots & 0 & 0\\ 0 & a_0 & a_2 & \cdots & 0 & 0\\ 0 & 0 & a_1 & \cdots & 0 & 0\\ 0 & 0 & a_0 & \cdots & 0 & 0\\ \vdots & \vdots & \vdots & & \vdots & \vdots\\ 0 & 0 & 0 & \cdots & a_n & 0\\ 0 & 0 & 0 & \cdots & a_{n-1} & 0\\ 0 & 0 & 0 & \cdots & a_{n-2} & a_n \end{vmatrix}$$

其顺序主子式 $\boldsymbol{\Delta}_i(i=1, 2, \cdots, n-1)$ 全部为正，即

$$\boldsymbol{\Delta}_1 = a_1 > 0,\quad \boldsymbol{\Delta}_2 = \begin{vmatrix} a_1 & a_3 \\ a_0 & a_2 \end{vmatrix} > 0,\quad \boldsymbol{\Delta}_3 = \begin{vmatrix} a_1 & a_3 & a_5 \\ a_0 & a_2 & a_4 \\ 0 & a_1 & a_3 \end{vmatrix} > 0, \cdots, \boldsymbol{\Delta}_n > 0$$

对于 $n \leqslant 4$ 的线性系统，其稳定的充分必要条件还可以表示为如下简单形式：

$n=2$：特征方程的各项系数为正。

$n=3$：特征方程的各项系数为正，且 $a_1a_2-a_0a_3>0$。

$n=4$：特征方程的各项系数为正，且 $\Delta_2=a_1a_2-a_0a_3>0$，以及 $\Delta_2>a_1^2a_4/a_3$。

当系统特征方程的次数较高时，应用赫尔维茨判据的计算工作量较大。有学者已证明：在特征方程的所有系数为正的条件下，若所有奇次顺序赫尔维茨行列式为正，则所有偶次顺序赫尔维茨行列式亦必为正；反之亦然。这就是所谓李纳德-戚帕特稳定判据。

（2）劳斯稳定判据。劳斯稳定判据为表格形式，称为劳斯表（见表 5-1 所示）。劳斯表的前两行由系统特征方程（5-30）的系数直接构成。劳斯表中的第一行，由特征方程的第一，三，五，…项系数组成；第二行，由第二，四，六，…项系数组成。劳斯表中以后各行的数值，需按表 5-1 所示逐行计算，凡在运算过程中出现的空位，均置以零，这种过程一直进行到第 n 行为止，第 $n+1$ 行仅第一列有值，且正好等于特征方程最后一项系数 a_n。表中系数排列呈上三角形。

表 5-1　　劳　斯　表

s^n	a_0	a_2	a_4	a_6	…
s^{n-1}	a_1	a_3	a_5	a_7	…
s^{n-2}	$c_{13}=\dfrac{a_1a_6-a_0a_7}{a_1}$	$c_{23}=\dfrac{a_1a_4-a_0a_5}{a_1}$	$c_{33}=\dfrac{a_1a_6-a_0a_7}{a_1}$	c_{43}	…
s^{n-3}	$c_{14}=\dfrac{c_{13}a_3-a_1c_{23}}{c_{13}}$	$c_{24}=\dfrac{c_{13}a_5-a_1c_{33}}{c_{13}}$	$c_{34}=\dfrac{c_{13}a_7-a_1c_{43}}{c_{13}}$	c_{44}	…
⋮	⋮	⋮	⋮	⋮	⋮
s^2	$c_{1,n-1}$	$c_{2,n-1}$			
s^1	$c_{1,n}$				
s^0	$c_{1,n+1}=a_n$				

按照劳斯稳定判据，由特征方程（5-30）所表征的线性系统稳定的充分且必要条件是：劳斯表中第一列各值为正。如果劳斯表第一列中出现小于零的数值，系统就不稳定，且第一列各系数符号的改变次数，代表特征方程（5-30）

的正实部根的数目。

劳斯稳定判据与赫尔维茨稳定判据在实质上是相同的。显然，劳斯表中第一列各数与各顺序赫尔维茨行列式之间，存在如下关系：$a_1=\Delta_1$，$c_{13}=\Delta_2/\Delta_1$，$c_{14}=\Delta_3/\Delta_2$，$c_{15}=\Delta_4/\Delta_3$，…，$c_{1,n}=\Delta_{n-1}/\Delta_{n-2}$，$c_{1,n+1}=\Delta_n/\Delta_{n-1}$。因此，在 $a>0$ 的情况下，如果所有的顺序赫尔维茨行列式为正，则劳斯表中第一列的所有元素必大于零。

对于高阶系统特征方程，可以采用递推劳斯表（见表 5-2）来判断系统的稳定性。

表 5-2　　递推劳斯表

第3行及后续 ＼ 1、2行 递推变量	$a_0^0=a_0$ $a_0^1=a_1$	$a_2^0=a_2$ $a_2^1=a_3$	$a_4^0=a_4$ $a_4^1=a_5$	$a_6^0=a_6$ $a_6^1=a_7$	… …
$a_1=\dfrac{a_0^0}{a_0^1}$	$a_0^2=a_2^0-a_1a_2^1$	$a_2^2=a_4^0-a_1a_4^1$	$a_4^2=a_6^0-a_1a_6^1$	…	
$a_2=\dfrac{a_0^1}{a_0^2}$	$a_0^3=a_2^1-a_2a_2^2$	$a_2^3=a_4^1-a_2a_4^2$	$a_4^3=a_6^1-a_2a_6^2$	…	
$a_3=\dfrac{a_0^2}{a_0^3}$	$a_0^4=a_2^2-a_3a_2^3$	$a_2^4=a_4^2-a_3a_4^3$	…		
$a_4=\dfrac{a_0^3}{a_0^4}$	$a_0^5=a_2^3-a_4a_2^4$	…			
⋮	⋮				

递推劳斯表的构造方式、稳定判据等与劳斯表完全相同，仅第三行至第 n 行的系数计算可用如下递推式方便地求得，即

$$\begin{gathered}\alpha_i=\frac{a_0^{i-1}}{a_0^i}\\ a_{j-2}^{i+1}=a_j^{i-1}-\alpha_i a_j^i\\ i=1,2,\cdots,n-1;j=2,4,6,\cdots,2n\end{gathered}\tag{5-31}$$

递推式（5-31）可采用计算程序自动完成计算。例如，置 $i=1$，算出 a_1，再分别令 $j=2$，4，…，$2n$，计算 a_0^2，a_2^2，a_4^2，…表中第三行各系数；再置 $i=2$，算得 a_2，令 j 为偶数，算出递推劳斯表中第四行各系数 a_0^3，a_2^3，a_4^3，…。依次递推，直至完成表 5-2 中第 n 行的系数计算。第 $n+1$ 行仅第一列有值，正好等于 a_n。

5.2.1.3　对数频率稳定判据

设线性定常系统结构如图 5-4 所示，其开环传递函数为 $G(s)H(s)$。令 $s=$

$j\omega$，定义系统开环传递函数的幅频特性 $A(\omega)$、对数幅频特性 $L(\omega)$、相频特性 $\varphi(\omega)$ 为

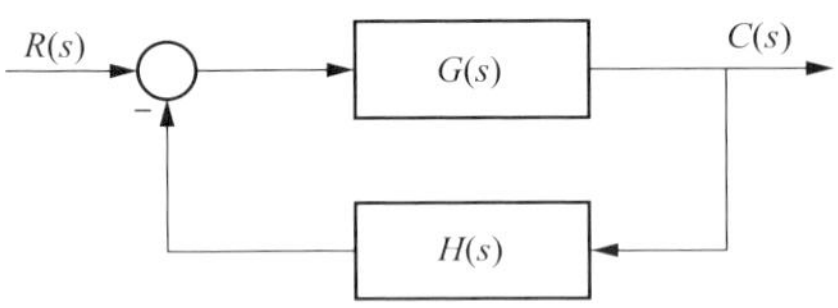

图 5-4　典型系统结构图

$$
\begin{cases}
A(\omega) = |G(j\omega)H(j\omega)| \\
L(\omega) = 20\lg A(\omega) \\
\varphi(\omega) = \angle G(j\omega)H(j\omega)
\end{cases} \tag{5-32}
$$

对数频率稳定判据中，关键问题是需要根据半对数坐标下的 Γ_{GH} 曲线确定穿越次数 N 或 N_+ 和 N_-。其中，N 为 Γ_{GH} 曲线穿越（-1，j0）点左侧负实轴的次数，N_+ 为从上向下穿越的次数，N_- 为从下向上穿越的次数。

复平面上的 Γ_{GH} 曲线般由两部分组成：开环幅相曲线和开环系统存在积分环节和等幅振荡环节时，所补作的半径为无穷大的虚圆弧。而 N 的确定取决于 $A(\omega)>1$ 时 Γ_{GH} 穿越负实轴的次数，因此应建立和明确以下对应关系。

（1）穿越点确定。设 $\omega=\omega_c$ 时，有

$$
\begin{cases}
A(\omega_c) = |G(j\omega_c)H(j\omega_c)| = 1 \\
L(\omega_c) = 20\lg A(\omega_c) = 0
\end{cases} \tag{5-33}
$$

式中：ω_c 为截止频率。

对于复平面的负实轴和开环对数相频特性，当取频率为穿越频率 ω_x 时，其相对应的相频特性满足

$$
\varphi(\omega_x) = (2k+1)\pi; \quad k = 0, \pm 1, \cdots \tag{5-34}
$$

设半对数坐标下 Γ_{GH} 的对数幅频曲线和对数相频曲线分别为 Γ_L 和 Γ_φ，由于 Γ_L 等于 $L(\omega)$ 曲线，这意味着 Γ_{GH} 在 $A(\omega)>1$ 时，Γ_{GH} 穿越负实轴的点即为，在半对数坐标下，当 Γ_{GH} 的对数幅频特性 $L(\omega)>0$ 时，所对应的对数相频特性曲线 Γ_φ 与 $(2k+1)\pi$（$k=0$，±1，…）平行线的交点。

（2）Γ_φ 确定。

1）系统无虚轴上极点时，Γ_φ 等于 $\varphi(\omega)$ 曲线。

2）系统存在积分环节 $\frac{1}{s^\nu}$（ν 为正整数，表示积分环节数量）时，复数平面的 Γ_{GH} 曲线需从 $\omega=0_+$ 的开环幅相曲线的对应点 $G(j0_+)H(j0_+)$ 起，逆时针补作 $\nu\times90°$ 半径为无穷大的虚圆弧。对应的，需从对数相频特性曲线 ω 较小且 $L(\omega)>0$ 的点处向上补作 $\nu\times90°$ 的虚直线，$\varphi(\omega)$ 曲线和补作的虚直线构成 Γ_φ。

3）开环存在等幅振荡环节$\frac{1}{(s^2+\omega_n^2)^{\nu_1}}$（$\nu_1$ 为正整数，表示等幅振荡环节数量）时，复数平面的Γ_{GH}曲线需从 $\omega=\omega_{n-}$ 的开环幅相曲线的对应点 $G(j\omega_{n-})H(j\omega_{n-})$ 起，逆时针补作 $\nu\times180^\circ$ 半径为无穷大的虚圆弧至 $\omega=\omega_{n+}$ 的对应点 $G(j\omega_{n+})H(j\omega_{n+})$ 处。对应的，需从对数相频特性曲线 $\varphi(\omega_{n-})$ 点起向上补作 $\nu\times180^\circ$的虚直线至 $\varphi(\omega_{n+})$ 处，$\varphi(\omega)$ 曲线和补作的虚直线构成 Γ_φ。

（3）穿越次数计算。

1）正穿越一次：Γ_{GH}由上向下穿越（-1，j0），等价于在 $L(\omega)>0$ 时，Γ_φ 由下向上穿越（$2k+1$)π 线一次。

2）负穿越一次：Γ_{GH}由下向上穿越（-1，j0），等价于在 $L(\omega)>0$ 时，Γ_φ 由上向下穿越（$2k+1$)π 线一次。

3）正穿越半次：Γ_{GH}由上向下止于或由上向下起于（-1，j0）点左侧的负实轴，等价于在 $L(\omega)>0$ 时，Γ_φ 由下向上止于或由下向上起于（$2k+1$)π 线。

4）负穿越半次：Γ_{GH}由下向上止于或由下向上起于（-1，j0）点左侧的负实轴，等价于在 $L(\omega)>0$ 时，Γ_φ 由上向下止于或由上向下起于（$2k+1$)π 线。

应该指出的是，补作的虚直线所产生的穿越皆为负穿越。

对数频率稳定判据：设 P 为开环系统正实部的极点数，反馈控制系统稳定的充分必要条件是 $\varphi(\omega_c)\neq(2k+1)\pi$；$k=0$，1，2，…和 $L(\omega)>0$ 时，Γ_φ 曲线穿越（$2k+1$)π 线的次数为

$$N=N_+-N_-$$

满足

$$Z=P-2N=0 \tag{5-35}$$

5.2.2 李雅普诺夫稳定性判据

时变系统大范围一致渐近稳定判别定理：考察连续时间非线性时变自由系统，即

$$\dot{x}=f(x,t),\quad t\geqslant t_0 \tag{5-36}$$

其中，$f(0,t)=0$，即状态空间的原点为系统的平衡状态。如果存在一个对 x 和 t 具有连续一阶偏导数的标量函数 $\varphi(x,t)$，$\varphi(0,t)=0$，且满足如下条件。

（1）$\varphi(x,t)$ 正定且有界，即存在两个连续的非减标量函数 $\alpha(\|x\|)$ 和

$\beta(\|x\|)$，其中 $\alpha(0)=0$，$\beta(0)=0$，使对一切 $t\geqslant t_0$ 和一切 $x\neq 0$ 均有

$$\beta(\|x\|) \geqslant \varphi(x,t) \geqslant \alpha(\|x\|) > 0 \tag{5-37}$$

（2）$V(x,\ t)$ 对时间 t 的导数 $\dot{V}(x,\ t)$ 负定且有界，即存在一个连续的非减标量函数 $r(\|x\|)$，其中 $r(0)=0$，使对一切 $t\geqslant t_0$ 和一切 $x\neq 0$ 均有

$$\dot{V}(x,t) \leqslant -r(\|x\|) < 0 \tag{5-38}$$

（3）当 $\|x\|\to\infty$ 时，$\alpha(\|x\|)\to\infty$，$V(x,\ t)\to\infty$，则系统的原点平衡状态为大范围一致渐近稳定。

特别的，当所考察的系统为线性定常系统［即 $\dot{x}=Ax$，$x(0)=x_0$，$t\geqslant 0$］时，可选择李雅普诺夫泛函 $\varphi(t)$ 为如下的二次型形式，即 $\varphi(x)=x^TPx$，从而有

$$\dot{\varphi}(x) = \dot{x}^TPx + x^TP\dot{x} = x^T(A^TP + PA)x \tag{5-39}$$

令

$$A^TP + PA = -Q \tag{5-40}$$

于是有

$$\dot{\varphi}(x) = -x^TQx \tag{5-41}$$

根据定常系统大范围渐近稳定判别定理，只要 Q 正定［即 $\dot{V}(x)$ 负定］，则系统是大范围渐近稳定的。于是线性定常连续系统渐近稳定的充分必要条件可表示为：给定一正定矩阵 P，存在着满足式（5-40）的正定矩阵 Q，而 x^TPx 是该系统的一个李雅普诺夫函数，式（5-40）称为李雅普诺夫矩阵代数方程。

5.3 计算机辅助新能源电力系统设计基础

5.3.1 经典控制理论辅助设计

5.3.1.1 模型构建、特征参数与等效转化

（1）传递函数模型为

$$G(s) = \frac{b_m s^m + b_{m-1} s^{m-1} + \cdots + b_1 s + b_0}{a_n s^n + a_{x-1} s^{n-1} + \cdots + a_1 s + a_0} \tag{5-42}$$

在 MATLAB 中直接用矢量组表示传递函数的分子、分母多项式系数（都按降幂排列），即：

```
num=[bm,…,b1,b0]        %表示传递函数的分子多项式系数
den=[an,….,a1,a0]       %表示传递函数的分母多项式系数
```

```
sys=tf(num,den)            %tf 命令将 sys 变量表示为传递函数模型
```

【范例分析】分别应用 MATLAB 命令及 Simulink 工具箱设计一个简单的传递函数模型：

$$G(s)=\frac{s+5}{s^4+2s^3+3s^2+4s+5} \tag{5-43}$$

MATLAB 命令实现：在命令行窗口输入如下程序代码：

```
num=[1,5];
den=[1,2,3,4,5];
G=tf(num,den)
```

运行上述代码，命令行窗口显示如下内容：

```
G=

                s+5
  ---------------------------------
  s^4+2 s^3+3 s^2+4 s+5

Continuous-time transfer function.
```

如图 5-5 所示，打开 Simulink，新建一个模型窗口，在 Simulink 库浏览器的 Continuous 模块库里将传递函数模块 Transfer Fcn 添加到新建模型窗口中，如图 5-6(a) 所示；在模型窗口中双击传递函数模块 Transfer Fcn，设置其参数(见图 5-7)，得到的传递函数模型如图 5-6(b) 所示。

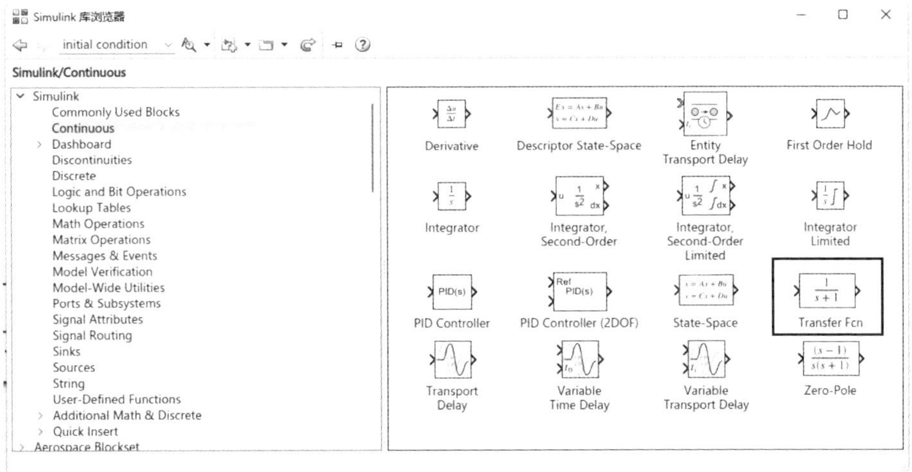

图 5-5　Simulink 库浏览器

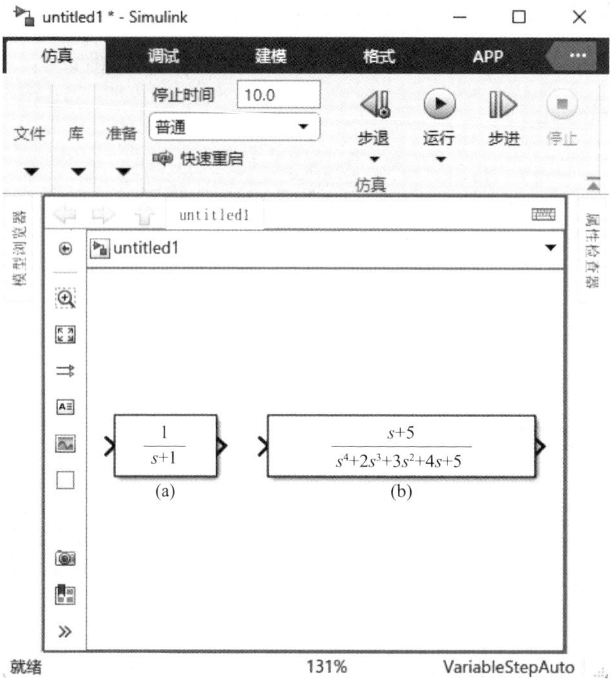

图 5-6　传递函数模块

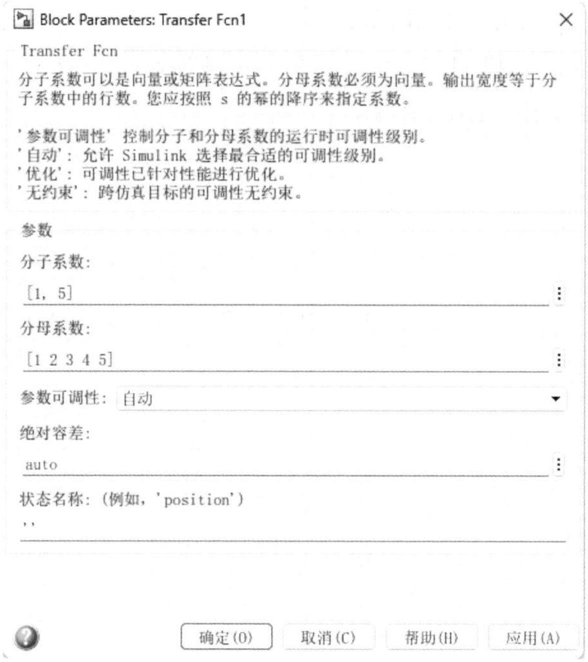

图 5-7　传递函数参数设置页面

（2）零极点增益模型。典型的零极点增益模型可表示为

$$G(s)=k\frac{(s-z_1)(s-z_2)\cdots(s-z_m)}{(s-p_1)(s-p_2)\cdots(s-p_n)} \tag{5-44}$$

在 MATLAB 中，用 z、p、k 矢量组分别表示系统的零点、极点和增益，即：

z=[z1,z2,…,zm]

p=[p1,p2,…,pn]

k=[k]

sys=zpk(z,p,k)%将 sys 变量表示为零极点增益模型

（3）状态空间模型。如前所述，在 MATLAB 中用（**a**、**b**、**c**、**d**）矩阵组表示，sys=ss(**a**、**b**、**c**、**d**）命令将 sys 变量表示成状态空间模型。

（4）模型间的转换。在 MATLAB 中进行模型间转换的命令有 ss2tf、ss2zp、tf2ss、tf2zp、zp2tf 和 zp2ss。它们之间的转换关系如图 5-8 所示。

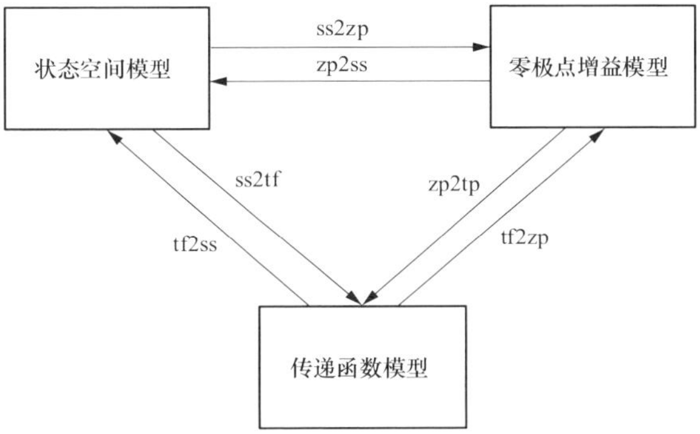

图 5-8　三种模型之间的转换

当创建了有理分式形式的传递函数后，可使用 zpk 函数将有理分式形式转换为等效的零极点形式的传递函数。函数调用格式为

$$G1=\mathrm{zpk}(G)$$

其中，G1 为零极点形式的传递函数名称；G 为有理分式形式的传递函数名称。

【范例分析】传递函数的有理分式形式转换为零极点增益形式。对于如下传递函数（5-45），求该系统的零极点和零极点增益形式。

$$G(s)=\frac{7s^2+21.2s+25}{s^4+5s^3+10s^2+15s+32.5} \tag{5-45}$$

在命令行窗口输入如下程序代码：

```
num=[7 21.2 25];
den=[1,5,10,15,32.5];
G=tf(num,den)
G1=zpk(G)
```

运行上述代码，命令行窗口将显示如下内容：

```
G=

        7 s^2+21.2 s+25
  ----------------------------------
  s^4+5 s^3+10 s^2+15 s+32.5

Continuous-time transfer function.

G1=

             7(s^2+3.029s+3.571)
  ---------------------------------------------
  (s^2+5.492s+9.152)(s^2-0.4921s+3.551)

Continuous-time zero/pole/gain model.
```

可见，在系统的零极点模型中若出现复数值，则在显示时将以二阶因子的形式表示相应的共轭复数对。

同样，对于给定的零极点模型，可使用 tf() 函数得到等效的有理多项式形式传递函数模型，即

G1=tf(G)

【范例分析】将给定的零极点模型（5-46）转换为有理分式形式的传递函数模型。

$$G(s)=\frac{8(s+3)(s+5)}{s(s+2\pm j2)(s+2.3)} \tag{5-46}$$

在命令行窗口输入如下程序代码：

```
z=[-3,-5];
p=[0,-2-2j,-2+2j,-2.3];
k=8;
G=zpk(z,p,k)
G1=tf(G)
```

运行上述代码，命令行窗口将显示如下内容：

```
G=

        8(s+3)(s+5)

  ---------------------

  s(s+2.3)(s^2+4s+8)

Continuous-time zero/pole/gain model.

G1=

           8 s^2+64 s+120

  ------------------------------

  s^4+6.3 s^3+17.2 s^2+18.4 s

Continuous-time transfer function.
```

5.3.1.2　根轨迹、伯德图、奈奎斯特曲线绘制

（1）根轨迹绘制。控制系统工具箱中提供了 rlocus() 函数，可以用来绘制给定系统的根轨迹，它的命令格式有以下几种：

```
rlocus(G)                  %绘制系统 G 的根轨迹
[r,k]=rlocus(G)            %求系统 G 的闭环极点 r 和增益 k
r=rlocus(G,k)              %根据 k 求系统 G 的闭环极点 r
```

需要注意的是，G 必须为单输入单输出系统，且只能是有理分式形式的传递函数模型。

另外，MATLAB 还提供了 sgrid 命令，它可在根轨迹中绘制系统的主导极点的等 ζ 线和等 ω_n 线。

【范例分析】已知开环传递函数如下，试画出其根轨迹。

$$G_k(s)=\frac{K}{s(s+1)(s+2)}=KG_0(s) \tag{5-47}$$

在 MATLAB 命令窗口输入如下程序代码

```
G=tf(zpk([],[0,-1,-2],1));
rlocus(G);
grid
title('Root locus of G(s)=K/[s(s+1)(s+2)]')
xlabel('Real Axis')
```

ylabel('Imag Axis')

[K,P]=rlocfind(G)

运行上述程序，结果如图 5-9 所示。

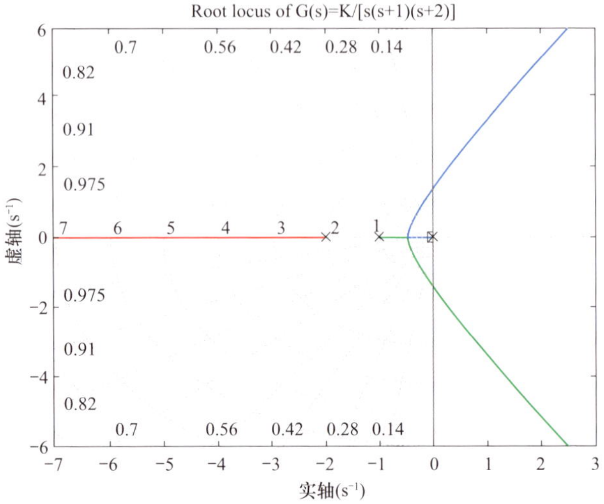

图 5-9　系统的根轨迹

单击根轨迹上与虚轴相交的点，在命令行窗口中可发现如图 5-10 所示的结果。

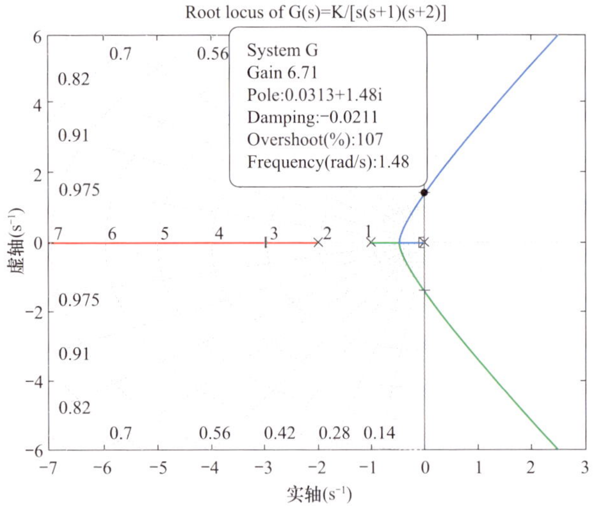

图 5-10　单击后显示相应的数据

selected_point=0.0020325+1.4267i

K=6.1147

P＝－3.0104＋0i

　　0.0051846＋1.4252i

　　0.0051846－1.4252i

所以，要想使此闭环系统稳定，其增益范围应为 $0<K<5.88$。此外，参数根轨迹反映了闭环根与开环增益 K 的关系。可以编写下面的程序，通过 K 的变化，观察对应根处阶跃响应的变化。考虑 $K=0.1$，0.2，…，1，2，…，5 这些增益下闭环系统的阶跃响应曲线。因此，可在命令行编写如下 for 循环语句：

```
t=0:0.2:15;
Y=[];
for K=[0.1:0.1:1,2:5]
    GK=feedback(K*G,1);
    y=step(GK,t);
    plot(t,y)
    hold on;
    Y=[Y,y];
end
```

如图 5-11 所示，当 K 值增加时，一对主导极点起作用，且响应速度变快。一旦 K 接近临界 K 值，振荡将逐渐加剧。

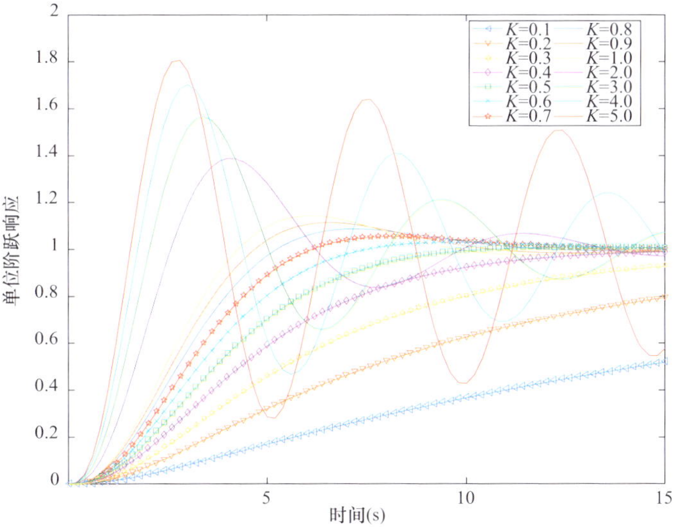

图 5-11　不同 K 值下的阶跃响应曲线

（2）伯特（Bode）图绘制。利用 bode 命令可绘制对数幅相频率特性曲线 Bode 图，其命令格式如下：

```
bode(G,w)                                      %绘制系统 G 的 Bode 图
bode(G1,'plotstyle1',G2,'plotstyle2',…,w)      %绘制多个系统的 Bode 图
[mag,pha]=bode(G,w)                            %求 w 处的幅值和相角
[mag,pha,w]=bode(G)                            %求幅值、相角、频率
```

其中，mag 为幅值；pha 为相角。

另外，通过 bodemag 命令可以只绘制对数幅频特性，其命令格式与 bode 相同。

【范例分析】绘制给定传递函数（5-48）的 Bode 图和对数幅频特性。

$$G(s)=\frac{3}{3s+1} \tag{5-48}$$

在命令行窗口输入如下程序代码：

```
G=tf(3,[3 1]);
subplot(1,2,1);
bode(G);
subplot(1,2,2);
bodemag(G);
```

运行上述程序，结果如图 5-12 所示。

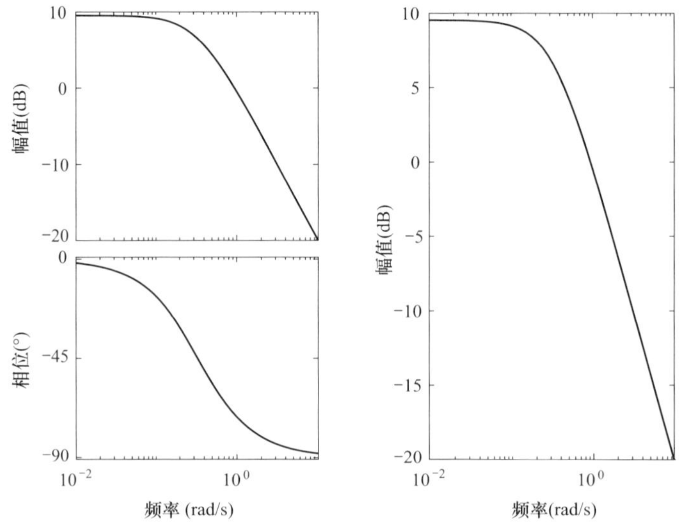

图 5-12　伯德（Bode）图和对数幅频特性

（3）奈奎斯特（Nyquist）曲线。使用 nyquist 命令可绘制 ω 从 $-\infty$ 到 ∞ 变化时的 Nyquist 曲线，其命令格式如下：

```
nyquist(G,w)                              %绘制系统 G 的 Nyquist 图
nyquist(G1,'plotstyle1',G2,'plotstyle2',…,w)   %绘制多个系统的 Nyquist 图
[Re,Im]=nyquist(G,w)                      %求 w 处的幅值和相角
[Re,Im,w]=nyquist(G)                      %求 w 处的实部、虚部和频率
```

其中，G、G1、G2 等为系统模型，可为连续或离散的单输入单输出或多输入多输出系统；plotstyle1、plotstyle2 等是所绘曲线的线型；ω 为频率，可以是某个频率点或频率范围，该参数可以省略；Re 为实部；Im 为虚部。

【范例分析】绘制给定传递函数（5-49）的 Nyquist 曲线。

$$G(s)=\frac{3}{3s+1} \tag{5-49}$$

在命令行窗口输入如下程序代码：

```
G=tf(3,[3,1]);
nyquist(G)
```

运行后的结果如图 5-13 所示。

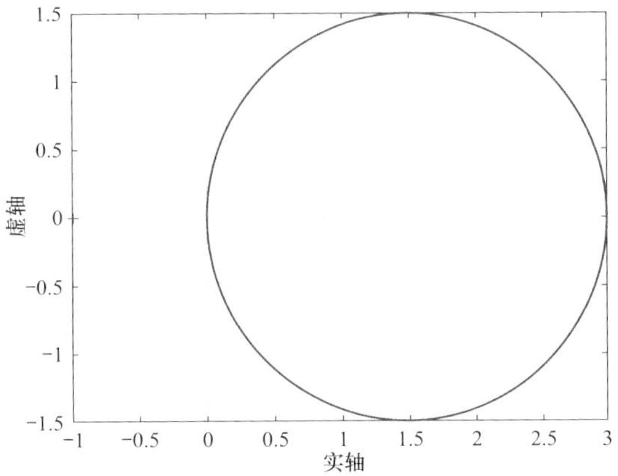

图 5-13　Nyquist 曲线

5.3.2　现代控制理论辅助设计

对于一个控制系统来说，根据选取的状态变量可以得到不同的状态空间

模型。

5.3.2.1　状态空间模型的转换

系统从坐标系 x 变换到坐标系 $\tilde{x}$（$x=p\tilde{x}$），即由（A，B，C，D）转换为（$\tilde{A}$，$\tilde{B}$，$\tilde{C}$，$\tilde{D}$），称系统进行了 P 变换。两个坐标系的转换关系为

$$\begin{cases}\tilde{A}=P^{-1}AP\\ \tilde{B}=P^{-1}B\\ \tilde{C}=CP\end{cases}\tag{5-50}$$

MATLAB 提供 ss2ss 函数进行状态空间模型的转换，其命令格式为：

sysT = ss2ss(sys,T)

其中，sys 是变换前的状态模型；sysT 是变换后的状态空间模型。因此对于 P 变换，使用 ss2ss 函数时，$T=P^{-1}$，即 $T=\text{inv}(P)$。

5.3.2.2　特征值和特征向量

为了计算特征值和特征向量，MATLAB 提供了 eig 函数，其命令格式为：

[V,D] = eig(A)

其中，V 是以所有特征向量为列向量构成的矩阵；D 是以特征值为对角线元素构成的对角矩阵。

5.3.2.3　Jordan 标准形

eig 函数不能计算广义特征向量，MATLAB 提供了 Jordan 函数以计算广义向量和 Jordan 矩阵，其命令格式为：

[V,J] = Jordan(A)

其中，V 是使 Jordan 标准形，满足 $J=V^{-1}AV$ 的非奇异矩阵，是以广义特征向量为列向量构成的矩阵；J 是矩阵 A 的 Jordan 标准形。

【范例分析】已知控制系统的状态空间模型为 $\begin{cases}\dot{x}=Ax+Bu\\ y=Cx\end{cases}$，其中 $A=\begin{bmatrix}0&1&0\\0&0&1\\-1&-3&-3\end{bmatrix}$，$B=[0\quad 0\quad 1]^{T}$，$C=[1\quad 1\quad 0]$。试求 A 的特征值，并将该控制系统转换为 Jordan 标准形。

在命令行窗口输入如下程序代码：

```
A=[0 1 0;0 0 1;-1 -3 -3];
B=[0;0;1];
C=[1 1 0];
D=0;
sys1=ss(A,B,C,D);
[V,F]=eig(A)
[P,J]=jordan(A)
sysJ=ss2ss(sys1,inv(P))
```

运行上述程序，在命令行窗口中将显示如下内容：

```
V=   0.57735+8.9858e-06i      0.57735-8.9858e-06i      0.57736+0i
    -0.57735-4.4929e-06i     -0.57735+4.4929e-06i     -0.57735+0i
     0.57735+          0i     0.57735+          0i     0.57735+0i
F=  -1+7.782e-06i             0+0i                     0+0i
     0+           0i         -1-7.782e-06i             0+0i
     0+           0i          0+0i            -0.99999+0i
P=   1     1     1
    -1     0     0
     1    -1     0
J=  -1     1     0
     0    -1     1
     0     0    -1
sysJ=
  A=
       x1   x2    x3
  x1  -1     1     0
  x2   0    -1     1
  x3   0     0    -1
  B=
       u1
  x1    0
```

```
x2  -1
x3   1
C=
     x1  x2  x3
y1   0   1   1
D=
     u1
y1   0
```

Continuous-time state-space model.

5.3.2.4 状态空间的能控性和能观性

作为线性系统的重要性质，状态空间模型的能控性和能观性往往是确定最优系统是否有解的前提条件。

(1) 能控性。对于 n 阶系统，系统能控的充要条件是：

$$\text{rank}[Q_c] = \text{rank}[B \quad AB \quad \cdots \quad A^{n-1}B] = n \tag{5-51}$$

MATLAB 提供了 ctrb 函数来计算能控性矩阵，它既适用于连续系统也适用于离散系统。其命令格式为：

```
QC=ctrb(A,B)          %由矩阵 A、B 计算能控性矩阵
QC=ctrb(sys)          %由给定系统状态空间模型计算能控性矩阵
```

【范例分析】已知控制系统的状态空间模型为 $\dot{x} = Ax + Bu$，其中 $A=\begin{bmatrix}1 & 3 & 2\\0 & 2 & 0\\0 & -3 & 3\end{bmatrix}$，$B=\begin{bmatrix}2 & 1 & -1\\1 & 1 & -1\end{bmatrix}$。试判定系统的能控性。

在命令行窗口输入如下程序代码：

```
A=[1 3 2;0 2 0;0 -3 3];
B=[2 1;1 1;-1 -1];
Qc=ctrb(A,B)
n=size(A)
r=rank(Qc)
if r==n
    disp('系统能控!')
```

```
    else
        disp('系统不能控')
    end
```

运行上述程序，命令行窗口将显示如下内容：

```
Qc=   2    1    3    2   -3    -4
      1    1    2    2    4     4
     -1   -1   -6   -6  -24   -24
n=   3    3
r=   3
系统能控！
```

（2）能观性。对于 n 阶系统，系统能观的充要条件是：

$$\text{rand}[Q_o] = \text{rank}\begin{bmatrix} C \\ CA \\ \vdots \\ CA^{n-1} \end{bmatrix} = n \tag{5-52}$$

MATLAB 提供了 obsv 函数来计算能观性矩阵，其命令格式如下：

```
Qo=obsv(A,C)    %由矩阵 A、C 计算能控性矩阵
Qc=ctrb(sys)    %由给定系统状态空间模型计算能观性矩阵
```

5.3.2.5 状态空间的状态反馈与极点配置

极点配置是反馈控制系统设计的重要内容之一。如果给出了对象的状态方程模型，则希望引入某种控制器，使得闭环系统的极点移动到指定位置，从而改善系统的性能，这就是极点配置。

（1）状态反馈。状态反馈是指从状态变量到控制端的反馈。设原系统的动态方程为

$$\begin{cases} \dot{x} = Ax + Bu \\ y = Cx \end{cases} \tag{5-53}$$

引入状态反馈后，系统的动态方程为

$$\begin{cases} \dot{x} = (A - BK)x + Bu \\ y = Cx \end{cases} \tag{5-54}$$

（2）输出反馈。对原系统表示式（5-53），引入输出反馈后，系统的动态

方程为

$$\begin{cases}\dot{x} = (A - HC)x + Bu \\ y = Cx\end{cases} \tag{5-55}$$

(3) 极点配置。MATLAB 提供了为 SISO 系统状态反馈极点配置的 acker 函数，以及为 MIMO 系统状态反馈极点配置的 place 函数。

SISO 系统的极点配置。acker 函数的命令格式为：

K = acker(A,b,p)

其中，A 和 b 分别为 SISO 系统的系统矩阵和输入矩阵；p 为给定的期望闭环极点；K 为状态反馈矩阵。

【范例分析】已知控制系统的状态空间模型为 $\dot{x} = Ax + Bu$，其中 $A = \begin{bmatrix} -1 & -2 \\ -1 & 3 \end{bmatrix}$，$B = [1 \quad 2]^T$。试将系统的闭环极点配置为 $-1 \pm 3j$。

在命令行窗口输入如下程序代码：

```
A=[-1,-2;-1,3];
b=[1;2];
p=[-1+2j -1-2j];
k=acker(A,b,p)
Af=A-b*k
sys=ss(Af,b,[],[])
```

运行上述程序，命令行窗口将显示如下内容

```
k=   -1.0667        2.5333
Af=   0.066667      -4.5333
      1.1333        -2.0667

sys=
  A=
            x1        x2
  x1   0.06667   -4.533
  x2     1.133   -2.067
  B=
        u1
```

x1　1

x2　2

C=

　Empty matrix:0-by-2

D=

　Empty matrix:0-by-1

Continuous-time state-space model.

MIMO 系统的极点配置。place 函数的命令格式为：

$$k = place(A,B,p)$$

其中，p 为给定的期望闭环极点；k 为求得的状态反馈矩阵。

5.3.3　控制系统设计实例

5.3.3.1　最小拍校正设计实例

已知系统的开环传递函数为 $Gs=\frac{50}{s(s+20)}$，使用如图 5-14 所示的 PD 控制器［传递函数为 $G_c(s)=K_i+K_d s$］来校正系统。要求校正后单位阶跃响应超调量小于 5%，单位阶跃响应调节时间小于 50ms，单位阶跃扰动作用下的最大响应小于 5×10^{-3}。

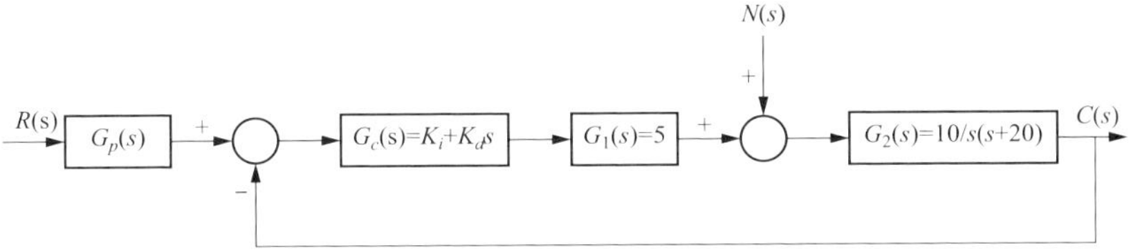

图 5-14　被控系统框图

系统开环传递函数为

$$G(s)=G_c(s)G_1(s)G_2(s)=\frac{50(K_i+K_d s)}{s(s+20)} \tag{5-56}$$

相应的闭环传递函数为

$$\Phi(s)=\frac{G(s)}{1+G(s)}=G_c(s)G_1(s)G_2(s)=\frac{50(K_i+K_d s)}{s^2+(20+50K_d)s+50K_i} \tag{5-57}$$

根据设计指标，考虑采用标准最小拍响应系统进行校正。二阶系统的最小拍响应系统标准化闭环传递函数为

$$\Phi(s)=\frac{\omega_n^2}{s^2+\alpha\omega_n s+\omega_n^2},\quad \alpha=1.82 \tag{5-58}$$

标准化调节时间为 $\omega_n t_s=4.82$，根据设计指标要求，$t_s<50\text{ms}$，故 ω_n 可取 120。相应的条件时间

$$t_s=\frac{4.82}{\omega_n}=40.2\leqslant 50\text{ms} \tag{5-59}$$

从而最小拍系统的标准化闭环传递函数为

$$\Phi(s)=\frac{14400}{s^2+218.4s+14400} \tag{5-60}$$

令实际闭环传递函数与标准化闭环传递函数分母多项式相等，有

$$218.4=20+50K_i,\quad 14400=50K_d \tag{5-61}$$

从而 $K_i=288$，$K_d=3.968$。

进一步的，为了消除 PD 控制器新增闭环零点对控制系统性能的不利影响，可考虑采用前置滤波器加以消除，其传递函数可取为

$$G_f(s)=\frac{72.58}{s+72.58} \tag{5-62}$$

最后，对校正后的系统进行仿真测试。在 MATLAB 命令行窗口输入如下程序代码：

```
Ki=288;
Kd=3.968;
Gc=tf([Kd,Ki],1);%PD控制器传递函数
G1=5;
G2=tf(10,[1,20,0]);
Gp=tf(72.58,[1,72.58]);%前置滤波器传递函数
G3=series(Gc,G1);
G=series(G3,G2);
G4=feedback(G,1);%无前置滤波器时系统闭环传递函数
G5=series(Gp,G4);%有前置滤波器时系统闭环传递函数
G6=feedback(G2,G3);%系统扰动的闭环传递函数
figure(1);step(G4);grid;
```

```
figure(2);step(G5);grid;
figure(3);step(G6);grid;
```

运行上述程序，可得如图 5-15 所示的系统单位阶跃响应曲线。闭环零点可以提升系统的上升时间，但恶化了系统的超调量；而有前置滤波器时系统的动态性能大为改善，均满足设计指标要求。

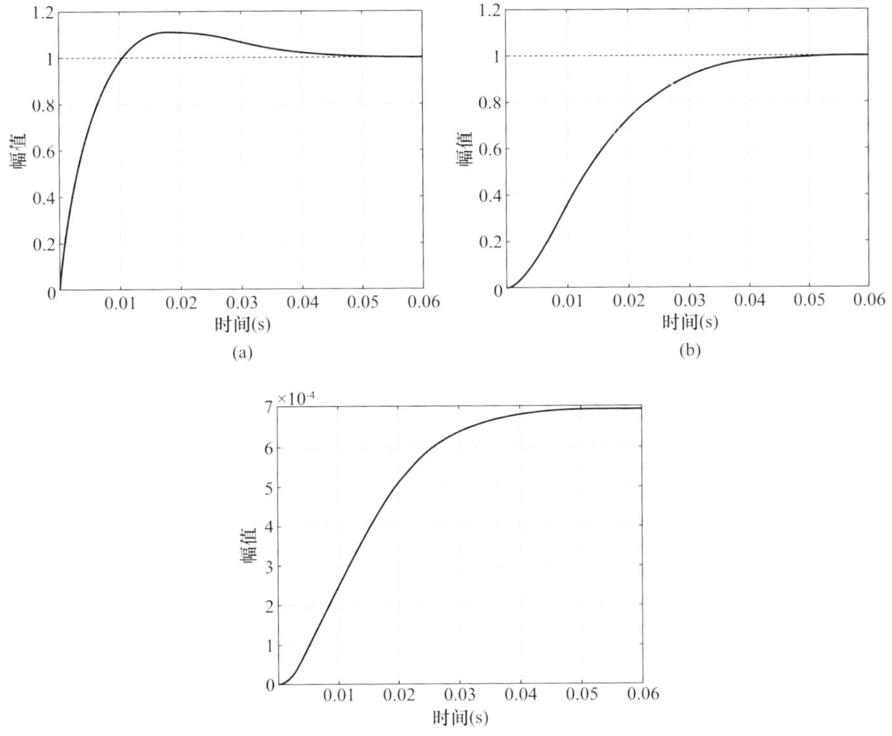

图 5-15　校正前后系统单位阶跃响应

（a）无前置滤波器时系统响应；（b）有前置滤波器时系统响应（阶跃输入）；（c）有前置滤波器时系统响应（阶跃扰动）

5.3.3.2　现代控制理论设计实例

设系统状态方程为

$$\dot{\boldsymbol{x}}(t)=\begin{bmatrix}-2 & 2 & -1\\ 0 & -2 & 0\\ 1 & -4 & 0\end{bmatrix}\boldsymbol{x}(t)+\begin{bmatrix}0\\1\\1\end{bmatrix}\boldsymbol{u}(t),\boldsymbol{y}(t)=\begin{bmatrix}1 & 0 & 1\end{bmatrix}\boldsymbol{x}(t),$$

$$\boldsymbol{x}(0)=\begin{bmatrix}1\\-2\\3\end{bmatrix} \tag{5-63}$$

要求：

（1）判断系统的稳定性，并绘制系统的零输入状态响应曲线。

（2）求系统传递函数，并绘制系统在初始状态作用下的输出响应曲线。

（3）判断系统的能控性，如有可能，将系统状态方程化为能控标准型。

（4）判断系统的能观性，对系统进行能观性分解，并求出系统的最小实现。

针对上述系统，分析思路如下：

（1）利用李雅普诺夫第二法判断系统的稳定性。选定 $\boldsymbol{Q}$ 为单位阵，求解李雅普诺夫方程，得对称矩阵 $\boldsymbol{P}$。若 $\boldsymbol{P}$ 正定，即 $\boldsymbol{P}$ 的全部特征根均为负数，系统稳定。

（2）系统的传递函数等价于 $G(s)=c(sI-A)^{-1}b$。

（3）系统的能控标准型实现可按如下步骤求解：

步骤 1：计算系统的能控性矩阵 $\boldsymbol{S}$，并利用秩判据判断系统的能控性；

步骤 2：若系统能控，计算能控性矩阵的逆阵 $\boldsymbol{S}^{-1}$；

步骤 3：取出 $\boldsymbol{S}^{-1}$ 的最后一行构成 p_1 行向量；

步骤 4：构造 T 阵，即

$$\boldsymbol{T}=\begin{bmatrix}p_1\\p_1A\\\vdots\\p_1A^{n-1}\end{bmatrix} \tag{5-64}$$

步骤 5：利用相似变换矩阵 $\boldsymbol{T}$，将非标准型能控系统化为能控标准型。

步骤 6：计算系统的能观性矩阵 $\boldsymbol{V}$，利用秩判据判断系统的能观性，并对系统进行能观性分解，其中的能控、能观子系统即为系统的最小实现。

基于上述分析，在命令行窗口输入如下程序代码：

```
A=[-2 2 -1;0 -2 0;1 -4 0];
b=[0 1 1]';
c=[1 0 1];
d=0;
N=size(A);
```

```
n=N(1);
Q=eye(3);
P=lyap(A',Q);
e=eig(P);
sys=ss(A,b,c,d);
[y,t,x]=initial(sys,[1 -2 3]');
figure(1);
plot(t,x);grid
xlabel('t(s)');ylabel('x(t)');title('initial response');
figure(2)
plot(t,y);grid
xlabel('t(s)');ylabel('y(t)');title('initial response');
[num,den]=ss2tf(A,b,c,d)
S=ctrb(A,b);
f=rank(S);
if f==n
    disp('系统能控')
else
    disp('系统不能控')
end
V=obsv(A,c);
m=rank(V)
if m==n
    disp('系统能观')
else
    disp('系统不能观')
end
S1=inv(S);
T=[S1(3,:);S1(3,:)*A;S1(3,:)*A^2];
sys1=ss2ss(sys,T);
```

```
[A1,b1,c1,T1]=obsvf(A,b,c)
sysr=minreal(sys);
```

运行上述程序，可以得出如下结论：

（1）使用 eig（）命令检验矩阵 $\boldsymbol{P}=\begin{bmatrix} 0.5 & -0.7778 & 0.5 \\ -0.7778 & 3.6944 & -2.1111 \\ 0.5 & -2.1111 & 1.5 \end{bmatrix}$，可知所有特征值均为正，故系统是稳定的。

（2）系统的传递函数为

$$\Phi(s)=\frac{s^2+s}{s^3+4s^2+5s+2} \tag{5-65}$$

系统零输入响应的状态曲线和输出曲线分别如图 5-16 和图 5-17 所示。

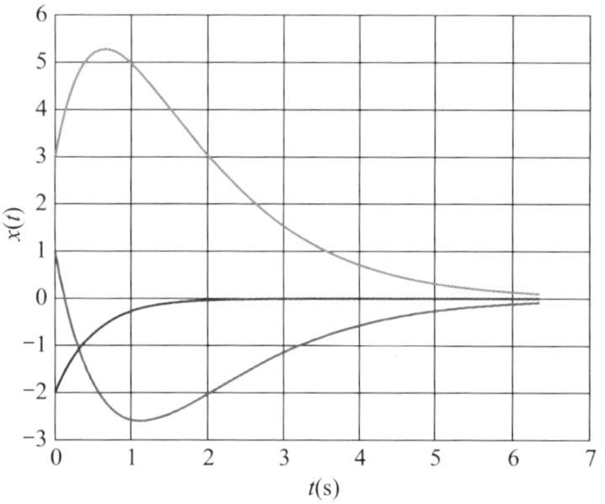

图 5-16　零输入状态响应

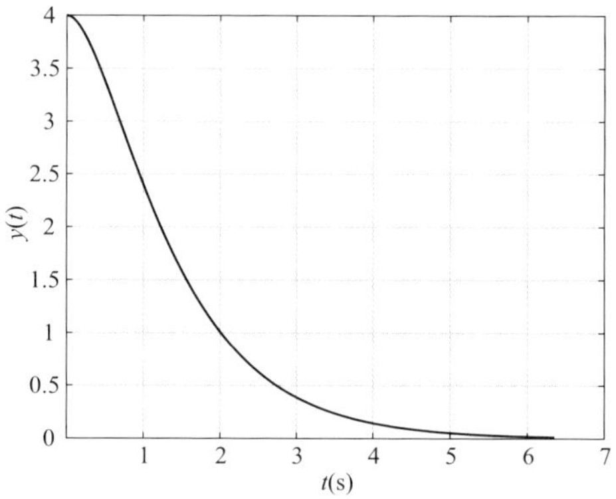

图 5-17　零输入输出响应

（3）由于能控性矩阵满秩，所以系统完全能控。利用变换矩阵 $\boldsymbol{T}$ 得系统的能控标准型为

$$\dot{\boldsymbol{x}}(t)=\begin{bmatrix} 0 & 1 & 0 \\ 0 & 0 & 1 \\ -2 & -5 & -4 \end{bmatrix}\boldsymbol{x}(t)+\begin{bmatrix} 0 \\ 0 \\ 1 \end{bmatrix}\boldsymbol{u}(t),\boldsymbol{y}(t)=\begin{bmatrix} 0 & 1 & 1 \end{bmatrix}\boldsymbol{x}(t) \tag{5-66}$$

（4）由于能观性矩阵的秩为 2，非满秩，系统状态不完全可观测。观测性分解结果为

$$\dot{\boldsymbol{x}}(t)=\begin{bmatrix} -1 & -4.2426 & 2 \\ 0 & -2 & 0 \\ 0 & -1.4142 & -1 \end{bmatrix}\boldsymbol{x}(t)+\begin{bmatrix} -0.7071 \\ -1 \\ -0.7071 \end{bmatrix}\boldsymbol{u}(t) \tag{5-67}$$

$$\boldsymbol{y}(t)=\begin{bmatrix}0 & 0 & -1.4142\end{bmatrix}\boldsymbol{x}(t) \tag{5-68}$$

系统最小实现为

$$\begin{aligned}&\dot{\boldsymbol{x}}(t)=\begin{bmatrix}-1 & -1.414\\0 & -2\end{bmatrix}\boldsymbol{x}(t)+\begin{bmatrix}-0.7071\\-1\end{bmatrix}\boldsymbol{u}(t),\\&\boldsymbol{y}(t)=\begin{bmatrix}-1.414 & 0\end{bmatrix}\boldsymbol{x}(t)\end{aligned} \tag{5-69}$$

6 基于 YALMIP 的新能源电力系统负荷频率控制

高比例新能源并网、大规模通信网络应用是现代电力系统的两大发展趋势。然而，区别于以煤炭、天然气等为一次能源的传统电网，风、光等新能源的不确定出力对电网频率稳定性构成挑战，过高的新能源发电渗透率导致的电网频率越限以及大停电事故时有报道。开放的通信网络在电力系统中大规模应用，为控制决策提供更为全面的运行状态量，但也不可避免地带来了传输延时与数据丢包问题，从而导致频率偏差阻尼性能下降。此外，突发物理故障和恶意网络攻击对电力系统频率稳定性的影响在美加大停电和乌克兰“Black Energy”病毒攻击等事件后日益受到学术界和工业界的广泛关注。本章以新能源电力系统的网络化负荷频率控制（load frequency control，LFC）为研究对象，介绍在 MATLAB/Simulink 环境下的 LFC 系统设计与实现问题。

6.1 负荷频率控制基本概念

频率作为衡量电力系统供电质量的关键性指标之一，维持其频率在额定允许范围内波动是保障电力设备安全运行的首要任务。电力系统的频率与有功功率供需关系紧密联系。具体而言，电力系统频率由同步发电机的转速决定，而电力系统本质上为一依赖于具备旋转元件的同步发电机组的惯性系统[2]。因此，频率的变化本质上反映为推动同步发电机旋转的输入有功功率与阻滞同步发电机旋转的用户需求有功功率的动态平衡关系，即：

（1）当电网内各发电单元（如同步发电机组、可再生能源发电设施、储能设备）的有功功率供应等于用户侧的有功功率需求时，同步发电机转轴上的机械转矩等于电磁转矩，转速（即频率）保持不变。

（2）当有功功率供大于求时，机械转矩大于电磁转矩，转速（即频率）上升。

（3）当有功功率供不应求时，机械转矩小于电磁转矩，转速（即频率）下降。

GB/T 15945—2008《电能质量　电力系统频率偏差》中明确规定："电力系统正常频率偏差允许值为±0.2Hz。当系统容量较小时，偏差值可以放宽到±0.5Hz"。因此，为了维护电力系统有功功率实时平衡、快速阻尼频率偏差至允许范围内，电力控制中心一般配置负荷频率控制（load frequency control，LFC）系统。其功能为：通过实时监测电力系统频率变化，向各参与频率调整的机组发送实时的有功功率出力指令，以期跟随用户侧负荷需求变化从而快速阻尼频率偏差至允许范围。

现代电力系统健壮、智能、低碳的发展趋势为世界各个国家和地区所认同。在此背景下，计及新能源并网系统、储能设备、传统同步发电机组、负荷等物理设备以及网络通信设施的电力系统负荷频率控制系统如图 6-1 所示。其中，新能源并网系统一般采用最大功率跟踪（maximum power point tracking，MPPT）的方式并网，为避免弃风弃光等资源浪费现象，故其与负荷类似均不参与系统频率调整；安装在发电设备侧和变电站内的相量测量单元（phasor measurement unit，PMU）在收集发电设备运行状态、联络线功率、电网频率以及区域控制误差（area control error，ACE）后，通过通信网络上传到控制中心后，由控制中心制定各发电设备的有功功率出力调整指令，并通过通信网络发送至各发电设备。

然而，在新能源高比例并网与通信系统大规模应用过程中，LFC 系统逐渐面临一些新的问题与挑战，具体体现为以下三个方面。

（1）新能源发电系统一般使用电力电子逆变器作为并网接口，由于缺乏类似于传统同步发电机的旋转元件，故缺乏对电力系统的惯量支撑。为快速平抑有功功率偏差带来的电网频率波动问题，电力系统一般采用装备传统同步发电机组的火电厂与水电厂并预留部分容量以提供功率供需失衡情形下的调频资源与惯性量支撑。然而，新能源发电渗透率的不断提升将会进一步压缩传统同步发电机的占比，导致电力系统在应对有功功率供需失衡时由于惯性量弱和调频容量不足而频率偏差幅度过大。近年来，世界范围内发生的多起严重的大停电事故均与高比例新能源并网导致的电力系统惯性量弱和调频容量不足有着紧密的关联。例如，2016 年澳大利亚南澳“9·28”大停电事故持续 50 小时后才恢复供电。南澳地区新能源机组占比高达 48.36%，而此次事故原因为极端天气导致的新能源机组大规模脱网，功率缺额超过传统同步发电机组的最大调频能力，从而导致低频越限事故与紧急减载操作；2019 年英国“8·9”停电事故波及 110 万人。事故直接起因为常规火电机组与分布式能源脱网造成了有功功率缺额超过系统频率响应容量，而直流输电、风电等无惯性量的电力电子并网电源占比高导致系统整体惯性量较弱，从而引发了低频减载操作。

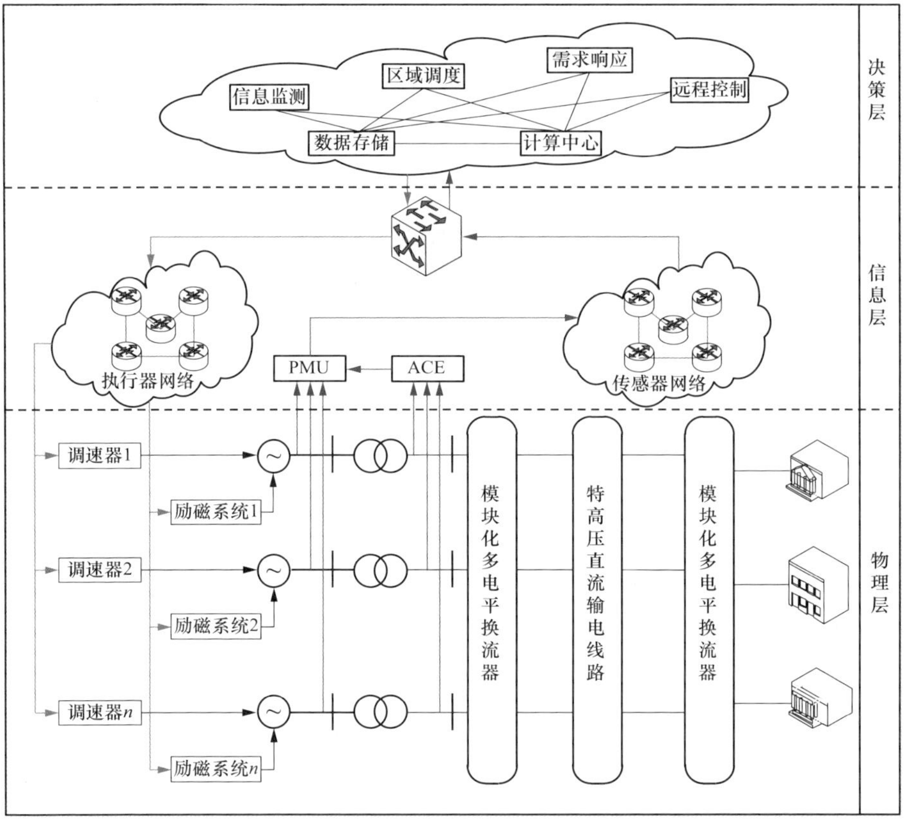

图 6-1　电力信息物理系统下的负荷频率控制

（2）随着电力系统复杂程度和规模的不断扩大以及区域电网的逐步互联协

同运行，利用通信网络实现控制中心与底层各物理设备之间运行状态量和控制指令的传输成为必然选择。与小规模电力系统中点对点专线通信方式下传输延时可以忽略不计相比，开放、共享的通信网络必然存在不可忽视的传输延时与数据丢包问题。有学者对电力系统中常用通信方式的传输延时进行了系统性分析，例如光纤通信传输延时为 20～40ms、微波通信传输延时在 80ms 以上、卫星通信传输延时则达到 700ms 以上等。因此，互联电网的负荷频率控制系统本质上是一个网络控制系统（networked control system，NCS）。而传输延时与数据丢包对负荷频率控制系统的直接影响体现为闭环系统稳定裕度下降、频率偏差阻尼性能变差甚至闭环系统失稳等。

（3）在信息通信技术大规模应用的背景下，电力系统正逐步向电力信息物理融合系统（cyber physical system，CPS）不断演进。尤其是自美加大停电事故、乌克兰电网“Black Energy”病毒攻击事件等类似事件发生以来，来自物理设备的突发性故障和来自信息层面的恶意网络攻击对于电力系统安全、稳定运行构成的挑战便受到学术界与工业界的高度关注。对于负荷频率控制问题而言，现有的设计方法一般针对正常运行状态下或某一类故障状态下展开。此外，与传统鲁棒控制理论讨论的运行参数小幅度不确定性场景下的闭环渐进稳定相比，物理故障、网络攻击的作用效果体现为运行结构或运行场景的显著性改变。故单个控制器对正常/故障多场景的同时镇定问题本质上是一个多约束可行性求解问题。对于电力信息物理深度耦合系统而言，若采用单一控制器来同时镇定所有可能的故障场景，这意味着控制器参数的可行域受到的运行场景约束数量过多，可能导致控制器参数无解的风险。

6.2　新能源电力系统负荷频率控制模型

图 6-2 为典型的互联电力系统架构。其中，电网频率、联络线功率、参与机组的运行状态、区域控制误差（area control error，ACE）等信息通过 PMU、交换机等电力网络通信设备传输到各区域的控制中心。而控制中心则根据已到达的最新状态量来制定各参与机组的有功功率输出参考值。图 6-3 则示出了区域 i 等效的负荷频率控制系统框图。动态特性可表示为

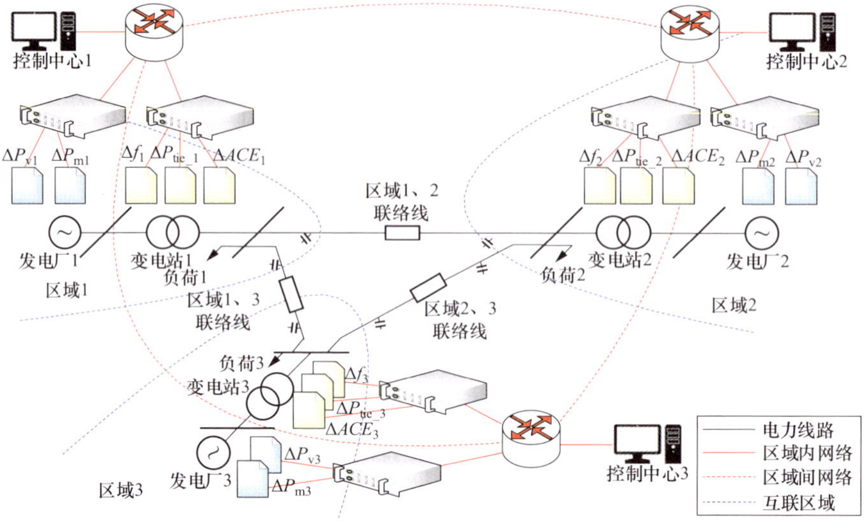

图 6-2　互联电力系统运行结构

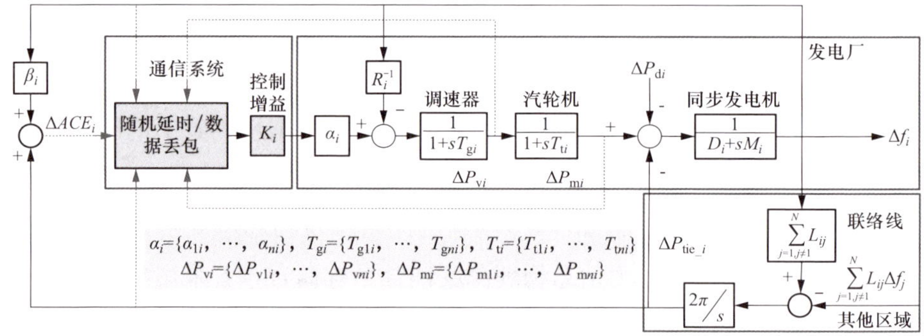

图 6-3　LFC 系统等效框图

$$
\begin{cases}
\dfrac{\mathrm{d}\Delta f_i}{\mathrm{d}t} = -\dfrac{D_i}{M_i}\Delta f_i + \dfrac{1}{M_i}\sum\limits_{p=1}^{n}\Delta P_{\mathrm{m}pi} - \dfrac{1}{M_i}\Delta P_{\mathrm{d}i} \\
\dfrac{\mathrm{d}\Delta P_{\mathrm{tie\_}i}}{\mathrm{d}t} = \sum\limits_{j=1,\ j\neq i}^{N} 2\pi T_{ij}(\Delta f_i - \Delta f_j) \\
\dfrac{\mathrm{d}\Delta P_{\mathrm{m}pi}}{\mathrm{d}t} = -\dfrac{\Delta P_{\mathrm{m}pi}}{T_{\mathrm{t}pi}} + \dfrac{\Delta P_{\mathrm{v}pi}}{T_{\mathrm{t}pi}} \\
\dfrac{\mathrm{d}\Delta P_{\mathrm{v}pi}}{\mathrm{d}t} = -\dfrac{\Delta P_{\mathrm{v}pi}}{T_{\mathrm{g}pi}} + \dfrac{\alpha_{pi}}{T_{\mathrm{g}pi}}U_i - \dfrac{\Delta f_i}{T_{\mathrm{g}pi}R_{pi}}
\end{cases} \tag{6-1}
$$

$$\Delta P_{\mathrm{d}i} = \Delta P_{\mathrm{load}i} + \Delta P_{\mathrm{res}i}$$

式中：n 为发电机组数量；N 为互联区域数量；M_i 和 D_i 分别为区域 i 的等效

惯性量与阻尼系数；Δf_i 和 Δf_j 分别为区域 i 和区域 j 的频率偏差；$\Delta P_{\text{tie\_}i}$ 为与区域 i 相邻的所有区域的联络线功率变化总和；T_{ij} 为区域 i 和区域 j 间的联络线同步系数；$\Delta P_{\text{mp}i}$ 为区域 i 中第 p 个发电机组的输出机械功率增量；$\Delta P_{\text{vp}i}$ 为汽轮机阀门位置偏差；$\Delta P_{\text{d}i}$ 为区域 i 的等效负荷变化量；$\Delta P_{\text{load}i}$ 和 $\Delta P_{\text{res}i}$ 分别为区域 i 的负荷需求与新能源出力波动；$T_{\text{t}pi}$ 和 $T_{\text{g}pi}$ 分别为区域 i 中第 p 个发电机组中汽轮机与调速器时间常数；$\alpha_{\text{p}i}$ 为调频参与因子；U_i 为区域 i 的控制输入；R_{pi} 为下垂系数。

令区域 i 的 ACE 记为 $ACE_i(t)$，其综合表征了区域 i 频率和联络线功率的变化情形，即

$$ACE_i(t) = \beta_i \Delta f_i + \Delta P_{\text{tie\_}i} \tag{6-2}$$

式中：β_i 为区域 i 的频率偏移因子。

为消除负荷和联络线功率扰动带来的稳态误差，引入 $ACE_i(t)$ 的积分量 $\xi_i(t)$，即 $\xi_i(t)=\int ACE_i(t)$。进一步地，选择状态变量 $X_i = [\Delta f_i,\ \Delta P_{\text{tie\_}i},\ \Delta P_{\text{v}i},\ \Delta P_{\text{m}i},\ \xi_i]^{\text{T}}$，从而区域 i 的负荷频率控制系统状态空间模型可以表示为

$$\begin{cases} \dot{X}_i(t) = A_i X_i(t) + B_i U_i(t) + H_i \omega_i(t) \\ Y_i(t) = C_i X_i(t) \end{cases} \tag{6-3}$$

$$\omega_i(t) = \Delta P_{\text{d}i}$$

$$A_i = \begin{bmatrix} -\dfrac{D_i}{M_i} & -\dfrac{1}{M_i} & A_{1i} & 0 & 0 \\ 2\pi\sum_{j=1, j\neq i}^{N} T_{ij} & 0 & 0 & 0 & 0 \\ 0 & 0 & A_{2i} & A_{3i} & 0 \\ A_{4i} & 0 & 0 & A_{5i} & 0 \\ \beta_i & 1 & 0 & 0 & 0 \end{bmatrix}$$

$$A_{1i} = [1/M_i, \cdots, 1/M_i]$$

$$A_{2i} = -A_{3i} = \text{diag}\{-1/T_{\text{t}1i}, \cdots, -1/T_{\text{t}ni}\}$$

$$A_{4i} = [-1/(T_{\text{g}1i}R_{1i}), \cdots, -1/(T_{\text{g}ni}R_{ni})]^{\text{T}}$$

$$A_{5i} = \text{diag}\{-1/T_{\text{g}1i}, \cdots, -1/T_{\text{g}ni}\}$$

$$B_i = \begin{bmatrix} 0 \\ 0 \\ 0 \\ B_{1i} \\ 0 \end{bmatrix}, B_{1i} = \begin{bmatrix} \dfrac{\alpha_{1i}}{T_{\text{g}1i}} \\ \dfrac{\alpha_{2i}}{T_{\text{g}2i}} \\ \vdots \\ \dfrac{\alpha_{ni}}{T_{\text{g}ni}} \end{bmatrix}, H_i = \begin{bmatrix} -\dfrac{1}{M_i} & 0 \\ 0 & -1 \\ 0 & 0 \\ 0 & 0 \\ 0 & 0 \end{bmatrix}, C_i = \begin{bmatrix} \beta_i & 0 \\ 1 & 0 \\ 0 & 0 \\ 0 & 0 \\ 0 & 1 \end{bmatrix}^{\text{T}}$$

式中：$Y_i(t)$ 为区域 i 的输出量。

进一步定义增广向量：$x(t)=[X_1^{\mathrm{T}}(t),\ X_2^{\mathrm{T}}(t),\ \cdots,\ X_N^{\mathrm{T}}(t)]^{\mathrm{T}}$，从而包含了 N 个区域的新能源电力系统 LFC 动态特性为

$$\begin{cases}\dot{x}(t)=Ax(t)+Bu(t)+Hw(t)\\ y(t)=Cx(t)\end{cases}\tag{6-4}$$

$$u(t)=[U_1(t),U_2(t),\cdots,U_N(t)]^{\mathrm{T}}$$

$$w(t)=[\Delta P_{\mathrm{d}1}(t),\Delta P_{\mathrm{d}2}(t),\cdots,\Delta P_{\mathrm{d}N}(t)]^{\mathrm{T}}$$

$$A=[A_{nj}]_{N\times N},B=\mathrm{diag}\{B_n\},H=\mathrm{diag}\{H_n\},C=\mathrm{diag}\{C_n\}$$

一般的，电网控制中心与发电厂间距离数百公里，因此控制指令的下达与状态量的上传往往依赖于通信网络，从而带来不确定延时问题。设每个区域均采用状态反馈控制，从而控制指令满足

$$u(t)=Kx(t-\tau(t))\tag{6-5}$$

$$K=\mathrm{diag}\{K_n\}$$

$$\tau(t)=\max\{\tau_n(t)\}$$

式中：K 为控制增益矩阵；$\tau(t)$ 为各区域与电网控制中心间的最大通信延时。从而闭环 LFC 系统的动态特性为

$$\begin{cases}\dot{x}(t)=Ax(t)+BKx(t-\tau(t))+Hw(t)\\ y(t)=Cx(t)\end{cases}\tag{6-6}$$

6.3 考虑延时的李雅普诺夫稳定性判据

对于实际的新能源电力系统而言，LFC 系统的设计目标包含如下两点：

（1）当包含负荷需求和新能源出力波动的等效负荷变化 $w(t)=0$ 时，频率偏差能够恢复到零，即$\lim\limits_{t\to\infty}\Delta f(t)=0$。

（2）当等效负荷变化 $w(t)\neq 0$ 时，LFC 系统能够具备良好的负荷阻尼性能，即$\|\Delta f(t)\|_2\leqslant\gamma\|w(t)\|_2$，$\gamma$ 为衰减系数。该项要求也称为 H_∞ 衰减性能。

在网络攻击背景下，电力系统的传输延时可能会显著超过正常范围。为降低设计保守度，设计一种依据攻击强度（即实际传输延时）自适应变化的 LFC 策略。如图 6-4 所示，其包含如下三个模块。

（1）延时评估模块。预设一系列的延时区间。新能源电力系统控制中心根

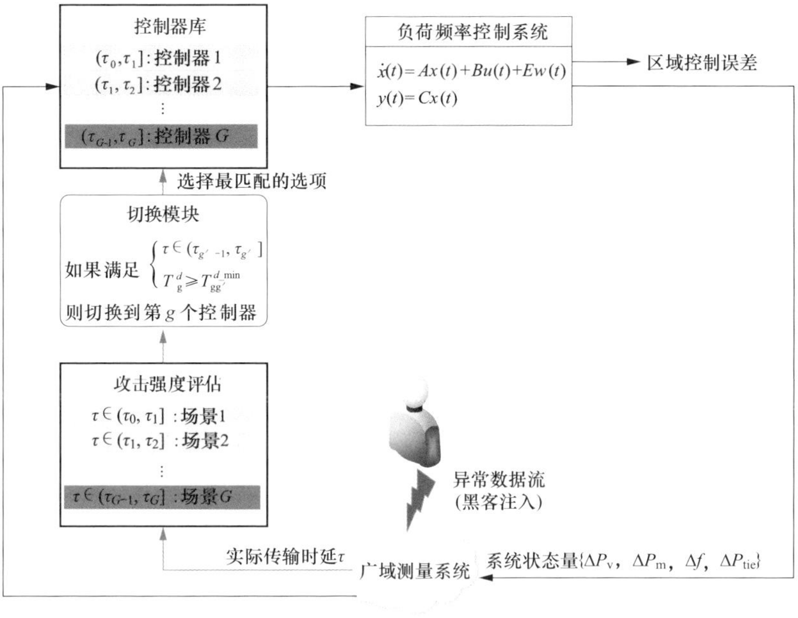

图 6-4　自适应 LFC 方案

据实际传输延时来确定当前的攻击强度，即

$$工作场景\ g\leftrightarrow\tau\in(\underline{\tau}_g,\bar{\tau}_g]$$

其中 $g=1,2,\ldots,G(G\in\mathbf{Z}^+)$。特别的，$\underline{\tau}_g=0$ 表示不考虑网络因素的理想情况。

（2）预设计控制器库。库中的每个选项都可以镇定预设工作场景下的 LFC 系统。在下一节中将通过构造李雅普诺夫泛函，控制器增益的约束条件。当确定工作场景后，控制中心通过查表的方法找到最匹配的选项。若符合控制器更新准则后，将该选项切换到控制回路中。

（3）控制器切换模块。即便是每个控制器选项都能镇定对应的工作场景，若某一工作场景下 LFC 系统的驻留时间（dwell time）过短，同样可能导致工作场景变化时的状态轨迹趋于发散。因此，控制器切换准则为当攻击强度变化时，LFC 系统在上一个工作场景下的驻留时间大于最小要求值，即若 $\tau\in(\underline{\tau}_g,\bar{\tau}_g]\&\&T_g^{\mathrm{d}}\geqslant T_{gg'}^{\mathrm{d\_min}}$，则选择第 g 个控制器投入回路中。

其中，g'、$g\in\{1,2,\ldots,G\}$ 且 $g'\neq g$，T_g^{d}、$T_{gg'}^{\mathrm{d\_min}}$ 分别为 LFC 系统在第 g 个工作场景下的驻留时间以及工作场景在 g 和 g' 间变化所要求的最低驻留时间。若实际驻留时间小于最低要求值，则控制中心将发出告警信息并触发紧急操作指令，如甩负荷、切机或切换备用通信链路。

6.3.1 控制器约束条件

对每个延时范围（$\underline{\tau}_g$，$\bar{\tau}_g$]，构造 Lyapunov 泛函 $V_g(t)=V_{1g}(t)+V_{2g}(t)+V_{3g}(t)+V_{4g}(t)+V_{5g}(t)$，其中 $V_{1g}(t)=x^{\mathrm{T}}(t)P_g x(t)$，$V_{2g}(t)=\int_{t-\underline{\tau}_g}^{t}x^{\mathrm{T}}(s)e^{\lambda(s-t)}Q_{1g}x(s)\mathrm{d}s$，$V_{3g}(t)=\int_{t-\bar{\tau}_g}^{t}x^{\mathrm{T}}(s)e^{\lambda(s-t)}Q_{2g}x(s)\mathrm{d}s$，$V_{4g}(t)=\underline{\tau}_g\int_{-\underline{\tau}_g}^{0}\int_{t+r}^{t}\dot{x}^{\mathrm{T}}(s)e^{\lambda(s-t)}W_{1g}\dot{x}(s)\mathrm{d}s\,\mathrm{d}t$，$V_{5g}(t)=\Delta\tau_g\int_{-\bar{\tau}_g}^{-\underline{\tau}_g}\int_{t+r}^{t}\dot{x}^{\mathrm{T}}(s)e^{\lambda(s-t)}W_{2g}\dot{x}(s)\mathrm{d}s\,\mathrm{d}t$。根据第 5 章 Lyapunov 稳定性定义，只要 $V_g(t)$ 的导数小于零，则当前的 LFC 系统是闭环渐进稳定的。结合时域稳定性分析方法，可以得到如下的结论：给定工作场景 $g\in\{1，2，\cdots，G\}$ 以及标量 λ、γ、$\rho>0$，若存在适维矩阵 K_g、X_g 以及对称矩阵 P_g、Q_{1g}、Q_{2g}、W_{1g}、W_{2g}，使得式（6-7）～式（6-9）成立，则闭环 LFC 系统是指数稳定的且对外部功率扰动具有 $\gamma-H_\infty$ 扰动衰减性能。其中 λ 为指数衰减速率。

$$P_g,Q_{1g},Q_{2g},W_{1g},W_{2g}>0 \tag{6-7}$$

$$\begin{bmatrix} W_{2g} & X_g \\ X_g^{\mathrm{T}} & W_{2g} \end{bmatrix}\geqslant 0 \tag{6-8}$$

$$\begin{bmatrix}
\Pi_{11} & \Pi_{12} & \Pi_{13} & 0 & \Pi_{15} & \Pi_{16} & \Pi_{17} \\
* & \Pi_{22} & \Pi_{23} & \Pi_{24} & 0 & \Pi_{26} & 0 \\
* & * & \Pi_{33} & \Pi_{34} & 0 & 0 & 0 \\
* & * & * & \Pi_{44} & 0 & 0 & 0 \\
* & * & * & * & \Pi_{55} & \Pi_{56} & 0 \\
* & * & * & * & * & \Pi_{66} & 0 \\
* & * & * & * & * & * & \Pi_{77}
\end{bmatrix}\leqslant 0 \tag{6-9}$$

$$\Pi_{11}=A^{\mathrm{T}}P_g+P_gA+\lambda P_g+Q_{1g}+Q_{2g}-\zeta_g W_{1g}$$

$$\Pi_{12}=\Pi_{26}^{\mathrm{T}}=P_gBK_g$$

$$\Pi_{13}=\zeta_g W_{1g}$$

$$\Pi_{15}=\Pi_{56}^{\mathrm{T}}=P_gE$$

$$\Pi_{16}=A^{\mathrm{T}}P_g$$

$$\Pi_{17}=C^{\mathrm{T}}$$

$$\Pi_{22}=-\bar{\zeta}_g(2W_{2g}-X_g^{\mathrm{T}}-X_g)$$

$$\Pi_{23} = \Pi_{24}^{\mathrm{T}} = -\bar{\zeta}_g(-W_{2g} + X_g^{\mathrm{T}})$$

$$\Pi_{33} = -e^{-\lambda\underline{\tau}_g}Q_{1g} - \underline{\zeta}_g W_{1g} - \bar{\zeta}_g W_{2g}$$

$$\Pi_{34} = \bar{\zeta}_g X_g$$

$$\Pi_{44} = -e^{-\lambda\bar{\tau}_g}Q_{2g} - \bar{\zeta}_g W_{2g}$$

$$\Pi_{55} = -\gamma^2 I$$

$$\Pi_{66} = \rho^2(\underline{\tau}_g^2 W_{1g} + \Delta\tau_g^2 W_{2g}) - 2\rho P_g$$

$$\Pi_{77} = -I$$

$$\Delta\tau_g = \bar{\tau}_g - \underline{\tau}_g$$

$$\underline{\zeta}_g = \frac{\lambda\underline{\tau}_g}{e^{\lambda\underline{\tau}_g} - 1}$$

$$\bar{\zeta}_g = \frac{\lambda\Delta\tau_g}{e^{\lambda\bar{\tau}_g} - e^{\lambda\underline{\tau}_g}}$$

注意到式（6-9）中，Π_{12}存在待求解控制器增益 K_g 和矩阵 P_g 且二者为乘性关系。因此式（6-9）本质上是非线性的且难以直接求解。基于合同变换方法，令 $\Lambda_g = P_g^{-1}$，$\Gamma_g = K_g\Lambda_g$，$\tilde{X}_g = \Lambda_g X_g \Lambda_g$，$\tilde{Q}_{1g} = \Lambda_g Q_{1g}\Lambda_g$，$\tilde{Q}_{2g} = \Lambda_g Q_{2g}\Lambda_g$，$\tilde{W}_{1g} = \Lambda_g W_{1g}\Lambda_g$，$\tilde{W}_{2g} = \Lambda_g W_{2g}\Lambda_g$，对式（6-8）左右乘 $\mathrm{diag}\{\Lambda_g, \Lambda_g\}$ 以及对式（6-9）左右乘 $\mathrm{diag}\{\Lambda_g, \Lambda_g, \Lambda_g, \Lambda_g, I, \Lambda_g, I\}$，从而上述结论有如下的等价形式。

给定攻击强度 g 以及标量λ、γ、$\rho>0$，若存在适维矩阵 $\tilde{X}_g$、Γ_g 以及对称矩阵Λ_g、$\tilde{Q}_{1g}$、$\tilde{Q}_{2g}$、$\tilde{W}_{1g}$、$\tilde{W}_{2g}$，使得式（6-10）～式（6-12）成立，则闭环 LFC 系统是指数稳定的，且对外部功率扰动 $w(t)$ 具有 γ 水平的 H_∞扰动衰减性能。控制器增益满足 $K_g = \Gamma_g\Lambda_g^{-1}$。

$$\tilde{X}_g, \tilde{Q}_{1g}, \tilde{Q}_{2g}, \tilde{W}_{1g}, \tilde{W}_{2g} > 0 \tag{6-10}$$

$$\begin{bmatrix} \tilde{W}_{2g} & \tilde{X}_g \\ \tilde{X}_g^{\mathrm{T}} & \tilde{W}_{2g} \end{bmatrix} \geqslant 0 \tag{6-11}$$

$$\begin{bmatrix} \tilde{\Pi}_{11} & \tilde{\Pi}_{12} & \tilde{\Pi}_{13} & 0 & \tilde{\Pi}_{15} & \tilde{\Pi}_{16} & \tilde{\Pi}_{17} \\ * & \tilde{\Pi}_{22} & \tilde{\Pi}_{23} & \tilde{\Pi}_{24} & 0 & \tilde{\Pi}_{26} & 0 \\ * & * & \tilde{\Pi}_{33} & \tilde{\Pi}_{34} & 0 & 0 & 0 \\ * & * & * & \tilde{\Pi}_{44} & 0 & 0 & 0 \\ * & * & * & * & \tilde{\Pi}_{55} & \tilde{\Pi}_{56} & 0 \\ * & * & * & * & * & \tilde{\Pi}_{66} & 0 \\ * & * & * & * & * & * & \tilde{\Pi}_{77} \end{bmatrix} \leqslant 0 \tag{6-12}$$

$$\widetilde{\Pi}_{11}=\Lambda_g A^{\mathrm{T}}+A\Lambda_g+\lambda\Lambda_g+\widetilde{Q}_{1g}+\widetilde{Q}_{2g}-\underline{\zeta}_g\widetilde{W}_{1g}$$

$$\widetilde{\Pi}_{12}=\widetilde{\Pi}_{26}^{T}=BY_g$$

$$\widetilde{\Pi}_{13}=\underline{\zeta}_g\widetilde{W}_{1g}$$

$$\widetilde{\Pi}_{15}=\widetilde{\Pi}_{56}^{T}=E$$

$$\widetilde{\Pi}_{16}=\Lambda_g A^{\mathrm{T}}$$

$$\widetilde{\Pi}_{17}=\Lambda_g C^{\mathrm{T}}$$

$$\widetilde{\Pi}_{26}=Y_g^{\mathrm{T}}B^{\mathrm{T}}$$

$$\widetilde{\Pi}_{22}=-\bar{\zeta}_g(2\widetilde{W}_{2g}-\widetilde{X}_g^{\mathrm{T}}-\widetilde{X}_g)$$

$$\widetilde{\Pi}_{23}=\widetilde{\Pi}_{24}^{T}=-\bar{\zeta}_g(-\widetilde{W}_{2g}+\widetilde{X}_g^{\mathrm{T}})$$

$$\widetilde{\Pi}_{33}=-e^{-\lambda\underline{\tau}_g}\widetilde{Q}_{1g}-\underline{\zeta}_g\widetilde{W}_{1g}-\bar{\zeta}_g\widetilde{W}_{2g}$$

$$\widetilde{\Pi}_{34}=\bar{\zeta}_g\widetilde{X}_g$$

$$\widetilde{\Pi}_{44}=-e^{-\lambda\bar{\tau}_g}\widetilde{Q}_{2g}-\bar{\zeta}_g\widetilde{W}_{2g}$$

$$\widetilde{\Pi}_{55}=-\gamma^2 I$$

$$\widetilde{\Pi}_{66}=\rho^2(\underline{\tau}_g^2\widetilde{W}_{1g}+\Delta\tau_g^2\widetilde{W}_{2g})-2\rho\Lambda_g$$

$$\widetilde{\Pi}_{77}=-I$$

6.3.2　控制器约束条件

根据 6.3.1 节分析可得到对应于预设攻击强度的控制器集合 $\{K_g\}$（$g=1, 2, \cdots, H+1$）。然而，频繁的攻击强度变化可能导致 LFC 系统的状态轨迹趋于发散。换言之，所提自适应控制方案对流量攻击强度的变化频率存在上限。不妨设在时间间隔 $[t_0, t]$ 内工作场景在 $\{g, g'\}$ 之间变化了 k 次，其与切换频率 $f_{gg'}$ 满足 $k\leqslant\lfloor f_{gg'}(t-t_0)\rfloor\leqslant f_{gg'}(t-t_0)$。从而攻击强度的切换存在如下两种情形。

（1）情形 1：t_0 时刻和 t 时刻的流量攻击强度相同。此时，k 为偶数。由于 LFC 系统的状态轨迹在攻击强度变化瞬间无法瞬变。不失一般性，不妨设 $\{t_1, t_2, \cdots, t_k\}$ 为切换瞬间，t_0 时刻和 t 时刻的流量攻击强度为 g。若此时有

$$\{P_{g'},Q_{1g'},Q_{2g'},W_{1g'},W_{2g'}\}\leqslant\mu_{gg'}\{P_g,Q_{1g},Q_{2g},W_{1g},W_{2g}\}\tag{6-13}$$

$$\{P_g, Q_{1g}, Q_{2g}, W_{1g}, W_{2g}\} \leqslant \mu_{g'g}\{P_{g'}, Q_{1g'}, Q_{2g'}, W_{1g'}, W_{2g'}\} \tag{6-14}$$

式（6-13）和式（6-14）中，$\mu_{gg'}$和$\mu_{g'g}$分别为大于 1 的常数，结合 6.3.1 节分析，有

$$\begin{aligned}
V_g(t)\,|_{t\in[t_k,t)} &\leqslant e^{-\lambda(t-t_k)}V_g(t_k)\,|_{t\in[t_k,t)} \\
&\leqslant \mu_{g'g}e^{-\lambda(t-t_k)}V_{g'}(t_k)\,|_{t\in[t_k,t)} \\
&\leqslant \mu_{g'g}e^{-\lambda(t-t_k)}e^{-\lambda(t_k-t_{k-1})}V_{g'}(t_{k-1})\,|_{t\in[t_{k-1},t_k)} \\
&\leqslant \mu_{gg'}\mu_{g'g}e^{-\lambda(t-t_k)}e^{-\lambda(t_k-t_{k-1})}V_g(t_{k-1})\,|_{t\in[t_{k-1},t_k)} \\
&\ \ \vdots \\
&\leqslant (\mu_{gg'})^{\frac{k}{2}}(\mu_{g'g})^{\frac{k}{2}}e^{-\lambda(t-t_0)}V_g(t_0)\,|_{t\in[t_0,t_1)} \\
&\leqslant (\mu_{gg'})^{\frac{f_{gg'}(t-t_0)}{2}}(\mu_{g'g})^{\frac{f_{gg'}(t-t_0)}{2}}e^{-\lambda(t-t_0)}V_g(t_0)\,|_{t\in[t_0,t_1)} \\
&= e^{\frac{f_{gg'}(t-t_0)}{2}\ln\mu_{gg'}\mu_{g'g}-\lambda(t-t_0)}V_g(t_0)\,|_{t\in[t_0,t_1)}
\end{aligned}$$

可知仅当 $f_{gg'}\leqslant 2\lambda/\ln\mu_{gg'}\mu_{g'g}$时，闭环 LFC 系统在工作场景变化时的状态轨迹是下降的。

（2）情形 2：t_0 时刻和 t 时刻的流量攻击强度不同。此时，k 为奇数。不妨设 t_0 时刻和 t 时刻的流量攻击强度分别为g'和g。类似于情形 1，有

$$\begin{aligned}
V_g(t)\,|_{t\in[t_k,t)} &\leqslant e^{-\lambda(t-t_k)}V_g(t_k)\,|_{t\in[t_k,t)} \\
&\leqslant \mu_{g'g}e^{-\lambda(t-t_k)}V_{g'}(t_k)\,|_{t\in[t_k,t)} \\
&\leqslant \mu_{g'g}e^{-\lambda(t-t_k)}e^{-\lambda(t_k-t_{k-1})}V_{g'}(t_{k-1})\,|_{t\in[t_{k-1},t_k)} \\
&\leqslant \mu_{g'g}\mu_{gg'}e^{-\lambda(t-t_k)}e^{-\lambda(t_k-t_{k-1})}V_g(t_{k-1})\,|_{t\in[t_{k-1},t_k)} \\
&\ \ \vdots \\
&\leqslant (\mu_{g'g})^{\frac{k-1}{2}}(\mu_{gg'})^{\frac{k+1}{2}}e^{-\lambda(t-t_0)}V_g(t_0)\,|_{t\in[t_0,t_1)} \\
&\leqslant \sqrt{\frac{\mu_{gg'}}{\mu_{g'g}}}(\mu_{g'g})^{\frac{f_{gg'}(t-t_0)}{2}}(\mu_{gg'})^{\frac{f_{gg'}(t-t_0)}{2}}e^{-\lambda(t-t_0)}V_g(t_0)\,|_{t\in[t_0,t_1)} \\
&= \sqrt{\frac{\mu_{gg'}}{\mu_{g'g}}}e^{\frac{f_{gg'}(t-t_0)}{2}\ln\mu_{gg'}\mu_{g'g}-\lambda(t-t_0)}V_g(t_0)\,|_{t\in[t_0,t_1)}
\end{aligned}$$

同样的，仅当 $f_{gg'}\leqslant 2\lambda/\ln\mu_{gg'}\mu_{g'g}$时，闭环 LFC 系统在工作场景变化时的状态轨迹是下降的。综上所述，有如下结论：对于给定标量 $\lambda>0$，闭环 LFC 系统在流量攻击强度 g、g'间变化时是指数稳定的，若存在标量 $\mu_{gg'}$，$\mu_{g'g}\geqslant 1$ 以及矩

阵 $\{K_g, P_g, Q_{1g}, Q_{2g}, W_{1g}, W_{2g}\}$、$\{K_{g'}, P_{g'}, Q_{1g'}, Q_{2g'}, W_{1g'}, W_{2g'}\}$ 满足式（6-13）和式（6-14）。且闭环 LFC 系统在攻击强度 g，g'之间切换的最大容许频率为 $f_{gg'}^{\max}=2\lambda/\ln(\mu_{gg'}\mu_{g'g})$。

6.4 YALMIP 工具箱简介

由于在控制器求解时涉及线性矩阵不等式的求解，本章介绍基于 YALMIP 工具箱的求解流程。YALMIP 最初是为了解决控制与系统理论中的半正定规划和线性矩阵不等式问题而提出的，发展到现在，已经可以用来解决诸如二阶锥规划、混合整数规划、正项几何规划、双线性矩阵不等式以及多参数线性规划和二次规划等很多领域的优化问题。YALMIP 集成多种求解器，但又并不局限于使用 MATLAB 语言编写的求解器。YALMIP 使用十分简单，只需以下五步：

（1）定义决策变量。在 YALMIP 中，决策变量用 sdpvar 表示，主要语法为：

P=sdpvar(n)；%定义一个 n 阶对称方阵。

P=sdpvar(n,m)；%定义一个 n*m 阶矩阵。

P=sdpvar(n,n,'full')；%定义一个 n*n 阶非对称矩阵，不带参数 full，则默认是对称方阵。

此外，若将 sdpvar 换为 intvar，则定义的变量为整型变量；换为 binvar，则定义的变量为 0-1 型变量。

（2）定义约束。YALMIP 中最常用的约束是元素约束、半定约束和等式约束。YALMIP 编程语言采用 [] 命令来定义约束。在老版本中，set 命令可以用来定义约束，但在新版本中，set 命令已经无法使用了。定义约束使用语法为：

Constraints=[]；Constraints=[Constraints，相关约束]

（3）参数配置。YALMIP 采用 sdpsettings () 命令来配置参数。本章算例求解时所用语法格式为：

options=sdpsettings('verbose',1,'solver','cplex')；%最后一项的 cplex 表示算例调用此工具箱进行求解。在此推荐，采用 mosek 求解器进行 LMI 求解。这是公认的求解二次规划、二阶锥规划和半正定规划问题最快的求解器之一，广泛应用于金融、保险、能源、自动化等领域。

（4）求解。YALMIP 用来求解优化问题的命令为 optimize（），主要有以下几种格式：

optimize(约束条件)；%optimize 后的括号内只有约束条件，没有目标函数，此时求解的是可行性问题。

optimize(约束条件，目标函数)；%求解最小化目标问题。若在目标函数前添加负号，则表示求解的是最大化问题。

optimize(约束条件，目标函数，options)；%最后一项表示设定选项，用来选择求解器等。

（5）提取决策变量。YALMIP 可使用 double()来提取决策变量的值。

6.5 新能源电力系统负荷频率控制仿真实现

本节使用如图 6-5 所示的两区域和三区域互联 LFC 系统以验证 6.2 节所提方法的有效性。仿真参数如表 6-1 和表 6-2 所示。

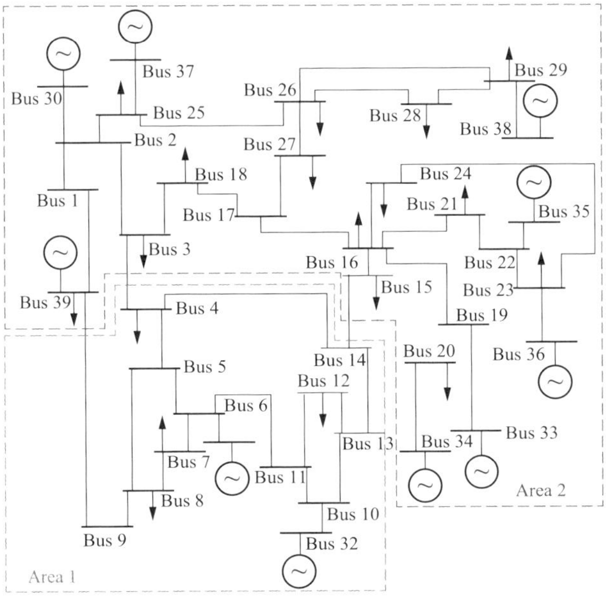

(a)

图 6-5　IEEE 39 节点 LFC 系统（一）

（a）两区域

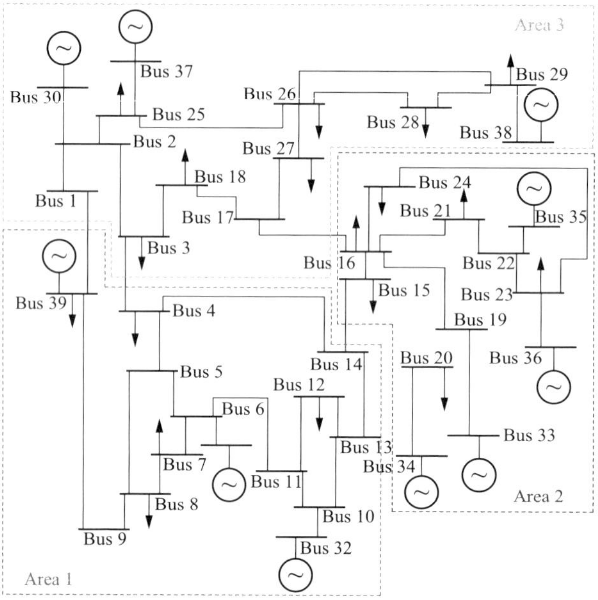

(b)

图 6-5　IEEE 39 节点 LFC 系统（二）

（b）三区域

表 6-1　　两区域 LFC 系统仿真参数

区域	T_{tn}(s)	T_{gn}(s)	R_n	β_n	D_n	M_n
1	0.3	0.03	2.4	0.0045	0.0083	0.1667
2	0.3	0.03	2.4	0.0045	0.0083	0.1667
$L_{12}=L_{21}=0.545$p.u.·rad^{-1}						

表 6-2　　三区域 LFC 系统仿真参数

区域	T_{tn}(s)	T_{gn}(s)	R_n	β_n	D_n	M_n
1	0.30	0.37	0.05	41.0	1.0	10
2	0.17	0.40	0.05	81.5	1.5	12
3	0.20	0.35	0.05	61.8	1.8	12
$L_{12}=L_{21}=0.2$，$L_{13}=L_{31}=0.12$，$L_{23}=L_{32}=0.25$ p.u.·rad^{-1}						

6.5.1　两区域互联 LFC 系统

为评估所提方法的控制性能，滑模控制方法、事件触发控制方法和在线模型辨识控制方法作为比对算法。其中滑模控制和事件触发控制采用固定控制器增益的方法，在线模型辨识控制则属于自适应控制方案。设负荷波动如图 6-6 所示，最大允许传输跳数为 8，并预设如下三个攻击场景：

（1）正常无攻击场景：正常数据流的理论延时边界为（0，3.4861ms]；

（2）低攻击强度场景：延时上边界为正常场景的 4 倍，此时延时范围为（3.4861ms，13.9444ms]；

（3）高攻击强度场景：延时上边界为正常场景的 6 倍。此时延时范围为（13.9444ms，20.9166ms]。

攻击强度则通过随机改变注入网络中的异常流量数量和注入速率实现。实际传输延时如图 6-7 所示。此处，所有控制器增益利用 MATLAB/YALMIP 工具箱及 mosek 求解器获取。设 $\lambda=7.5$、$\rho=100$、$\gamma=10$，对应于每个攻击强度的控制器增益和最大允许攻击切换频率由表 6-3 给出。图 6-8(a) ～图 6-8(c) 示出了不同控制方法下每个区域的频率、联络线功率和区域控制误差动态响应。图 6-8(d) 给出了相应的绝对值误差积分平均指标（integral of absolute error，IAE)，反映了控制策略的动、静态综合性能，即性能指标越低，控制系统具有更好的阻尼和瞬态响应特性。

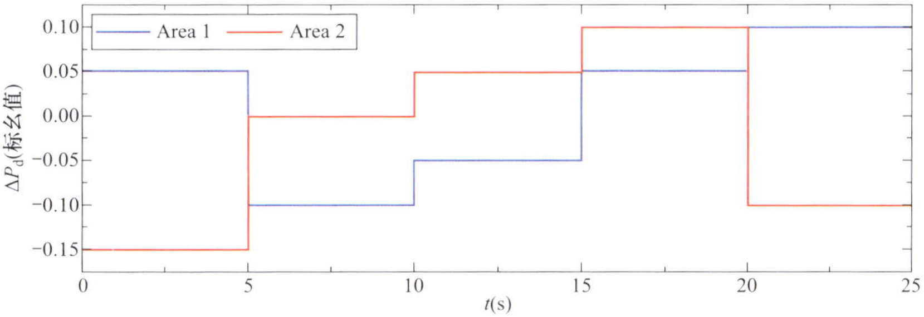

图 6-6　两个区域内的负荷波动

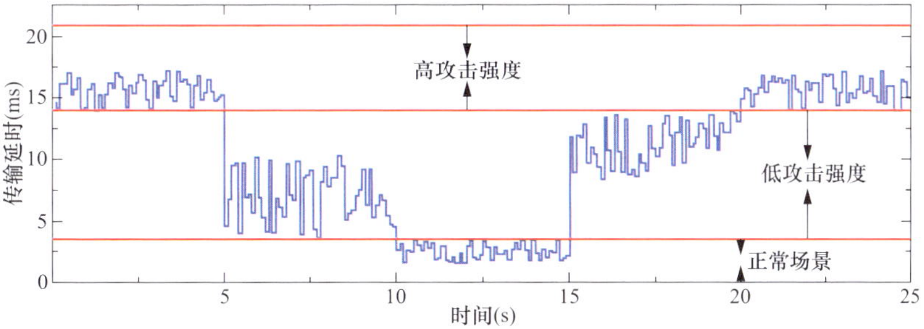

图 6-7　两个区域内的传输延时

表 6-3　　控制增益与最大容许攻击强度切换频率（两区域系统）

攻击强度	控制器增益（K_h）
正常场景	K_1=[−42.936，−506.719，−24.147，−3.552，−5306.175，22.024，−476.610，7.836，0.313，−5143.479；22.024，−477.288，7.836，0.313，−5142.910，−42.934，−507.395，−24.146，−3.552，−5305.601]
低强度	K_2=[−33.027，−2212.261.−19.293，−2.913，−5609.483，12.399，−2192.645，3.815，−0.073，−5498.448；12.399，−2202.463，3.815，−0.073，−5498.539，−33.027，−2222.080，−19.293，−2.913，−5609.575]
高强度	K_3=[−37.762，5536.369，−22.489，−3.408，−8335.398，7.752，5555.894，0.722，−0.565，−8224.531；7.752，5553.863；0.722，−0.565，−8224.529，−37.762，5534.337，−22.489，−3.408，−8335.396]
允许切换频率（Hz）	$f_{12}^{max}=f_{21}^{max}=0.8069$，$f_{13}^{max}=f_{31}^{max}=0.8759$，$f_{23}^{max}=f_{23}^{max}=2.2119$

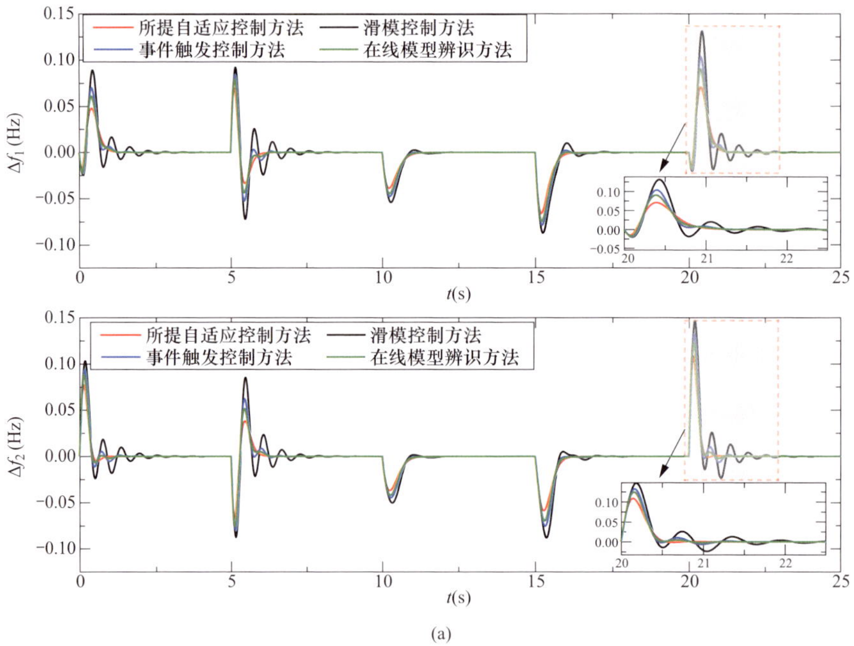

图 6-8　不同控制策略的动态响应及平均 IAE 性能（两区域 LFC 系统）（一）

（a）频率偏差

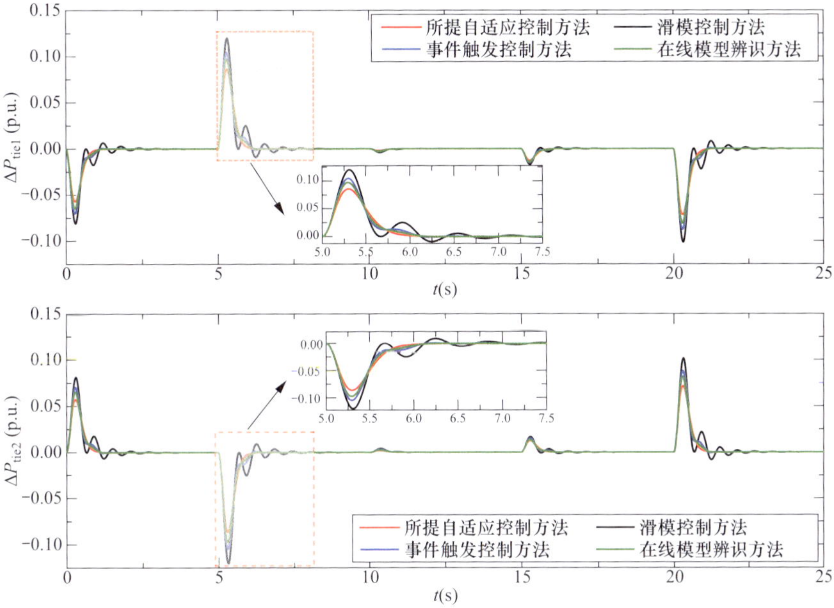

(b)

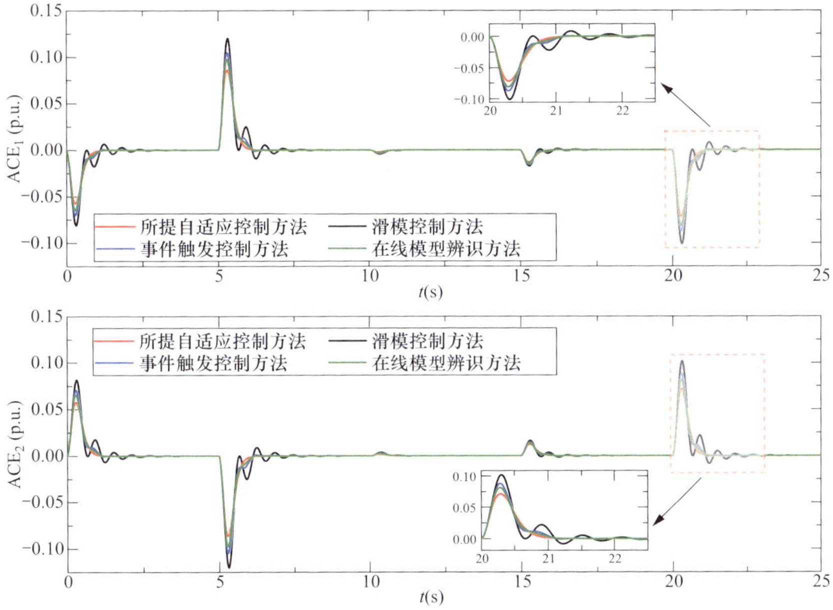

(c)

图 6-8　不同控制策略的动态响应及平均 IAE 性能（两区域 LFC 系统）（二）

（b）联络线功率波动；（c）ACE

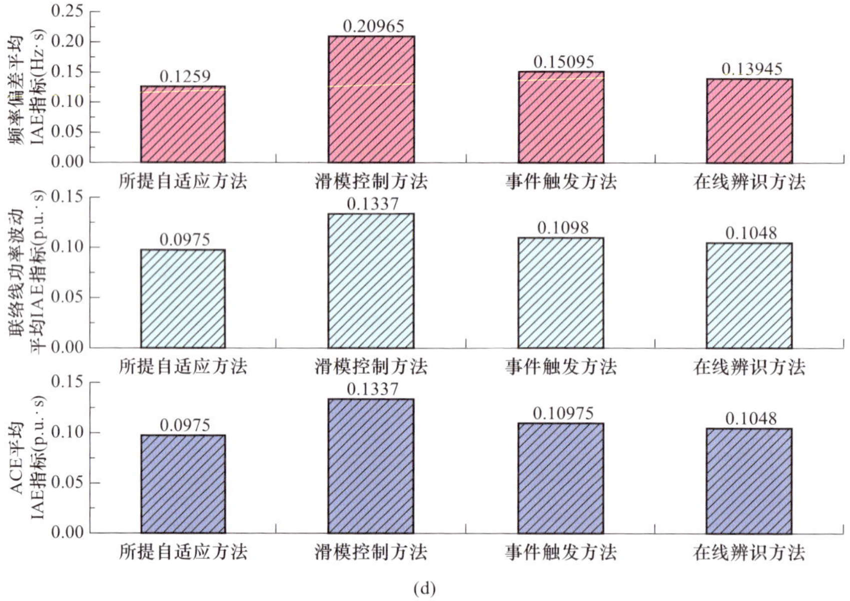

图 6-8　不同控制策略的动态响应及平均 IAE 性能（两区域 LFC 系统）（三）

（d）平均 IAE 性能

根据图 6-8，尽管所有的控制方法都能够镇定 LFC 系统，但动态性能却显著不同。相较于滑模控制方法、事件触发控制方法和在线模型辨识方法，本章所设计方法的频率偏差、联络线功率波动以及 ACE 的幅度均得到了显著的降低，分别低于上述三种方法 12.60%、11.57%和 11.55%以上。而波动方差上，所提自适应方法与另外三种方法相比分别减小了 22.61%、13.80%、13.79%以上。这表明应用本章所提方法的频率偏差振荡幅度更小。对于频率偏差、联络线功率波动以及 ACE 的平均 IAE 指标，所提方法的性能指标较之于上述三种方法分别下降了 9.72%、6.97%和 6.97%以上。仿真结果反映出所提自适应控制方法对于外部功率扰动引起的频率偏差具有更低更快的衰减速度。这是由于所提方法这对正常场景和低攻击强度场景分别设计了针对性的控制器，且避免了在线辨识方案引入的额外辨识误差和辨识耗时。从而表明所提自适应控制方法对于随机时变的流量攻击具有更强的运行弹性与灵活性。

6.5.2　三区域互联 LFC 系统

进一步在三区域互联系统中测试所提方法在更多区域互联和更多攻击强度

变化时的通用性与可行性，预设如下 5 个运行场景：

（1）正常场景：正常数据流的理论延时边界为（0，3.4861ms]；

（2）攻击强度 1：延时上边界为正常场景的 2 倍，此时延时范围为（3.4861ms，6.9722ms]；

（3）攻击强度 2：延时上边界为正常场景的 4 倍，此时延时范围为（6.9722ms，13.9444ms]；

（4）攻击强度 3：延时上边界为正常场景的 6 倍，此时延时范围为（13.9444ms，20.9166ms]；

（5）攻击强度 4：延时上边界为正常场景的 8 倍，此时延时范围为（20.9166ms，27.8888ms]。

设 $\lambda=7.5$、$\rho=100$、$\gamma=10$，同样使用 mosek 求解器求解控制器增益。预设控制器增益和最大容许攻击切换频率由表 6-4 给出。各区域的负荷波动和传输延时分别如图 6-9 和图 6-10 所示。图 6-11(a)～图 6-11(d) 则示出了不同控制方法下每个区域的频率、联络线功率和区域控制误差以及相应的 IAE 平均指标。

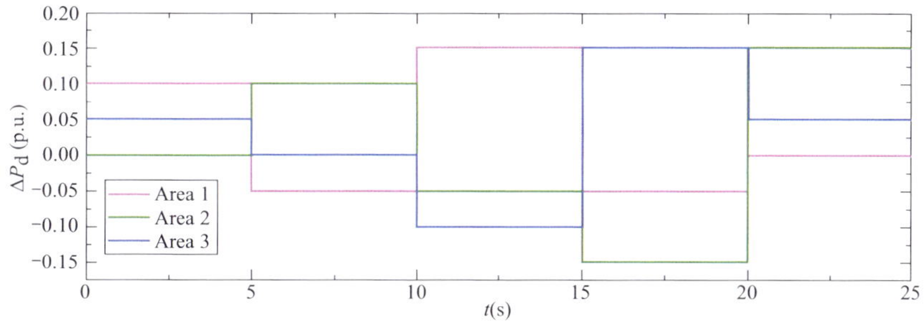

图 6-9　三区域内的负荷波动

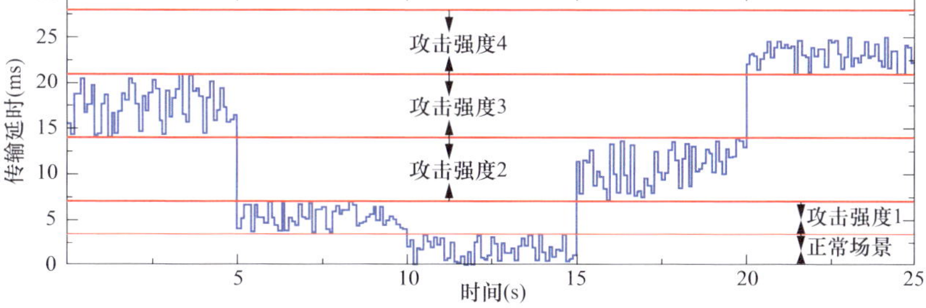

图 6-10　三区域内的传输延时

表 6-4　　控制器增益与最大容许攻击强度切换频率（三区域系统）

攻击强度	控制器增益（K_h）
正常场景	K_1 =［－7277.909，77035.251，－81.570，－17.464，－6379.131，1020.406，－51069.743，5.478，1.197，2521.187，196.071，－26562.348，1.155，0.220，658.035；998.302，－33270.962，8.278，1.145，3190.524，－6939.270，67516.628，－50.686，－19.273，－3810.441，821.508，－34142.078，4.841，0.944，2667.011；165.948，－17059.102，1.373，0.184，750.787，700.670，－33927.248，3.763，0.824，1944.310，－5729.440，50841.532，－47.013，－15.917，－3276.555］
攻击强度 1	K_2 =［－17542.048，810458.552，－155.081，－25.990，－57559.342，4780.576，－256663.272，23.949，4.735，13441.624，4862.167，－432770.544，26.679，4.738，20120.538；4857.751，－179878.401，37.206，4.309，19627.496，－11642.517，438549.692，－71.211，－22.121，－22137.073，3945.224，－178069.108，21.414，3.645，16041.701；4233.165，－291324.843，32.634，3.899，20238.803，3315.993，－161012.181，16.447，3.204，12190.462，－11319.180，561829.313，－74.685，－19.763，－29672.586］
攻击强度 2	K_3 =［－18550.412，821337.830，－162.813，－26.802，－61540.427，5192.163，－322391.400，26.091，5.240，14553.366，5187.022，－503701.169，28.578，5.095，21279.869；5259.241，－218875.690，40.058，4.743，21129.727，－11927.049，436737.787，－72.855，－22.589，－23123.895，4043.793，－200172.859，22.010，3.723，16359.474；4475.770，－340794.294，34.453，4.254，21136.873，3476.560，－203468.221，17.430，3.397，12643.002，－11596.025，547915.310，－76.404，－20.101，－30858.573］
攻击强度 3	K_4 =［－16825.041，695621.125，－150.791，－25.376，－52397.141，4741.901，－291564.701，23.701，4.614，13378.974，4298.134，－406756.085，24.066，4.368，16786.608；4782.121，－206529.070，36.277，4.205，19247.828，－11162.750，378746.693，－69.147，－21.675，－20265.600，3508.780，－169501.520，19.122，3.223，13826.715；3666.064，－268639.638，28.836，3.656，16486.994，3019.624，－172268.165，15.145，2.932，10590.716，－10463.585，441902.489，－70.764，－19.200，－25072.012］
攻击强度 4	K_5 =［－14859.187，560148.526，－136.498，－23.658，－42596.974，4366.331，－260649.215，21.976，4.290，12211.141，3104.246，－301573.111，17.551，3.194，11845.546；4268.814，－179244.434，32.587，3.785，16737.878，－10464.703，330799.624，－65.997，－21.237，－17731.389，3172.339，－149316.153，17.482，2.953，12144.619；2605.745，－192256.822，20.748，2.644，11450.253，2740.073，－151282.433，13.902，2.704，9135.081，－9157.219，344383.481，－63.634，－17.967，－19809.990］
容许切换频率（Hz）	$f_{12}^{max}=f_{21}^{max}=0.779$，$f_{13}^{max}=f_{31}^{max}=0.910$，$f_{14}^{max}=f_{41}^{max}=1.002$，$f_{15}^{max}=f_{51}^{max}=0.0217$，$f_{23}^{max}=f_{23}^{max}=2.349$，$f_{24}^{max}=f_{42}^{max}=1.280$，$f_{25}^{max}=f_{52}^{max}=0.0217$，$f_{34}^{max}=f_{43}^{max}=2.349$，$f_{35}^{max}=f_{53}^{max}=0.0218$，$f_{45}^{max}=f_{54}^{max}=0.0218$

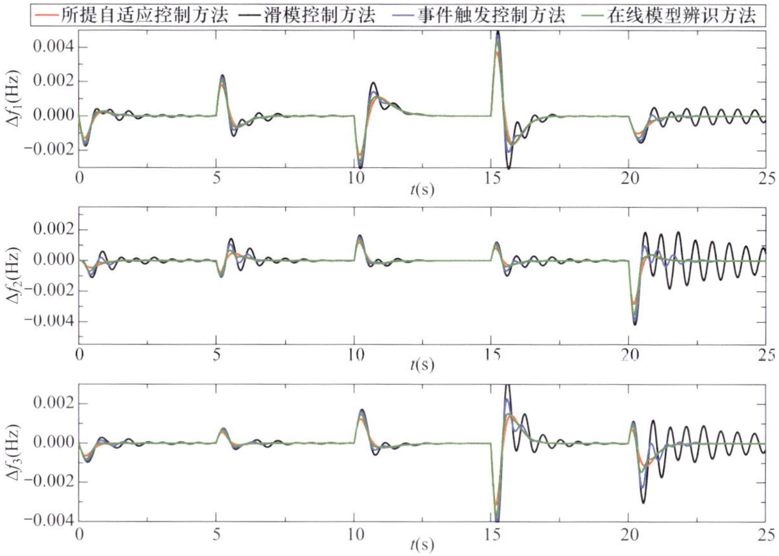

(a)

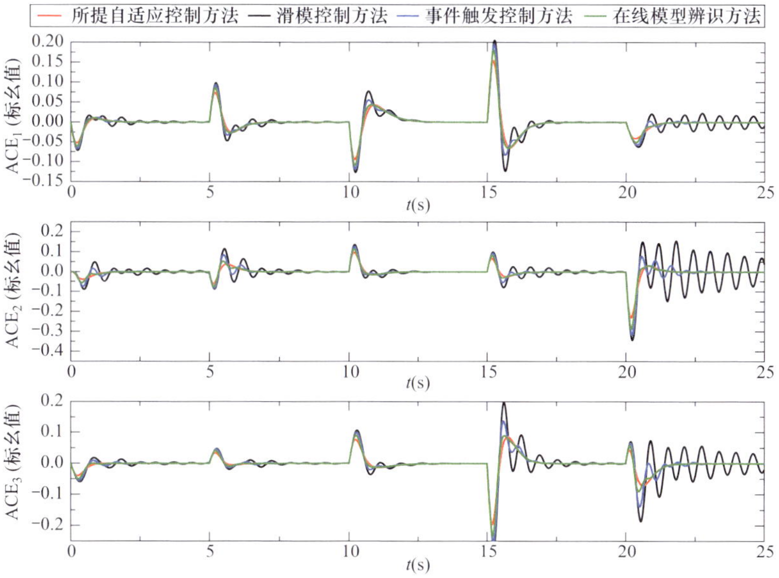

(b)

图 6-11　不同控制策略的动态响应及平均 IAE 性能（三区域 LFC 系统）（一）

（a）频率偏差；（b）联络线功率波动

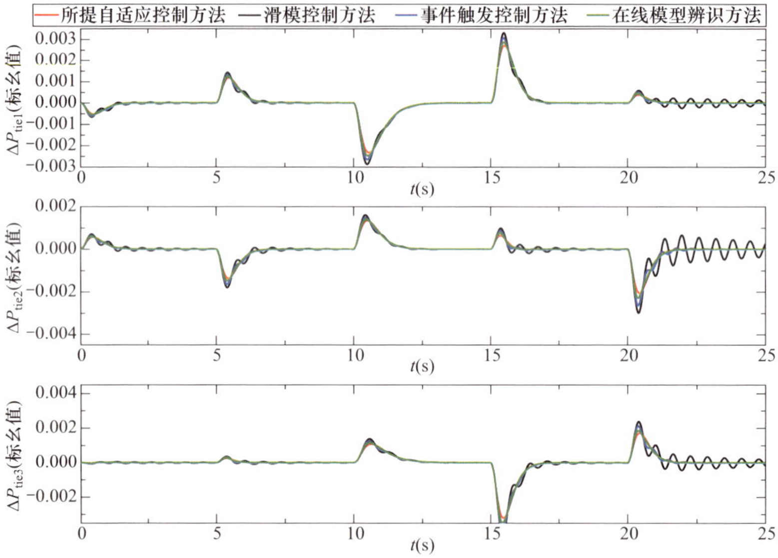

(c)

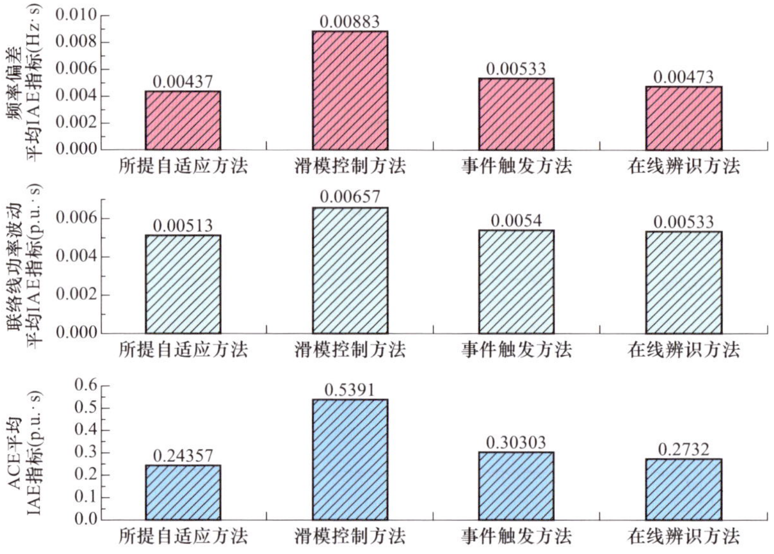

(d)

图 6-11　不同控制策略的动态响应及平均 IAE 性能（三区域 LFC 系统）（二）
（c）ACE；（d）平均 IAE 性能

根据图 6-11。本章所提方法的频率偏差、联络线功率以及 ACE 幅度是四种方法中最小的。计算上述三个物理量的波动方差可知，所提自适应方法相较于滑模控制方法、事件触发控制方法和在线模型辨识方法可减小 18.17%、6.72%以及 19.90%以上，而三个物理量的平均 IAE 性能指标分别下降了7.61%、3.75%和 10.85%。仿真结果进一步表明所提控制方法在应对流量攻击时具有更低的震荡幅度和更快的恢复速度。

附录 A　MATLAB 命令索引

函数名	函数说明
abs	求绝对值或复数幅值
acker	SISO 系统的极点配置
acos	计算反余弦
angle	计算相角
ans	为表达式而创建的缺省变量
are	求解代数黎卡提方程
asin	计算反正弦
atan	计算反正切
axis	设定坐标轴范围
bode	生成伯特（Bode）图
break	中断循环执行语句
c2d	将连续系统变成离散系统
care	求解代数黎卡提方程
cle	清除命令窗口显示
clear	删除内存中的变量和函数
clf	清除当前图形窗口
collect	符号计算中同类项合并
conj	求共轭复数
conv	多项式相乘或卷积
corrcoef	计算相关系数
cos	计算余弦
cov	计算协方差矩阵
ctrb	计算能控性矩阵
ctrbf	对系统进行能控性分解
d2c	将离散系统变换成连续系统
deconv	多项式相除或反卷积
det	计算矩阵行列式

续表

函数名	函数说明
diag	建立对角矩阵或获取对角元素
diff	差分或近似微分
dlqr	离散系统的线性二次型调节器设计
dlyap	离散系统的李雅普诺夫方程
eig	计算矩阵的特征值和特征向量
else	与 if 一起使用的转移语句
elseif	条件转移语句
end	结束控制语句
exp	计算以 e 为底的指数函数
expm	计算以 e 为底的矩阵指数函数
eye	生成单位矩阵
feedback	两个系统的反馈连接
figure	创建图形窗口
filter	一维数字滤波器
for	循环控制语句
format	设置输出格式
global	定义全局变量
gram	求可控和可观测的 Gram 矩阵
grid	在图形上加网格线
gtext	在鼠标指定的位置添加说明
help	打开帮助菜单
hold off	取消当前图形保持
hold on	当前图形保持
i	虚数 i
if	条件转移语句
ilaplace	拉普拉斯反变换
imag	计算复数虚部
impulse	计算系统的单位脉冲响应
initial	计算系统的零输入响应
inline	构造内联函数对象
inv	求矩阵逆矩阵
iztrans	z 反变换
j	虚数单位
jordan	求约当标准型
laplace	拉普拉斯变换
limit	计算极限

函数名	函数说明
log	求自然对数
log10	求 10 为底的对数
lqe	线性二次估计器设计
lqr	连续系统的线性二次型调节器设计
lsim	求系统在任意输入和初始条件下的响应
lyap	求解连续系统的李雅普诺夫方程
margin	从频率响应中求幅值裕度、相角裕度以及对应的截止频率和穿越频率
max	求向量的最大元素
mean	求向量的均值
mesh	三维网格图形绘制
min	求向量中的最小元素
mineral	求系统的最小实现或零、极点对消后的传递函数
NaN	不定式表示
ngrid	在尼克尔斯中绘制网格
nichols	绘制尼克尔斯频率响应图
norm	计算矩阵范数
nyquist	绘制奈奎斯特图
obsv	计算能观性矩阵
obsvf	对系统进行能观性分解
ode23	微分方程低阶数值解法
ode45	微分方程高阶数值解法
ones	生成全为 1 的矩阵
parallel	两个系统并联
pi	圆周率 π
place	MIMO 系统的极点配置
plot	绘制线性坐标图形
ploy	求矩阵的特征多项式
ployval	多项式求值
ployvalm	多项式矩阵求值
prod	对向量中各元素求积
pzmap	绘制线性系统的零、极点图
quad	低阶法计算数值积分
quad8	高阶法计算数值积分
rank	求矩阵的秩
real	计算复数实部
residue	部分分式展开

函数名	函数说明
rlocfind	由根轨迹的一组根确定相应的增益
rlocus	计算根轨迹
roots	求多项式的根
semilogx	绘制 x 轴半对数坐标图形
semiology	绘制 y 轴半对数坐标图形
series	两个系统串联
sign	符号函数
sin	计算正弦
size	查询矩阵的维数
solve	求解代数方程
sqrt	计算平方根
ss	系统的状态空间描述
ss2ss	状态空间的相似变换
ss2tf	状态空间形式转变为传递函数形式
step	计算系统的单位阶跃响应
subplot	将图形窗口分解为若干子窗口
sum	对向量中各元素求和
syms	创建符号对象
tan	计算正切
text	在图形上添加文字说明
tf	系统的传递函数描述
tf2ss	将传递函数形式转变为状态空间形式
tf2zp	将传递函数模型转变为零极点模型
title	图形中添加标题
trace	求矩阵的迹
tzero	求传递函数零点
while	循环控制语句
xlabel	在图形上添加 x 坐标说明
ylabel	在图形上添加 y 坐标说明
zeros	生成零矩阵
zp2tf	将零极点模型转变为传递函数模型
zpk	系统的零极点描述
ztrans	z 变换

附录B 电力系统潮流计算相关程序清单

B.1 生成节点导纳矩阵

```
n=input('输入节点数量:n=');
nl=input('输入支路数量:nl=');
B=input('输入由支路参数形成的矩阵:B=');
%支路参数矩阵B由6个元素构成:支路两端节点号、支路阻抗、线路电纳、变压器支路变比;
X=input('输入由节点号及其对地阻抗形成的矩阵X=');
Y=zeros(n);
for i=1:n;
    if X(i,2)~=0;
        p=X(i,1);
        Y(p,p)=1./X(i,2);
    end
end
for i=1:nl
    if B(i,6)==0
        p=B(i,1);q=B(i,2);
    else
        p=B(i,2);q=B(i,1);
    end
    Y(p,q)=Y(p,q)-1./B(i,3)*B(i,5);
    Y(q,p)=Y(p,q);
    Y(q,q)=Y(q,q)+1./(B(i,3)*B(i,5)^2)+B(i,4)./2;
    Y(p,p)=Y(p,p)+1./B(i,3)+B(i,4)./2;
```

```
end
disp('导纳矩阵 Y=');
disp(Y)
```

B.2 生成节点阻抗矩阵(使用支路追加法)

```
n=input('输入节点数量:n=');
nl=input('输入支路数量:nl=');
B=input('输入由支路参数形成的矩阵:B=');
m=0;
Z=zeros(n);
for k1=1:nl
    p=B(k1,1);
    q=B(k1,2);
    if B(k1,6)==0
        l=1./B(k1,5);
    else l=B(k1,5);
    end
    if p==0
        if q>m %追加接地树支
            Z(q,q)=B(k1,3);
            m=m+1;
        else %追加接地连支
            for k=1:m
                Z(k,m+1)=-Z(k,q);
                Z(m+1,k)=-Z(q,k);
            end
            Z(m+1,m+1)=Z(q,q)+B(k1,3);
            for l1=1:m
                for k=1:m
```

```
                Z(l1,k)=Z(l1,k)-Z(l1,m+1)*Z(m+1,k)./Z(m+1,m+1);
            end
            Z(l1,m+1)=0;
        end
        for k=1:m+1
            Z(m+1,k)=0;
        end
    end
else
    if q>m %追加不接地树支
        for k=1:m
            Z(k,q)=Z(k,p)*l;
            Z(q,k)=Z(p,k)*l;
        end
        Z(q,q)=l^2*Z(p,p)+l^2*B(k1,3);
        m=m+1;
    else
        for k=1:m %追加不接地连支
            Z(k,m+1)=l*Z(k,p)-Z(k,q);
            Z(m+1,k)=l*Z(p,k)-Z(q,k);
        end
        Z(m+1,m+1)=l^2*Z(p,p)+Z(q,q)-2*l*Z(p,q)+l^2*B(k1,3);
        for l1=1:m
            for k=1:m
                Z(l1,k)=Z(l1,k)-Z(l1,m+1)*Z(m+1,k)./Z(m+1,m+1);
            end
            Z(l1,m+1)=0;
        end
        for k=1:m+1
            Z(m+1,k)=0;
```

```
            end
        end
    end
end
disp('阻抗矩阵 Z=');
disp(Z)
```

B.3 牛顿-拉夫逊法潮流计算

```
n=input('输入节点数量:n=');
nl=input('输入支路数量:nl=');
isb=input('输入平衡母线节点号:isb=');
pr=input('输入误差精度:pr=');
B1=input('输入由支路参数形成的矩阵:B1=');
%支路参数矩阵 B1 由 6 个元素构成:支路两端节点号、支路阻抗、线路电纳、变
压器支路变比;
B2=input('输入各节点参数形成的矩阵:B2=');
%节点参数矩阵 B2 由 6 个元素构成:
%1. 节点所接发电机功率;
%2. 负荷功率;
%3. 电压初始值;
%4. PU 节点给定值;
%5. 无功补偿设备容量;
%6. 节点分类编号(1:平衡节点;2:PQ 节点;3:PU 节点)
X=input('输入由节点号及其对地阻抗形成的矩阵 X=');
Y=zeros(n);
e=zeros(1,n);
f=zeros(1,n);
V=zeros(1,n);
```

```
O=zeros(1,n);
S1=zeros(nl);
for i=1:n
    if X(i,2)~=0
        p=X(i,1);
        Y(p,p)=1./X(i,2);
    end
end
for i=1:nl
    if B1(i,6)==0
        p=B1(i,1);q=B1(i,2);
    else
        p=B1(i,2);q=B1(i,1);
    end
    Y(p,q)=Y(p,q)-1./B1(i,3)*B1(i,5);
    Y(q,p)=Y(p,q);
    Y(q,q)=Y(q,q)+1./(B1(i,3)*B1(i,5)^2)+B1(i,4)./2;
    Y(p,p)=Y(p,p)+1./B1(i,3)+B1(i,4)./2;
end%求导纳矩阵
G=real(Y);
B=imag(Y);
for i=1:n
    e(i)=real(B2(i,3));
    f(i)=imag(B2(i,3));
    V(i)=B2(i,4);
end
for i=1:n
    S(i)=B2(i,1)-B2(i,2);
    B(i,i)=B(i,i)+B2(i,5);
end
```

```
P=real(S);
Q=imag(S);
ICT1=0;
ICT2=1;
N0=2 * n;
N=N0+1;
a=0;
while IT2~=0
    IT2=0;
    a=a+1;
    for i=1:n
        if i~=isb
            C(i)=0;
            D(i)=0;
            for j1=1:n
                C(i)=C(i)+G(i,j1) * e(j1)-B(i,j1) * f(j1);
                D(i)=D(i)+G(i,j1) * f(j1)+B(i,j1) * e(j1);
            end
            P1=C(i) * e(i)+f(i) * D(i);
            Q1=f(i) * C(i)-D(i) * e(i);
            V2=e(i)^2+f(i)^2;
            if B2(i,6)~=3
                DP=P(i)-P1;
                DQ=Q(i)-Q1;
                for j1=1:n
                    if j1~=isb && j1~=i
                        X1=-G(i,j1) * e(i)-B(i,j1) * f(i);
                        X2=B(i,j1) * e(i)-G(i,j1) * f(i);
                        X3=X2;
                        X4=-X1;
```

```
                p=2*i-1;
                q=2*j1-1;
                J(p,q)=X3;
                J(p,N)=DQ;
                m=p+1;
                J(m,q)=X1;
                J(m,N)=DP;
                q=q+1;
                J(p,q)=X4;
                J(m,q)=X2;
            end
        end
    end
    DP=P(i)-P1;
    DV=V(i)^2-V2;
    for j1=1:n
        if j1~=isb && j1~=i
            X1=-G(i,j1)*e(i)-B(i,j1)*f(i);
            X2=B(i,j1)*e(i)-G(i,j1)*f(i);
            X5=0;
            X6=0;
            p=2*i-1;
            q=2*j1-1;
            J(p,q)=X5;
            J(p,N)=DV;
            m=p+1;
            J(m,q)=X1;
            J(m,N)=DP;
            q=q+1;
            J(p,q)=X6;
```

```
                J(m,q)=X2;
                    else
                        if j1==i && j1 ~=isb
                            X1=-C(i)-G(i,i)*e(i)-B(i,i)*f(i);
                            X2=-D(i)+B(i,i)*e(i)-G(i,i)*f(i);
                            X5=-2*e(i);
                            X6=-2*f(i);
                            p=2*i-1;
                            q=2*j1-1;
                            J(p,q)=X5;
                            J(p,N)=DV;
                            m=p+1;
                            J(m,q)=X1;
                            J(m,N)=DP;
                            q=q+1;
                            J(p,q)=X6;
                            J(m,q)=X2;
                    end
                end
            end
        end
    end
    for k=3:N0
        k1=k+1;
        N1=N;
        for k2=k1:N1
            J(k,k2)=J(k,k2)./J(k,k);
        end
        J(k,k)=1;
        if k~=3
```

```
            k4=k-1;
            for k3=3:k4
                for k2=k1:N1
                    J(k3,k2)=J(k3,k2)-J(k3,k) * J(k,k2);
                end
                J(k3,k)=0;
            end
            if k==N0;
                break;
            end
            for k3=k1:N0
                for k2=k1:N1
                    J(k3,k2)=J(k3,k2)-J(k3,k) * J(k,k2);
                end
                J(k3,k)=0;
            end
        else
          for k3=k1:N0
            for k2=k1:N1
                J(k3,k2)=J(k3,k2)-J(k3,k) * J(k,k2);
            end
            J(k3,k)=0;
        end
    end
end
for k=3:2:N0-1
    L=(k+1)./2;
    e(L)=e(L)-J(k,N);
    k1=k+1;
    f(L)=f(L)-J(k1,N);
```

```
    end
    for k=3:N0f
        DET=abs(J(k,N));
        if DET>=pr;
            IT2=IT2+1;
        end
    end
    ICT2(a) -IT2;
    ICT1=ICT1+1;
    for k=1:n
        dy(k)=sqrt(e(k)^2+f(k)^2);
    end
    for i=1:n
        Dy(ICT1,i)=dy(i);
    end
end
disp('迭代次数');
disp(ICT1);
disp('没有达到精度要求的个数');
disp(ICT2);
fork=1:n
    V(k)=sqrt(e(k)^2+f(k)^2);
    O(k)=atan(f(k)./e(k))*180./pi;
end
E=e+f*j;
disp('各节点实际电压标幺值 E 为(节点号从小到大排列):');
disp(E);
disp('各节点的电压大小 V 为(节点号从小到大排列):');
disp(V)
disp('各节点的电压相角 O 为(节点号从小到大排列):');
```

```
disp(O);
for p=1:n
    C(p)=0;
    for q=1:n
        C(p)=C(p)+conj(Y(p,q))*conj(E(q));
    end
    S(p)=E(p)*C(p);
end
disp('各节点的功率S为(节点号从小到大排列):');
disp(S)
disp('各条支路的首端功率Si为(顺序同B1):');
for i=1:nl
    if B1(i,6)==0
        p=B1(i,1);
        q=B1(i,2);
    else
        p=B1(i,2);
        q=B1(i,1);
    end
    Si(p,q)=E(p)*(conj(E(p))*conj(B1(i,4)./2)+(conj(E(p)*B1(i,
5))-conj(E(q)))*conj(1./(B1(i,3)*B1(i,5))));
    disp(Si(p,q));
end
disp('各条支路的末端功率Si为(顺序同B1):');
for i=1:nl
    if B1(i,6)==0
        p=B1(i,1);
        q=B1(i,2);
    else
        p=B1(i,2);
```

```
            q=B1(i,1);
        end
        Sj(q,p)=E(q)*(conj(E(q))*conj(B1(i,4)./2)+(conj(E(q)*B1(i,5))
-conj(E(p)))*conj(1./(B1(i,3)*B1(i,5))));
        disp(Sj(q,p));
end
disp('各条支路的功率损耗 DS 为(顺序同 B1):');
for i=1:nl
        if B1(i,6)==0
            p=B1(i,1);
            q=B1(i,2);
        else
            p=B1(i,2);
            q=B1(i,1);
        end
        DS(i)=Si(p,q)+Sj(q,p);
        disp(DS(i));
end
for i=1:ICT1
        Cs(i)=i;
end
disp('迭代后各节点电压值');
plot(Cs,Dy),xlabel('迭代次数'),ylabel('电压'),title('电压迭代次数曲线');
```

B.4 PQ 分解法潮流计算

```
n=input('输入节点数量:n=');
nl=input('输入支路数量:nl=');
isb=input('输入平衡母线节点号:isb=');
pr=input('输入误差精度:pr=');
```

```
B1＝input('输入由支路参数形成的矩阵：B1＝')；
%支路参数矩阵 B1 由 6 个元素构成：支路两端节点号、支路阻抗、线路电纳、变
压器支路变比；
B2＝input('输入各节点参数形成的矩阵：B2＝')；
%节点参数矩阵 B2 由 6 个元素构成：
%1. 节点所接发电机功率；
%2. 负荷功率；
%3. 电压初始值；
%4. PU 节点给定值；
%5. 无功补偿设备容量；
%6. 节点分类编号(1：平衡节点；2：PQ 节点；3：PU 节点)
X＝input('输入由节点号及其对地阻抗形成的矩阵 X＝')；
na＝input('输入 PQ 节点数：na＝')；
Y＝zeros(n)；
YI＝zeros(n)；
e＝zeros(1,n)；
f＝zeros(1,n)；
V＝zeros(1,n)；
O＝zeros(1,n)；
for i＝1：n
    if X(i,2)～＝0
        p＝X(i,1)；
        Y(p,p)＝1./X(i,2)；
    end
end
for i＝1：nl
    if B1(i,6)＝＝0
        p＝B1(i,1)；
        q＝B1(i,2)；
    else
```

```
        p=B1(i,2);
        q=B1(i,1);
    end
    Y(p,q)=Y(p,1)-1./(B1(i,3)*B1(i,5));
    YI(p,q)=YI(p,q)-1./B1(i,3);
    Y(q,p)=Y(p,q);
    YI(q,p)=YI(p,q);
    Y(q,q)=Y(q,q)+1./(B1(i,3)*B1(i,5)^2)+B1(i,4)./2;
    YI(q,q)=YI(q,q)+1./B1(i,3);
    Y(p,p)=Y(p,p)+1./B1(i,3)+B1(i,4)./2;
    YI(p,p)=YI(p,p)+1./B1(i,3);
end
G=real(Y);
B=imag(YI);
BI=image(Y);
for i=1:n
    S(i)=B2(i,1)-B2(i,2);
    BI(i,i)=BI(i,i)+B2(i,5);
end
P=real(S);
Q=imag(S);
for i=1:n
    e(i)=real(B2(i,3));
    f(i)=imag(B2(i,3));
    V(i)=B2(i,4);
end
for i=1:n
    if B2(i,6)==2
        V(i)=sqrt(e(i)^2+f(i)^2);
        O(i)=atan(f(i)./e(i));
```

```
        end
end
for i=2:n
        if i==n
              B(i,i)=1./B(i,i);
        else
              IC1=i+1;
              for j1=IC1:n
                    B(i,j1)=B(i,j1)./B(i,i);
              end
              B(i,i)=1./B(i,i);
              for k=i+1:n
                    for j1=i+1:n
                          B(k,j1)=B(k,j1)-B(k,i)*B(i,j1);
                    end
              end
        end
end
p=0;
q=0;
for i=1:n
        if B2(i,6)==2
              p=p+1;
              k=0;
              for j1=1:n
                 if B2(j1,6)==2
                       k=k+1;
                       A(p,k)=BI(i,j1);
                 end
            end
```

```
        end
end
for i=1:na
        if i==na
                A(i,i)=1./A(i,i);
        else k=i+1;
                for j1=k+na
                        A(i,j1)=A(i,j1)./A(i,i);
                end
                A(i,i)=1./A(i,i);
                for k=i+1:na
                        for j1=i+1:na
                                A(k,j1)=A(k,j1)-A(k,i)*A(i,j1);
                        end
                end
        end
end
ICT2=1;
ICT1=0;
kp=1;
K=1;
DET=0;
ICT3=1;
while ICT2~=0||ICT3~=0
        ICT2=0;
        ICT3=0;
        for i=1:n
                if i~=isb
                        C(i)=0;
                        for k=1:n
```

```
            C(i)=C(i)+V(k)*(G(i,k)*cos(O(i)-O(k))+BI(i,k)*
sin(O(i)-O(k)));
         end
         DP1(i)=P(i)-V(i)*C(i);
         DP(i)=DP1(i)./V(i);
         DET=abs(DP1(i));
         if DET>=pr
            ICT2=ICT2+1;
         end
      end
   end
   Np(K)=ICT2;
   if ICT2~=0
      for i=2:n
         DP(i)=B(i,i)*DP(i);
         if i~=n
            IC1=i+1;
            for k=IC1:n
               DP(k)=DP(k)-B(k,i)*DP(i);
            end
         else
            for LZ=3:i
               L=i+3-LZ;
               IC4=L-1;
               for MZ=2:IC4
                  I=IC4+2-MZ;
                  DP(I)=DP(I)-B(I,L)*DP(L);
               end
            end
         end
```

```
        end
        for i=2:n
            O(i)=O(i)-DP(i);
        end
        kq=1;
        L=0;
        for i=1:n
            if B2(i,6)==2
                C(i)=0;
                L=L+1;
                for k=1:n
                    C(i)=C(i)+V(k)*(G(i,k)*sin(O(i)-O(k))-BI(i,k)*
cos(O(i)-O(k)));
                end
                DQ1(i)=Q(i)-V(i)*C(i);
                DQ(L)=DQ1(i)./V(i);
                DET=abs(DQ1(i));
                if DET>=pr
                    ICT3=ICT3+1;
                end
            end
        end
    else
        kp=0;
        if kp~=0
            L=0;
            for i=1:n
                if B2(i,6)==2
                    C(i)=C(i)+V(k)*(G(i,k)*sin(O(i)-O(k))-BI(i,k)*
cos(O(i)-O(k)));
```

```
                    end
                    DQ1(i)=Q(i)-V(i)*C(i);
                    DQ(L)=DQ1(i)./V(i);
                    DET=aba(DQ1(i));
                end
            end
        end
    end
    Nq(K)=ICT3;
    if ICT3~=0
        L=0;
        for i=1:na
            DQ(i)=A(i,i)*DQ(i);
            if i==na
                for LZ=2:i
                    L=i+2-LZ;
                    IC4=L-1;
                    for MZ=1:IC4
                        I=IC4+1-MZ;
                        DQ(I)=DQ(I)-A(I,L)*DQ(L);
                    end
                end
            else
                IC1=i+1;
                for k=IC1:na
                    DQ(k)=DQ(k)-A(k,i)*DQ(i);
                end
            end
        end
        L=0;
```

```
    for i=1:n
        if B2(i,6)==2
            L=L+1;
            V(i)=V(i)-DQ(L);
        end
    end
    kp=1;
    K=K+1;
else
    kq=0;
    if kp~=0
        K=K+1;
    end
end
fori=1:n
    Dy(K-1,i)=V(i);
end
disp('迭代次数');
disp(K);
disp('没有达到精度要求的有功功率个数为');
disp(Np);
disp('没有达到精度要求的无功功率个数为');
disp(Nq);
for k=1:n
    E(K)=V(k)*cos(O(k))+V(k)*sin(Q(k))*j;
    O(k)=O(k)*180./pi;
    disp('各节点的电压标幺值 E 为(节点号升序排列):');
    disp(E);
    disp('各节点的电压 U 大小为(节点号升序排列):');
    disp('各节点的电压相角 O 为(节点号升序排列):');
```

```
disp(O);
for p=1:n
    C(p)=0;
    for q=1:n
        C(p)=C(p)+conj(Y(p,q))*conj(E(q));
    end
    S(p)=E(p)*C(p);
end
disp('各节点的功率S为(节点号升序排列):');
disp(S);
disp('各条支路的首端功率Si为(顺序同B1):');
for i=1:nl
    if B1(i,6)==0
        p=B1(i,1);
        q=B1(i,2);
    else
        p=B1(i,2);
        q=B1(i,1);
    end
    Si(p,q)=E(p)*(conj(E(p))*conj(B1(i,4)./2)+(conj(E(p)*
B1(i,5))-conj(E(q)))*conj(1./(B1(i,3)*B1(i,5))));
    disp(Si(p,q));
end
disp('各条支路的末端功率Sj为(顺序同B1):')
for i=1:nl
    if B1(i,6)==0
        p=B1(i,1);
        q=B1(i,2);
    else
        p=B1(i,2);
```

```
            q=B1(i,1);
        end
        Sj(q,p)=E(q)*(conj(E(q))*conj(B1(i,4)./2)+(conj(E(q)*B1
(i,5))-conj(E(p)))*conj(1./(B1(i,3)*B1(i,5))));
        disp(Si(q,p));
    end
    disp('各条支路的功率损耗 DS 为(顺序同 B1):')
for i=1:nl
        if B1(i,6)==0
            p=B1(i,1);
            q=B1(i,2);
        else
            p=B1(i,2);
            q=B1(i,1);
        end
        DS(i)=Si(p,q)+Sj(q,p);
        disp(DS(i));
end
fori=1:K
    Cs(i)=i;
    for j=1:n
        Dy(K,j)=Dy(K-1,j);
    end
end
disp('每次迭代后节点电压')
plot((Cs,Dy),xlabel('迭代次数'),ylabel('节点电压'),title('电压迭代次数曲
线'));
```

参 考 文 献

[1] 曾繁宏，张俊勃. 电力系统惯性的时空特性及分析方法 [J]. 中国电机工程学报，2020，40 (01)：50-58.

[2] 李宇骏，杨勇，李颖毅，等. 提高电力系统惯性水平的风电场和 VSC-HVDC 协同控制策略 [J]. 中国电机工程学报，2014，34 (34)：6021-6031.

[3] 白俊平，沈海军，朱春颖. 自动控制原理与系统 [M]. 北京：清华大学出版社，2016.

[4] 王江. 基于 MATLAB/Simulink 系统仿真权威指南 [M]. 北京：机械工业出版社，2013.

[5] SUN X，QIU J，TAO Y，et al. Coordinated real-time voltage control in active distribution networks：an incentive-based fairness approach [J]. IEEE Transactions on Smart Grid，2022，13 (4)：2650-2663.

[6] PARPIEV O B，EGAMOV D A. Information on synchronous generators and motors [J]. Asian Journal of Multidimensional Research，2021，10 (9)：441-445.

[7] 程雪坤，刘辉，田云峰，等. 基于虚拟同步控制的双馈风电并网系统暂态功角稳定研究综述与展望 [J]. 电网技术，2021，45 (02)：518-525.

[8] 杨明岱，王宪，赵前程，等. 永磁同步风电机组发电机定子温度建模方法 [J]. 太阳能学报，2022，43 (05)：319-326.

[9] POLINDER H，FERREIRA J A，JENSEN B B，et al. Trends in wind turbine generator systems [J]. IEEE Journal of emerging and selected topics in power electronics，2013，1 (3)：174-185.

[10] 杨晓楠，李洋，史梁，等. 光-储虚拟同步机多模式运行控制与改善储能系统寿命的选择性投退策略 [J]. 太阳能学报，2022，43 (04)：66-74.

[11] 丁明，王伟胜，王秀丽，等. 大规模光伏发电对电力系统影响综述 [J]. 中国电机工程学报，2014，34 (01)：1-14.

[12] 梁亮，李建林，惠东. 光伏-储能联合发电系统运行机理及控制策略 [J]. 电力自动化设备，2011，31 (08)：20-23.

[13] 朱建全，时薇薇，易江文，等. 基于交互多模型算法的电力负荷在线建模 [J]. 中国电机工程学报，2016，36 (13)：3479-3487.

［14］ PENG C，LI J，FEI M. Resilient Event-Triggering H_∞ Load Frequency Control for Multi-Area Power Systems With Energy-Limited DoS Attacks ［J］. IEEE Transactions on Power Systems，2017，32（05）：4110-4118.

［15］ 陈谦，汤涌，鞠平，等. 计及配电网阻抗和无功补偿的完整综合负荷模型的参数辨识［J］. 中国电机工程学报，2010，30（22）：44-50.

［16］ 胡皓，王春侠，任鸟飞. 现代控制理论［M］. 北京：清华大学出版社，2014.

［17］ TAYLOR C，WENKATASUBRAMANIAN M，CHEN Y. Wide-area stability and voltage control ［C］. Proceedings of the VII Symposium of Specialists in Electric Operational and Expansion Planning，Curitiba，Brazil，2000，1-9.

［18］ SNYDER A，IVANESCU D，HDDJAID N，et al. Delayed-input wide-area stability control with synchronized phasor measurements and linear matrix inequalities ［C］. 2000 Power Engineering Society Summer Meeting，Seattlew，USA：IEEE，2000：1009-1014.

［19］ NADUVATHUPARAMBIL B，VALENTI M，FELIACHI A. Communication delays in wide area measurement systems ［C］. Proceedings of the 34th Southeastern Symposium on System Theory，Huntsville：IEEE，2002：118-120.

［20］ 丁茂生，王洪儒，王超，等. 信息物理视角下能源互联网可靠性评估方法综述［J］. 电网技术，2021，45（02）：425-436. DOI:10. 13335/j. 1000-3673. pst. 2020. 1363.

［21］ MAKAROV Y，RESHETOV V，STROEV A，et al. Blackout prevention in the United States，Europe，and Russia ［J］. Proceedings of the IEEE，2005，93（11）：1942-1955.

［22］ LIANG G，WELLER S，ZHAO J，et al. The 2015 Ukraine blackout：implications for false data injection attacks ［J］. IEEE Transactions on Power Systems，2017，32（07）：3317-3318.

［23］ LIU F，LI Y，CAO Y，et al. A two-layer active disturbance rejection controller design for load frequency control of interconnected power system ［J］. IEEE Transactions on Power Systems，2016，31（04）：3320-3321.

［24］ 左剑，谢平平，李银红，等. 基于智能优化算法的互联电网负荷频率控制器设计及其控制性能分析［J］. 电工技术学报，2018，33（03）：478-489.

［25］ HU Z，LIU S，LUO W，et al. Resilient distributed fuzzy load frequency regulation for power systems under cross-layer random denial-of-service attacks ［J］. IEEE Transactions on Cybernetics，doi:10. 1109/TCYB. 2020. 3005283.

［26］ ABBASPOUR A，SARGOLZAEI A，FOROUZANNEZHAD P，et al. Resilient control design for load frequency control system under false data injection attacks [J]. IEEE Transactions on Industrial Electronics, 2020, 67 (09): 7951-7962.

[27] SHANG-GUAN X, HE Y, ZHANG C, et al. Sampled-data based discrete and fast load frequency control for power systems with wind power [J]. Applied Energy. 2020, 259: 1-11.

[28] 刘金锟. 滑模变结构控制 MATLAB 仿真基本理论与设计方法 [M]. 北京: 清华大学出版社, 2019.

[29] 米阳, 徐怡雯, 时帅, 等. 新型时滞可再生电力系统集成模型的滑模负荷频率控制设计 [J]. 中国电机工程学报, 2022, 42 (11): 3953-3963.

[30] WANG X, WANG Y, LIU Y. Dynamic load frequency control for high-penetration wind power considering wind turbine fatigue load [J]. International Journal of Electrical Power and Energy Systems, 2020, 117: 1-11.